Von der Szene in die Forschung

# acoustic studies düsseldorf

---

Herausgegeben von
Dirk Matejovski und Kathrin Dreckmann

**Band 7**

# Von der Szene in die Forschung

Fans als Citizen Scientists

Herausgegeben von
Elfi Vomberg

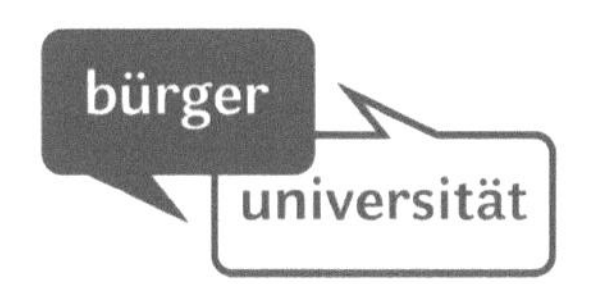

ISBN 978-3-11-099569-5
e-ISBN (PDF) 978-3-11-098211-4
ISSN 2702-8658
e-ISSN 2702-8666
DOI https://doi.org/10.1515/9783110982114

**Library of Congress Control Number: 2023938587**

**Bibliografische Information der Deutschen Nationalbibliothek**
Die Deutsche Nationalbibliothek verzeichnet diese Publikation in der Deutschen Nationalbibliografie; detaillierte bibliografische Daten sind im Internet über http://dnb.dnb.de abrufbar.



d|u|p düsseldorf university press ist ein Imprint der Walter de Gruyter GmbH.

Einbandabbildung: RadomanDurkovic/iStock/Getty Images Plus
Satz: Integra Software Services Pvt. Ltd.
Druck und Bindung: CPI books GmbH, Leck
Redaktion: Lena Becker, Christina Schmitz
Lektorat: Lena Becker
Illustrationen: Ruth Zadow
Gestaltung: Tobias Degen, Larissa Valsamidis

dup.degruyter.com

# Vorwort der Herausgeber

Düsseldorf nimmt ohne Zweifel eine singuläre Stellung innerhalb der kulturellen Topographie der Bundesrepublik ein. Die Rheinmetropole war für lange Zeit ein entscheidender Impulsgeber für die deutsche Nachkriegsmoderne, und es war eine charakteristische Durchdringung von Innovationen aus den Bereichen Architektur, Kunst, Musik, Design, Werbung und Mode, die bis heute die intellektuelle und kreative Signatur Düsseldorfs bildet.

Die Beschreibung, Analyse und theoretische Durchdringung dieser spezifischen Medienkulturen Düsseldorfs hat sich unser Forschungsprojekt am Institut für Medien- und Kulturwissenschaft zum Gegenstand werden lassen. Der forschungsstrategische Ansatz des Projektes besteht darin, Praktiken der Oral History, klassische Quellenforschung, studentische Lehrprojekte und forschungsorientierte Symposien mit vermittlungsorientierten und öffentlichkeitswirksamen Veranstaltungen zu verbinden. Da der „Klang der Stadt", d. h. die Soundgeschichte und die Soundsignaturen Düsseldorfs dabei einen besonderen Bezugspunkt unseres Projektes darstellen, ist es nur folgerichtig, dass der vorliegende Band in unserer Reihe „acoustic studies düsseldorf" erscheint. Die nächsten Arbeits- und Forschungsschritte werden sich auf vertiefte Rekonstruktionen und Analysen zur Düsseldorfer Clubgeschichte konzentrieren und damit das Konzept in eine neue Phase überführen. Wir hoffen, schon bald auf weiteren Tagungen und öffentlichen Veranstaltungen neuere Ergebnisse präsentieren und diskutieren zu können, und damit die Grundlage für weitere Publikationen innerhalb unseres Forschungsprojekts zu erarbeiten.

Düsseldorf im Mai 2023 Dirk Matejovski und Kathrin Dreckmann


https://doi.org/10.1515/9783110982114-202

# Inhalt

Elfi Vomberg

# Perspektiven: Von Fans zu Forschenden

Gruppenbilder, Porträts, feiernde Menschen – es sind konservierte Glücksgefühle im Format 9 x 13 cm, die der Befragte in einem Schuhkarton gesammelt hat. Hunderte Fotografien erzählen seine Jugendgeschichte: er im Parka mit hochgeschnürten Stiefeln, vor einem geparkten Opel Kadett, an der Seite von Freund*innen mit Sonnenbrillen, Föhnfrisuren und Zigaretten im Mundwinkel. Eines haben alle Bilder gemeinsam: Sie sind rund um die Ratinger Straße entstanden. Entweder auf der Straße selbst oder in einer der zahlreichen Kneipen, Bars und Clubs, die sich auf der Düsseldorfer Vergnügungsmeile in den 1960er Jahren aneinanderreihen. „Ganz früher bin ich eben losgegangen nur mit meinen Ohren. Wo lief meine Musik? Ist das meine Abteilung?" (m, 67 Jahre, 2021), erklärt er und ergänzt: „Ich habe damals Musik gemacht und bin dann irgendwann zu dem Schluss gekommen, ‚Mensch, es gibt ja für uns gar keine Kneipe, keine Räumlichkeiten, wo wir uns treffen können. Wo passiert das?' Und dann macht man sich aus dem stinkbürgerlichen Vorort auf und geht dahin, wo die Kunst, da wo die Musik, da wo der Zeitgeist pocht." (m, 67 Jahre, 2021) In seinem Fall ins Düsseldorf der 1960er Jahre. Hier pochte die Punk-Musik an die Pforten des „Ratinger Hofs", hier ging Joseph Beuys im „Zur Uel" ein und aus und während er seine Happenings präsentierte, wurden die Reste des Abendessens im „Restaurant Spoerri" zu ganz besonderen Kunstwerken.

Es ist eine kurze, aber intensive Geschichte, die sich in den späten 1960er bis in die 1970er Jahre rund um die Ratinger Straße in Düsseldorf abspielt: Gerade einmal zehn Jahre lang trifft sich hier in der Düsseldorfer Altstadt das ‚Who is Who' der Kunst- und Kulturszene; es ist eine beschleunigte Geschichte, die hier den Punk, New Wave und besondere Orte hervorbringt und Düsseldorf für kurze Zeit zur Musikhauptstadt Deutschlands macht. Der Befragte hat sie miterlebt; seine beträchtliche Plattensammlung erzählt von der Musik dieser Zeit. Er hat vor der Bühne gefeiert, hinter der Theke Bier gezapft. Er war Szenegänger, Fan, ist inzwischen Sammler und immer noch Fan – Fan vom Mikrokosmos „Ratinger Straße", Fan von der Musik und dem Lebensstil der Zeit. Eine immer wieder in der Literatur als „besonders"[1] beschriebene Zeit, die jedoch bis heute lückenhaft und als Konstrukt aus Oral History und Mythen erscheint.

Das Citizen Science-Forschungsprojekt „#KultOrtDUS – die Medienkulturgeschichte Düsseldorf als urbanes Forschungsfeld", das von 2020–2023 am Institut für Medien- und Kulturwissenschaft der Heinrich-Heine-Universität Düsseldorf

1 Siehe hierzu beispielsweise Esch 2014, S. 10. Siehe auch Böcker, Hansen und Wark 2018.


https://doi.org/10.1515/9783110982114-001

durchgeführt und von der Bürgeruniversität Düsseldorf gefördert wurde, möchte mit Hilfe von Bürger*innen, die sowohl als aktive Akteur*innen (Musiker*innen in Bands, Kellner*innen, Feiernde) als auch als Beobachter*innen rund um die Ratinger Straße dabei waren, ein breiteres, kritisches und differenziertes Bild dieser Zeit herausarbeiten.

Besonders an dieser Forschungsgemeinschaft ist jedoch nicht nur, dass Bürger*innen, Studierende und Wissenschaftler*innen intergenerationell und interdisziplinär Seite an Seite forschen, sondern auch, dass die Bürger*innen sich nicht aus einer distanzierten Perspektive in den Prozess einbringen, sondern involviert sind in verschiedenen Rollen – als Fans, als Feiernde, als Sammler*innen, als Nostalgiker*innen, als Szenegänger*innen der Zeit – und dadurch innerhalb des Projektes einen Perspektivwechsel einnehmen. Was sie mitbringen, sind daher nicht nur ihre Expertise, Erzählungen und Erfahrungen aus der Zeit, sondern ebenfalls Zeitzeugnisse: Fotos, Dokumente und Artefakte.

Doch was passiert, wenn der Nostalgiefilter ausgeschaltet wird und zuvor an der Szene Involvierte die Forschungsbrille aufsetzen und damit eine ‚objektive' Haltung zum Gegenstand einnehmen?

Dass Fans zu Forschenden werden, ist innerhalb von Citizen Science keine Seltenheit.[2] Citizen Science ermöglicht diesen Seiten- und Perspektivwechsel, der sowohl in der Wissenschaft als auch in der Bürger*innenschaft zu einem produktiven Wissens- und Erfahrungsaustausch führt. Der vorliegende Band bringt erstmals die beiden Disziplinen Citizen Science und Fanforschung zusammen. Er diskutiert, wie der Rollenwechsel von Fans hin zu Forschenden und die Perspektivverschiebung von der Szene in die Wissenschaft in der Praxis fruchtbar gemacht werden und wie Citizen Science und Fanforschung gewinnbringend miteinander verknüpft werden können.

Denn Citizen Science bringt neben vielen Potenzialen auch Herausforderungen mit sich. So stellen Smolarski, Carius und Prell in ihrer Einleitung zum Sammelband *Citizen Science in den Geschichtswissenschaften: Methodische Perspektive oder perspektivlose Methode?* (2023) fest, dass die Erwartungen an Citizen Science „als Instrument gesellschaftlicher Teilhabe an Wissenschaft und deren daraus resultierende Demokratisierung" (Smolarski, Carius und Prell 2023, S. 9) seitens För-

2 Siehe hierzu beispielsweise folgende Projekte: u. a. Artigo – Laien beschreiben Kunstwerke (2012–2020, Fans Zeitgenössischer Kunst): https://www.buergerschaffenwissen.de/projekt/artigo-laien-beschreiben-kunstwerke; Historisches Radfahrwissen (seit 2017, Fans der Sport und Radfahrkultur): https://www.buergerschaffenwissen.de/projekt/historisches-radfahrerwissen; Kino in der DDR (seit 2020, Fans der Kinokultur Kino in der DDR): https://www.buergerschaffenwissen.de/projekt/kino-der-ddr (siehe hierzu auch den Beitrag von Patrick Rössler, Emily Paatz und Marcus Plaul in diesem Band). Zugegriffen am 30. Januar 2023.

derpolitik, Wissenschaft und Gesellschaft zu hoch seien. Damit thematisieren sie vor allem die begrenzte Wirksamkeit der Ergebnisse, die insbesondere bei Forschungsprojekten zu beobachten sei, „die von der Wissenschaftsseite initiiert werden, traditionellen wissenschaftlichen Arbeitsweisen am ehesten entsprechen und im Unterschied zu weitergehenden Partizipationsformen vergleichsweise niederschwellig umsetzbar sind." (Smolarski, Carius und Prell 2023, S. 9) Ein Austausch auf Augenhöhe sowie ein Forum für bürgerwissenschaftliche Impulse würde so jedoch nicht erreicht werden. Zudem würden auch formale Gründe, wie beispielsweise die Antragsstellung, einen ko-kreativen Projektverlauf häufig behindern, weshalb die Autoren folgern: „Damit ist jene beteiligungsintensive Partizipationsform, die auf die gemeinsame Aushandlung von Forschungsfragen zielt und am ehesten den oben genannten Erwartungen einer Zusammenarbeit von Fach- und Bürgerwissenschaften entspricht, nicht von den gängigen Förderinstrumenten abgedeckt." (Smolarski, Carius und Prell 2023, S. 9)

Seitens der akademischen Forschung stellen sie zudem Vorbehalte bezüglich der interessengeleiteten Themenwahl bürgerwissenschaftlicher Forschung fest, da sich diese somit auch außerhalb fachlicher Forschungsrelevanzen bewegen kann. Erfahrungsgemäß schreiben sie jedoch Citizen Science-Projekten einen hohen Erfolg zu, „wenn sie gesellschaftsrelevante Themen aufgreifen, die alltags- und lebensweltlich bzw. lokalhistorisch interessante Anknüpfungspunkte für eine Beteiligung von Bürgerinnen und Bürgern mit ihrem Spezialwissen bieten." (Smolarski, Carius und Prell 2023, S. 11) Insbesondere dieser letzte Aspekt bietet einen Hinweis darauf, warum die Fan Studies in Verbindung mit Citizen Science-Projekten fruchtbar sein können. So weisen Fans bereits von Beginn an eine hohe Identifikation und Involviertheit mit ihrem Gegenstand auf, die häufig in partizipativen Praktiken resultiert. Es ist jene Partizipation, die als Schnittstelle zwischen Citizen Science und dem Fandom fungiert. So können sowohl das Fandom als auch Citizen Science als Spezialist*innen- und Insiderkultur betrachtet werden. Folglich kann eine mögliche Lösung für die Durchführung erfolgreicher Citizen Science-Projekte darin liegen, die Citizen Scientists stärker als Fans zu begreifen und sie damit mehr in ihrer Welt abzuholen. Darüber hinaus muss der Fokus solcher Projekte darauf liegen, den Wissensraum so zu gestalten, dass das Partizipationspotenzial möglichst vielfältig entfaltet werden kann und der Mehrwert für die Bürger*innen transparent ist.

Auch Jack Halberstam merkt in Bezug auf identitätspolitische Debatten an, dass Akademiker*innen es versäumt hätten, ihre Ideen über die Universität hinauszutragen und die notwendigen Interventionen in öffentlichen Foren vorzunehmen. So führe Identitätspolitik oftmals außerhalb der akademischen Welt zu einem weitaus größeren Problem als innerhalb (vgl. Halberstam 2005, S. 20 f.). Ebenso plädiert Fanforscher Henry Jenkins für einen interdisziplinären Austausch, um die Potenziale, die die Figur des „Fans" in sich trägt, auch für andere

Disziplinen anwendbar zu machen (vgl. Jenkins 2007, S. 363). Was in all diesen Überlegungen mitschwingt, ist sowohl die Notwendigkeit einer Öffnung des Forschungsgegenstandes als auch der Methodik. Insbesondere in Zeiten, in denen ein gemeinsamer gesellschaftlicher Konsens immer seltener erreicht wird, muss sich die wissenschaftliche Praxis öffnen. Nur wenn es gelingt, Bürger*innen stärker in die Produktion von Wissen und Erkenntnis miteinzubeziehen, kann eine geteilte Lebensrealität erreicht werden.

Im Folgenden sollen daher die Fan Studies mit ihren produktiven Potenzialen für die Methodik Citizen Science betrachtet werden. Besonders die Kategorien Produktivität, Identität und Wissensaustausch bilden die Schnittmengen zwischen den Disziplinen, die hier im weiteren Verlauf besonders fokussiert werden sollen.

## 1 Zur Bedeutung partizipativer Produktivität für die Fan-Identität

Peter Finke sieht den Begriff der ‚Partizipation' im Zusammenhang mit Citizen Science kritisch und spielt dabei auf die häufig nach wie vor strikte Rollenverteilung zwischen Wissenschaftler*innen und Mitforschenden an: „Partizipation besagt in dieser Perspektive, Citizen Science, Bürgerwissenschaft, sei eine moderne Methode, kenntnisreiche Laien in die Wissenschaft einzubinden, sie an der Forschung teilhaben zu lassen, in dem man ihr Wissen für die Wissenschaft zugänglich macht, nachdem die meisten Wissenschaftler lange Zeit daran interesselos vorbei gegangen sind." (Finke 2016, S. 39).

Der Grad der Partizipation ist in der Realität von Citizen Science-Projekten nach wie vor sehr unterschiedlich ausgeprägt, häufig aber eher an der ‚unteren Skala' der aktiven Beteiligung am Forschungsprozess angesiedelt. Muki Haklay der UCL Extreme Citizen Science Group[3] zeigt vier „Level of Participation" auf, wobei das höchste Level dabei eine kollaborative Wissenschaft beschreibt, bei der Mitforschende von Anfang an, mit Formulierung der Forschungsfrage bis hin

3 Innerhalb des Forschungsprojektes „Extreme Citizen Science" (2011–2016) wurde die Extreme Citizen Science (ExCiteS) research group gegründet. Diese verfolgt das Ziel, Bürger*innen dazu zu befähigen, wissenschaftliche Methoden und Werkzeuge zu nutzen, um Informationen über ihr Gebiet und ihre Aktivitäten zu sammeln, zu analysieren, zu interpretieren und zu nutzen. Vgl. hierzu die Webseite der Forschungsgruppe: https://www.geog.ucl.ac.uk/research/research-centres/excites/about-us. Zugegriffen am 30. Januar 2023.

zur Datenauswertung, integriert sind. Das niedrigste Beteiligungslevel beschreibt die Mitforschenden als bloße Datensammler*innen (vgl. Haklay 2018, S. 52–55).

Im Zusammenhang mit der Kategorie ‚Produktivität', die innerhalb der Citizen Science vor allem auf die gemeinsame Wissens- und Ereignisproduktion bezogen werden kann, äußert sich das damit einhergehende partizipatorische Potenzial in den Fan Studies auf vielfältige Weise: Denn auch Fans sind nicht nur bloße Beobachter*innen und Konsument*innen ihres ‚verehrten' Gegenstandes, sondern zeichnen sich mehr und mehr durch ein erhöhtes Partizipationsengagement aus: „Fans gehen nicht nur im Konsum auf, sie kommunizieren mit anderen Fans und bilden so Fangemeinden, sie organisieren Treffen, sie produzieren eigene Medien – Fan-Sein heißt, sich selbst an der Populärkultur zu beteiligen, ist eine partizipatorische kulturelle Praxis." (Mikos 2010, S. 109)

Doch auch über die Mediennutzung und -produktion hinaus, kann die performative Kulturpraktik „Fan-Sein" auch als identitätsstiftend fungieren und eigene Wünsche und Bedürfnisse auf den Gegenstand und somit auf die Community projizieren, wie Lothar Mikos definiert: „Fan-Sein als kulturelle Praxis zielt darauf ab, anhand meist medienvermittelter populärer Medientexte eine Möglichkeit des symbolischen Ausdrucks für die eigenen Lebenslagen und -zusammenhänge zu finden, von denen man weiß, dass diese Ausdrucksformen von anderen geteilt werden." (Mikos 2010, S. 117)

Darüber hinaus haben Fan Communities inzwischen auch das Potenzial, die Medieninhalte an sich nicht mehr nur zu konsumieren, sondern diese und ihre Präsentation kritisch hinterfragen und kommentieren können, wie Vera Cuntz-Leng feststellt: „Die Genese von Fandoms stellt einen Paradigmenwechsel bezüglich der Auffassung von und der Auseinandersetzung mit dem Rezipienten dar – vom machtlosen, leicht kontrollier- und beeinflussbaren Konsumenten hin zum aktiv partizipierenden Rezipienten und schließlich zum selbst schöpferisch Tätigen." (Cuntz-Leng 2014, S. 10) Durch die Digitalisierung nimmt hier das Internet – mit Foren, Social Media-Plattformen und Zines – eine besondere Rolle für die beschleunigte und vernetzte Wissensproduktion ein und schafft neuen Raum für Partizipation und Austausch. „Fand Fankultur unter analogen Bedingungen in vergleichsweise hermetischen Räumen statt, so erfahren diese Räume unter den Voraussetzungen ihrer Digitalisierung eine signifikante Öffnung. Hier wird es möglich, dass Fan-Artefakte nicht mehr nur intern innerhalb von Fangemeinden zirkulieren, sondern dass sie sich auch außerhalb von Fan Communities verbreiten oder von Beginn an auf Medienplattformen ausgestellt werden, deren Zuschauerschaft aus Fans und Nicht-Fans besteht. Es ist davon auszugehen, dass Fans auf diese Weise andere, noch nicht Interessierte, auf ihre Fanobjekte aufmerksam machen." (Einwächter 2014, S. 18)

Damit beobachten die Fan Studies nicht zuletzt seit der Digitalisierung eine verstärkte Wandlung der Fankultur: Spätestens seit Anfang der 1990er Jahre sieht man in der „postsubkulturellen" Theorie damit eine gewisse Fragmentierung des Jugendstils, der durch vermischte Lebensstile auch subkulturelle Trennungen mehr und mehr nivelliert (vgl. Linden und Linden 2017, S. 41). Damit hat sich auch das Fandom als Kulturpraxis von einer früheren Begleiterscheinung von Sub- und Jugendkulturen hin zu einem Phänomen der Alltagskultur gewandelt, die in alltägliche Kulturpraktiken übergeht und durch seine massenhaft mediale Vermittlung damit mitten im Mainstream angekommen ist.

Das Potenzial von Fans in Hinblick auf gesellschaftsordnende Prozesse wird in der Forschung jedoch unterschiedlich eingeschätzt: Während Vera Cuntz-Leng Fans beispielsweise inzwischen die Rolle zuweist, aktuelle Diskurse wie Race, Class und Gender zu thematisieren und damit das Potenzial gesellschaftliche Veränderungsprozesse anzustoßen (vgl. Cuntz-Leng 2014, S. 11), ist laut Linden und Linden die Vorstellung von Fans als potenzielle Anstifter*innen hegemonialer Umwälzungen in einem kapitalistischen, konsumorientierten Gesellschaftskontext weitgehend utopisch. Das Potenzial von Fans, bestehende Gesellschaftsordnungen kritisch zu hinterfragen sei überschätzt – im Gegenteil gehen sie davon aus, dass im organisierten Fandom durch soziale Hierarchien ein System aus Unterscheidung, Diskriminierung und Machterhaltung gefördert werde (vgl. Linden und Linden 2017, S. 46). Das Internet habe zwar die Sichtbarkeit von Fangemeinschaften erhöht und die Methoden alternativer Lesarten populärer Texte verbessert, aber es hat auch den Marken erleichtert, die Kontrolle über den Diskurs zu übernehmen und auf verschiedenen Ebenen in das Gespräch einzutreten (vgl. Linden und Linden 2017, S. 52).

Henry Jenkins konstatiert bereits 2007: „We should no longer be talking about fans as if they were somehow marginal to the ways the culture industries operate when these emerging forms of consumer power have been the number one topic of discussion at countless industry conferences over the past few years." (Jenkins 2007, S. 362)

## 2 Vom individuellen Wissen zur ‚Schwarmintelligenz'

Neben den bisher konturierten Aspekten ‚Identität' und ‚Produktivität' bzw. Partizipation soll abschließend noch eine theoretische Betrachtung des ‚Wissensaustausches' im Spiegel der Fan Studies sowie der Citizen Science-Methodik in den Blick gefasst werden, denn beide Personenkreise – sowohl die Sozialfigur des Fans als auch der/die Citizen Scientist – konstituieren sich häufig über eine

Spezialist*innen- bzw. Insiderkultur, in der Wissen, Erfahrung und der Austausch derselben im Vordergrund steht.

Dafür soll an dieser Stelle Pierre Lévys Konzept der „Collective Intelligence" die Schnittstelle zwischen Fan Studies und Citizen Science bilden: Pierre Lévy beschreibt seine Vision einer kollektiven Intelligenz als Möglichkeit, die „Formen sozialer Beziehungen von Grund auf erneuern und ein größeres Zusammengehörigkeitsgefühl entstehen" lassen zu können (Lévy 1997, S. 9). Mit Hilfe der Komponenten Kommunikation und Kooperation entfaltet sich in seinem Modell ein Raum des Wissens, ein neuer Wissensraum, der „cosmopedia", in dem das Wissen eine Neubewertung durch gemeinschaftsstiftendes Potenzial erfährt. Lévy unterscheidet zwischen gemeinsamem Wissen (Informationen, die allen Mitgliedern einer Gemeinschaft bekannt sind) und kollektiver Intelligenz (Wissen, das allen Mitgliedern einer Gemeinschaft zur Verfügung steht). Der individuelle Lernprozess des/der Einzelnen tritt somit vor dem vermittelnden Lernen von Kollektiven zurück. Ein Ansatz, der für die Methodik der Citizen Science ebenfalls richtungsweisend ist:

> Bürgerforscher [...] eröffnen [...] neue Perspektiven auf die Entstehung und Zirkulation von wissenschaftlichen Erkenntnissen sowie die öffentliche Wahrnehmung der Disziplinen. Zugleich bietet Citizen Science auch eine Bereicherung für die beteiligten Bürger selbst, indem es ihnen ermöglicht, durch die Einblicke in wissenschaftliche Methoden und Denkweisen vorhandene Fähigkeiten auszubauen oder neue zu entwickeln[,] (Smolarski und Oswald 2016, S. 10)

definieren die Citizen Science-Forscher*innen René Smolarski und Kristin Oswald und heben ebenfalls die gleichberechtigte Teilhabe und damit das subversive Kommunikationspotenzial zwischen Wissenschaft und Bürgerschaft hervor: „Zugleich können Bürgerforscher als Kommunikatoren, ja Vermittler zwischen beiden Sphären agieren." (Smolarski und Oswald 2016, S. 11)

Dadurch, dass der Fan als Sozialfigur ebenfalls mehr und mehr an der Wissensproduktion beteiligt ist, bezieht sich auch Fanforscher Henry Jenkins auf Lévy, wenn er 2006 in seinen Überlegungen zu *Interactive Audiences? The ‚Collective Intelligence' of Media Fans* eine Rekonzeptualisierung des Fandom vornimmt. Vor allem die sozialen Dimensionen von Fangemeinden ließe sich mit Lévys Ansatz nicht als Widerstand betrachten, sondern als Prototyp dafür, wie Kultur in der Zukunft funktionieren könnte. So sei das Fandom laut Jenkins ein Raum, in dem die Menschen lernen, wie man in einer Wissensgemeinschaft lebt und zusammenarbeitet. Die neue partizipatorische Kultur entsteht laut Jenkins an der Schnittstelle von drei Trends: Erstens ermöglichten neue Werkzeuge und Technologien den Verbraucher*innen, Medieninhalte zu archivieren, zu kommentieren, sich anzueignen und weiterzuverbreiten. Zweitens förderten eine Reihe von Subkulturen die Do-It-Yourself-Medienproduktion und einen Diskurs, der die Art und Weise prägt, wie die Verbraucher*innen diese Technologien einsetzen. Und drittens begünstigten wirtschaftliche Trends den Fluss von Bildern, Ideen und Erzählungen über mehrere Medienkanäle und verlangten aktivere Formen der Zuschauerschaft.

In seinem Aufsatz beschreibt Jenkins, wie diese drei Trends das Verhältnis der Medienkonsument*innen zueinander – zu den Medientexten und zu den Medienproduzent*innen – verändert haben. Dabei verfolgt er das Ziel, die Medienkonsument*innen weder als völlig autonom noch als völlig verwundbar gegenüber der Kulturindustrie zu betrachten: „The interactive audience is more than a marketing concept and less than ‚semiotic democracy.'" (Jenkins 2006, S. 136)

Jenkins macht Lévys Ansatz für die Analyse des Fandom produktiv, indem er argumentiert, dass Online-Fangemeinschaften möglicherweise einige der am besten realisierten Versionen von Lévys Cosmopedia sind. So handle es sich bei diesen um selbstorganisierende Gruppen, die sich auf die kollektive Produktion, Debatte und Zirkulation von Bedeutungen, Interpretationen und Fantasien als Reaktion auf verschiedene Artefakte der zeitgenössischen Populärkultur konzentrieren (vgl. Jenkins 2006, S. 137).

Damit übernehmen Fan Communities relevante soziale Funktionen, die über die eigene Identitätsbildung weit hinausgehen. Und damit ist wiederum eine weitere Gemeinsamkeit über den bloßen produktiven Wissens- und Erfahrungsaustausch benannt, die über beide Disziplinen – Fan Studies und Citizen Science – hinausgehen: Über verschiede Wissens- und Beteiligungsformen ergeben sich kollektive Kontaktzonen, die mal in Harmonie, mal in Dissonanz – aber zumindest immer im Vielklang über das Interessensgebiet hinaus – gesellschaftliche Prozesse miteinander aushandeln. Hierin liegt auch das Potenzial, die beiden Disziplinen zusammenzubringen. Citizen Science-Forscher Peter Finke plädierte bereits 2016 dafür, Impulse aus der Gesellschaft wahrzunehmen und nicht Themen als Wissenschaft vorzugeben: „Die Wissenschaft hat gerade heute die Wiedergewinnung von Lebensnähe, Freiheit und Kreativität sehr nötig, wenn sie sich für das Transdisziplinäre Zeitalter fit machen will" (Finke 2016, S. 53f.). Da der Verhandlungsort des Fans in der Alltagskultur verhaftet ist, können die Fan Studies in dem Zusammenhang wichtige Impulse für die Methodik Citizen Science liefern, liegen hier mit der popkulturellen thematischen Ausrichtung sowie einem niedrigschwelligen Zugang Praktiken vor, deren Partizipationsmöglichkeiten dem Gegenstand bereits inhärent eingeschrieben sind. Doch ob Barrieren zwischen Profis (Medienkritiker*innen, Wissenschaftler*innen) und ‚Amateuren*innen' (Fans, Citizen Scientists) tatsächlich darüber abgebaut werden können, oder ob sich daraus nicht Partizipationsutopien ergeben, muss kritisch hinterfragt werden.

Wenn Kristina Busse zudem das Zusammenspiel von der Begeisterung der Fans für ein bestimmtes Objekte und der Zuneigung gegenüber Fans und Fanpraktiken als ein Gefühl der „Fanliebe" (Busse 2014, S. 30) beschreibt, dann kann auch in der Citizen Science solch ein affektiver Überschuss gefunden werden, der potenziell verbindend und identitätsstiftend wirken kann.

Daher fragt die Publikation auch nach den Grenzlinien der interdisziplinären Vermischung von Fan Studies und Citizen Science: An welcher Stelle kommt es zum Rollenwechsel von Fans hin zu Forschenden? Welche Beteiligungsformen sind möglich? Wie gelingt ein produktiver Wissens- und Erfahrungsaustausch? Wo hört Objektivität auf, wo fängt Subjektivität an? Können als Fans involvierte Mitforschende tatsächlich genug Distanz zum Gegenstand aufbringen? Wann ist es nötig, wann ist aber gerade auch die Involviertheit von Relevanz? Und wann genau ergeben sich transformierende Momente?

Der vorliegende Band möchte einen Baustein liefern und Potenziale aufzeigen – einerseits für die Citizen Science-Forschung, andererseits für die Fan Studies, um die Partizipationsmöglichkeiten von Fans bzw. Citizen Scientists auszuloten und produktiv zu machen. Die Publikation versteht sich damit auch als Brückenbauerin zwischen den wissenschaftlichen Disziplinen und versammelt Beiträge aus unterschiedlichen Forschungsbereichen, die in zwei verschiedenen Perspektiven (Erster Teil „Von der Szene ...", zweiter Teil „... in die Forschung") die große Vielfalt der Forschungsgegenstände aufzeigt.

In seinem Beitrag „Fans: Eine neue Größe im Kunstbetrieb" beschreibt Wolfgang Ullrich, wie Fans im Bereich der bildenden Kunst zunehmend an Relevanz gewinnen und welche Auswirkungen dies auf das Selbstverständnis und Auftreten von Künstler*innen sowie auf ihre Formate hat. Diesen Strukturwandel vollzieht der Beitrag am Beispiel des Künstlers Damien Hirst und nimmt ebenso die Sozialen Medien als Ort, an dem Fans qua Follower rekrutiert und zugleich in ihren spezifischen Bedürfnissen befriedigt werden, in den Blick. Annekathrin Kohout widmet sich in ihrem Beitrag „Fan-Praktiken im K-Pop: Neue Kulturvermittler*innen" der globalen Fangemeinschaft südkoreanischer Populärkultur, die sich insbesondere dadurch auszeichnet, dass sie sich die von ihnen begehrten Artefakte – von K-Pop bis K-Dramen – über das Internet und die Sozialen Medien angeeignet hat. Die Autorin untersucht die Praktiken dieser Fankultur in Hinblick auf ihre Überschneidungen zu geisteswissenschaftlichen Tätigkeitsfeldern und inwiefern diese als „neue Kulturvermittler*innen" agieren. Den Bereich der Geisteswissenschaften untersucht auch Sophie G. Einwächter, wenn sie in ihrem Beitrag „Wenn Wissen begeistert: Von Fans und Celebrities in der Wissenschaft" die Frage danach stellt, wieviel Fandom bereits in der Wissenschaft selbst steckt. Dazu untersucht sie Phänomene von Fandom und Celebrity innerhalb der Geisteswissenschaft und bezieht dabei auch die Rolle von Abhängigkeiten, Hierarchien und kulturellen Gepflogenheiten ein.

Ein Schwerpunkt der Publikation liegt ebenfalls auf der praktischen Einbindung von und (wissenschaftlichen) Zusammenarbeit mit Citizen Scientists des Projekts „#KultOrtDUS – die Medienkulturgeschichte Düsseldorf als urbanes Forschungsfeld", sodass teilnehmende Bürger*innen im Band eine Stimme erhalten und ihre Sicht auf die wissenschaftliche Forschung eine Plattform bekommt. Ihre Erlebnisse und Geschichten bilden damit einen zentralen Beitrag zur medienkulturwissenschaftlichen Erforschung der Kult-Orte rund um die Ratinger Straße in Düsseldorf. Durch diesen Rollen- und Perspektivwechsel werden Fans eines spezifischen, urbanen, (sub-)kulturellen Kontexts gleichsam zu Forschenden der Medienkulturgeschichte. Der Beitrag von Lena Becker führt aus einer projektinternen Perspektive in das Forschungsprojekt „#KultOrtDUS" ein und arbeitet die Chancen und Herausforderungen heraus, die die Synergie von Oral History als narrative Forschungsmethode und Citizen Science für die Zusammenarbeit von Wissenschaftler*innen und Bürger*innen mit sich bringt. Im Anschluss daran wird für die Beteiligung der Bürger*innen als Fans urbaner Kult-Orte in der Publikation ein Repräsentationsrahmen eröffnet, innerhalb dessen ihre (sub-)kulturellen Erlebnisse, Anekdoten und Ausdrucksformen nicht nur textlich, sondern auch mit Illustrationen von Ruth Zadow grafisch sichtbar und essenzieller Teil der kollaborativen Forschung werden. Zwischen Fans, Prosumer*innen, Bürger*innen und Urban Legends begibt sich die Publikation auf Spurensuche und verbindet die aktuelle Perspektive der Citizen Science- und Fanforschung mit illustrativ-experimentellen Ansätzen und schöpft damit ein neues kreatives Potenzial aus der Arbeit im Umfeld von Citizen Science.

Der Beitrag der Herausgeberin „Löschen, überschreiben, revidieren: Citizen Science als Empowerment-Strategie" stellt anschließend den Fall der Künstlerin ELA EIS vor, die innerhalb des Citizen Science-Projektes „#KultOrtDUS" zur anerkannten Künstlerin wurde. So konnte durch die Methode der Oral History die Rezeptions- und Entstehungsgeschichte des Werkes *Miracle Whip [Befreit]* neu aufgearbeitet werden. Darüber hinaus diskutiert der Beitrag hegemoniale Männlichkeit und Machtdiskurse im Archiv. Aus der Perspektive einer Hochschule für darstellenden Künste, erforscht Anna Luise Kiss im Kapitel „Theater-Fans als Forschungsverbündete von Theaterarchiven" wie und mit welchem Mehrwert Fans als Citizen Scientists zu gewinnen sind. Im Mittelpunkt steht dabei der Aufbau eines Inszenierungsarchivs an der Hochschule für Schauspielkunst Ernst Busch in Berlin (HfS), das mithilfe von Theater-Fans aufgearbeitet und der Öffentlichkeit zugänglich gemacht werden soll. Patrick Rössler, Emily Paatz und Marcus Plaul berichten in dem Beitrag „Wenn *Go Digital!* versagt: Hindernisse für die Beteiligung von Fans an Citizen Science – eine Evaluation" über das im Herbst 2022 abgeschlossene Forschungsprojekt „Kino in der DDR – Rezeptionsgeschichte ‚von unten'". Durch die damalige staatlich gelenkte Film- und Kulturpolitik, ist heute wenig über die Rolle des Kinos im Alltag der DDR-Bürger*innen bekannt. In diesem Sinne liefert das Projekt mit seinem Citizen Science-Ansatz einen wichtigen Beitrag, der die Kinogeschichtsforschung um die Sichtweise der DDR-Kinobesucher*innen erweitert.

René Smolarski nimmt in seinem Beitrag „Mit Lupe und Pinzette: Die Philatelie zwischen Fankultur und Wissenschaft“ die Briefmarkenkunde (Philatelie) in ihrem Verhältnis zur universitären Geschichtswissenschaft in den Blick. In diesem Rahmen beschäftigt er sich mit der Frage, welchen Beitrag Philatelist*innen als Fans für die historische Forschung leisten können. Zuletzt wagt Ramón Reichert in dem Beitrag „Partizipation in der plattformbasierten Stadt: Die offene Stadt im Zeitalter des digitalen Kapitalismus“ einen Blick in die Zukunft und untersucht den Wandel der Raumproduktion des Sozialen im Urbanen. So zeigt er, dass sich die Stadt der Zukunft der Schnittstelle von mobilen Medienpraktiken, digitalen Infrastrukturen und webbasierten Netzwerken entwickelt und stellt die Frage danach, welche Rolle medial vermittelter Formen der Partizipation dabei spielen.

Die teilnehmenden Bürger*innen des Citizen Science-Projektes „#KultOrtDUS“ am Institut für Medien- und Kulturwissenschaft der Heinrich-Heine-Universität Düsseldorf haben das Forschungsprojekt in den vergangenen drei Jahren auf vielfältige Art unterstützt: Ohne die beteiligten Mitforschenden hätte das Projekt nicht in der Form realisiert werden können. Ihr unverzichtbarer Beitrag hat den facettenreichen und lebendigen Charakter des Projektes ausgemacht. Damit haben auch die Studierenden, die in zahlreichen Seminaren, Workshops und Veranstaltungen im Bachelor und Master involviert waren, ein „anderes“ Gesicht der Wissenschaft wahrnehmen können. Und sie haben immer wieder in Evaluationen betont, wie bereichernd und spannend sie den Austausch mit den Bürger*innen erlebt haben. Der größte Dank gilt daher an dieser Stelle den teilnehmenden Bürger*innen, die mit ihrem Wissen und ihrer Erfahrung der universitären Forschung einen großen Erkenntnisgewinn beschert haben. Herzlichen Dank, dass Sie Ihre Wohnzimmer und Fotoalben für uns geöffnet haben! Ich habe großen Respekt vor Ihrem Mut, den Schritt in den universitären Raum zu wagen, und hoffe, dass der Erkenntnisgewinn auf allen Seiten stattfinden konnte. Mir war es immer wichtig, die Erfahrungen, Erzählungen und Zitate der Bürger*innen nicht als ‚Ausstellungsobjekte‘ zu betrachten, sondern im Austausch generationsübergreifend ins Gespräch zu kommen – über Jugendkulturen, über Forschungsmethoden, aber eben auch über die kritische Reflexion von Nostalgie und Verklärung. Vor allem der illustrative Part dieses Buches soll dies repräsentieren – die Künstlerin Ruth Zadow hat dafür gesorgt, dass dies auf besonders kreative Weise gelingt. Für diese wunderbare, illustrative Umsetzung ganz herzlichen Dank (und für den grafischen Feinschliff, lieber Tobi)!

An dieser Stelle möchte ich besonders den beiden Herausgeber*innen der Reihe „acoustic studies düsseldorf“ danken. Es ist der Unterstützung von Prof. Dr. Dirk Matejovski und Dr. Kathrin Dreckmann vom Institut für Medien- und Kulturwissenschaft der Heinrich-Heine-Universität im besonderen Maße zu danken, dass der vorliegende Band realisiert werden konnte. Von besonderer Bedeutung ist hierbei, dass Prof. Dr. Matejovski sein Forschungsprojekt zur Medienkulturgeschichte

Düsseldorf geöffnet und mir damit die Möglichkeit gegeben hat, in diesem inhaltlichen Feld den Ansatz der Citizen Science fruchtbar anzuwenden und mit der Fokussierung auf Oral History nun einen wichtigen Teilbereich der Medienkulturgeschichte Düsseldorfs zu erforschen. Insofern stellt dieser Band eine Art Teilarbeit eines größeren Forschungs- und Projektzusammenhangs dar. Meine Kollegin Dr. Kathrin Dreckmann wird künftig zusammen mit Prof. Dr. Matejovski die Medienkulturgeschichte Düsseldorfs – besonders die Clubkultur der Stadt – untersuchen und dabei sicher auch auf methodologische Ansätze des vorliegenden Bandes rekurrieren.

Aber auch über diese ideellen Partner*innen und Wegbegleiter*innen hinaus stehen hinter dem Forschungsprojekt „#KultOrtDUS" viele Helfer*innen, Mitdenker*innen und auch finanzielle Förder*innen, ohne die nicht nur das Buch, sondern auch zahlreiche Workshops, Tagungen, Veranstaltungen und Treffen so nicht möglich gewesen wären. Zunächst sei hier die Bürgeruniversität der Heinrich-Heine-Universität genannt – über drei Jahre wurde das Projekt großzügig gefördert und von der Stabsstelle auch mit ideeller Unterstützung begleitet. Besonders die Möglichkeiten, über Workshops, Weiterbildungen und Austausch in die Forschungsmethode Citizen Science näher einzutauchen und hier breitere Vernetzungsmöglichkeiten (bspw. über die AG West) zu schaffen, haben das Projekt sehr bereichert. Dank der Förderung durch die Universitäts- und Landesbibliothek der HHU konnte das Buch erst als Open Access erscheinen – gerade im Kontext von Citizen Science ein wichtiger Schritt. Auch der Anton-Betz-Stiftung der Rheinischen Post sei für die finanzielle Unterstützung gedankt. Mein Dank für die vertrauensvolle Zusammenarbeit gilt ebenfalls Anne Sokoll, die als Ansprechpartnerin beim De Gruyter Verlag stets mit umsichtigem Rat zur Seite stand.

Zum Schluss gilt ein großer Dank meinem gesamten Team, das über die Jahre im Forschungsprozess immer weiter gewachsen ist. Jeder hat einen individuellen Anteil am Gelingen des Forschungsprojektes beigetragen: Lena Becker, Fabian Boche, Janine Dietle, Lena Fuhrmann, Birte Joppien, Christina Schmitz, Carina Therés und Lara Valsamidis. Dankeschön für eure Ideen, eure Talente, eure Recherchen – fürs Mitdenken und dabei sein! Christina Schmitz und Lara Valsamidis haben als „Mitarbeiterinnen der letzten Stunde" die abschließende Projektphase – die Illustrationen sowie die Redaktion – federführend begleitet. Besonders hervorheben möchte ich auch Lena Becker, die als „Mitarbeiterin der ersten Stunde" das Projekt sogar noch vor Beginn begleitet hat – von der Antragsstellung nun bis zum letzten Durchgang im Lektorat hat sie mit großem Engagement einen Blick auf ‚einfach alles' gehabt. Tausend Dank für deine großartige Unterstützung in jeder Projektphase!

Ganz herzlichen Dank allen Studierenden, die im Bachelorstudiengang „Medien- und Kulturwissenschaft" oder im Master „Medienkulturanalyse" das Projekt „#KultOrtDUS" begleitet haben – via Instagram, in Zeitzeug*innen-Interviews und während der Archivworkshops.

# Medienverzeichnis

## Literatur

Böcker, Karl, Addi Hansen, Andrea Wark (Hrsg.). 2018. *Die Ratinger Straße. Die Kunst- und Kultmeile in der Düsseldorfer Altstadt.* Köln: J. P. Bachem.

Busse, Kristina. 2014. Media Fan Studies: Eine Bestandsaufnahme. In *Creative Crowds. Perspektiven der Fanforschung im deutschsprachigen Raum*, Hrsg. Vera Cuntz-Leng, 17–34. Darmstadt: Büchner-Verlag.

Cuntz-Leng, Vera. 2014. Einführung: konsumieren, partizipieren, kreieren. In *Creative Crowds. Perspektiven der Fanforschung im deutschsprachigen Raum*, Hrsg. Vera Cuntz-Leng, 9–16. Darmstadt: Büchner-Verlag.

Einwächter, Sophie G. 2014. *Transformationen von Fankultur: Organisatorische und ökonomische Konsequenzen globaler Vernetzung*. Phil. Diss., Goethe Universität Frankfurt am Main. Frankurt am Main: Univ.-Bibliothek.

Esch, Rüdiger. 2014. *Electri_City. Elektronische Musik aus Düsseldorf.* Berlin: Suhrkamp.

Finke, Peter. 2016. Citizen Science und die Rolle der Geisteswissenschaften für die Zukunft der Wissenschaftsdebatte. In *Bürger Künste Wissenschaft. Citizen Science in Kultur- und Geisteswissenschaften*, Hrsg. Kristin Oswald und René Smolarski, 31–56. Gutenberg: Computus Druck Satz & Verlag.

Haklay, Muki. 2018. Participatory Citizen Science. In *Citizen Science: Innovation in Open Science, Society and Policy*, Hrsg. Susanne Hecker et al., 52–62, London: UCL Press.

Halberstam, Judith. 2005. *In a Queer Time and Place. Transgender Bodies, Subcultural Lives.* New York: New York University Press.

Jenkins, Henry. 2006. Interactive Audiences? The ‚Collective Intelligence' of Media Fans. In *Fans, Bloggers and Gamers: Exploring Participatory Culture*, Hrsg. Henry Jenkins, 134–151. New York: New York University Press.

Jenkins, Henry. 2007. Afterword: The Future of Fandom. In *Fandom: Identities and Communities in a Mediated World*, Hrsg. Jonathan Gray, Cornel Sandvoss und C. Lee Harrington, 357–364. New York: New York University Press.

Lévy, Pierre. 1997. *Die kollektive Intelligenz. Für eine Anthropologie des Cyberspace*. Mannheim: Bollmann.

Linden, Henrik und Sara Linden. 2017. Fans and (Post)Subcultural Consumerism. In *Fans and Fan Cultures. Tourism, Consumerism and Social Media*, Hrsg. Henrik Linden und Sara Linden, 37–60. London: Palgrave Macmillan.

Mikos, Lothar. 2010. Der Fan. In *Diven, Hacker, Spekulanten. Sozialfiguren der Gegenwart*, Hrsg. Stefan Moebius und Markus Schroer, 108–118. Berlin: Suhrkamp.

o. Verf. 2021. UCL's interdisciplinary Extreme Citizen Science research group. *University College London*. https://www.geog.ucl.ac.uk/research/research-centres/excites/about-us. Zugegriffen am 30. Januar 2023.

o. Verf. o. J. Artigo – Laien beschreiben Kunstwerke. *Bürger schaffen Wissen*. https://www.buergerschaffenwissen.de/projekt/artigo-laien-beschreiben-kunstwerke. Zugegriffen am 30. Januar 2023.

o. Verf. o. J. Historisches Radfahrwissen. *Bürger schaffen Wissen*. https://www.buergerschaffenwissen.de/projekt/historisches-radfahrerwissen. Zugegriffen am 30. Januar 2023.

o. Verf. o. J. Kino in der DDR. *Bürger schaffen Wissen.* https://www.buergerschaffenwissen.de/projekt/kino-der-ddr. Zugegriffen am 30. Januar 2023.

Smolarski, René und Kristin Oswald. 2016. Einführung: Citizen Science in Kultur und Geisteswissenschaften. In *Bürger Künste Wissenschaft: Citizen Science in Kultur und Geisteswissenschaften*, Hrsg. René Smolarski und Kristin Oswald, 9–30. Gutenberg: Computus Druck Satz & Verlag.

Smolarski, René, Hendrikje Carius und Martin Prell. 2023. Citizen Science in den Geschichtswissenschaften aus methodischer Perspektive: Zur Einführung. In *Citizen Science in den Geschichtswissenschaften: Methodische Perspektive oder perspektivlose Methode?* Hrsg. René Smolarski, Hendrikje Carius und Martin Prell, 7–20. Göttingen: V&R unipress.

Zaremba, Jutta. 2014. Konsumkreativitäten der FanArt-Szene. In *Creative Crowds. Perspektiven der Fanforschung im deutschsprachigen Raum*, Hrsg. Vera Cuntz-Leng, 305–323. Darmstadt: Büchner-Verlag.

Zaremba, Jutta. 2014. Konsumkreativitäten der FanArt-Szene. In *Creative Crowds. Perspektiven der Fanforschung im deutschsprachigen Raum*, Hrsg. Vera Cuntz-Leng, 305–323. Darmstadt: Büchner-Verlag.

## Interviews

m, 67 Jahre. 2021. Interview mit Studierenden des Bachelor-Seminars „Das war vor Jahren' – Pop als kollektive Erinnerungsmaschine". 2. Juli 2021.

## Von der Szene …

Wolfgang Ullrich

# Fans: Eine neue Größe im Kunstbetrieb

**Zusammenfassung:** Der Beitrag widmet sich einem Strukturwandel der Kunstwelt, der darin besteht, dass Fans, die im Bereich der bildenden Kunst des Westens bisher keine Rolle spielten, zunehmend an Relevanz gewinnen. Rezipient*innen und Sammler*innen als den bisherigen Typen von Publikum machen sie Konkurrenz, ersetzen sie vielleicht sogar schon bald als Bezugsgrößen. Damit einher geht eine Umwandlung der Kunstwelt von einem Hort der Hochkultur zu einem Bereich, der sich nach popkultureller Logik konstituiert. Spielarten von Teilhabe an den Personen, Marken und Artefakten, für die Fans sich begeistern, vor allem aber Formen des Besitzes von Fanobjekten verändern Selbstverständnis und Auftreten von Künstler*innen, aber auch die Formate ihrer Kunst, in der auf einmal z. B. Art Toys eine wichtige Rolle einnehmen. Am Beispiel von Damien Hirst vollzieht der Beitrag den Strukturwandel nach. Zugleich rücken damit die Sozialen Medien ins Zentrum der Aufmerksamkeit – und zwar als der Ort, an dem Fans qua Follower rekrutiert und zugleich in ihren spezifischen Bedürfnissen befriedigt werden. In ostasiatischen Ländern wie Japan ist die Ausprägung einer Fankultur jedoch sogar bereits vor der Etablierung der Sozialen Medien zu beobachten; dort sind Fans auch schon seit rund 20 Jahren Gegenstand der Theoriebildung. Diese zu beachten kann dabei helfen, den Wandel von Werken, die an Rezipient*innen adressiert sind, hin zu Objekten für Fans besser zu begreifen.

**Schlüsselwörter:** Art Toys, Bildende Kunst, Damien Hirst, Fan-Kunst, Fanobjekte, Hochkultur, KAWS, Strukturwandel, Teilhabe, westliche Moderne

## 1 Die bildende Kunst der westlichen Moderne als Hochkultur ohne Fans

Von Fans in einem Bereich wie der bildenden Kunst zu sprechen, der immer besonders stark der Hochkultur zugeordnet wurde, weckt Befremden. Immerhin denkt man bei Fans zuerst an Fußball, dann an Popmusik und Popkultur: an Bereiche, die aus hochkultureller Perspektive zur Kulturindustrie gehören. Mit Fans assoziiert man außerdem Fanatismus, unkontrollierte Emotionen und damit einen Mangel an Zivilisiertheit, die aber als Voraussetzung für jeglichen angemessenen Umgang mit Kunst erscheint. In einem soziologischen Standardwerk werden Fans als Menschen definiert, „die längerfristig eine leidenschaftliche Be-


https://doi.org/10.1515/9783110982114-002

ziehung zu einem für sie externen, öffentlichen, entweder personalen, kollektiven, gegenständlichen oder abstrakten Fanobjekt haben und in die emotionale Beziehung zu diesem Objekt Zeit und/oder Geld investieren." (Roose, Schäfer und Schmidt-Lux 2017, S. 4)

Diese Definition liefert noch einen zweiten Grund, warum es erst einmal unpassend zu sein scheint, in Beziehung auf bildende Kunst von Fans zu sprechen. Denn wer Zeit und/oder Geld investiert, tut das, um gegenüber dem Fanobjekt eine noch engere Beziehung aufzubauen, um es sich anzueignen, ja um eine Art von Teilhabe zu erreichen. Es geht um Habenwollen und Besitzstreben – darum, aus dem Interesse an etwas ein Zusammengehören, ein Dazugehören, ein Angehören, ein Gehören zu machen. Ein derartiges Aneignungsbegehren aber widerspricht dem Ideal des „interesselosen Wohlgefallens", das rund zweihundert Jahre lang als Grundlage des westlich-modernen Kunstverständnisses galt (vgl. Kant 1974).

So sah man eine gemäße Rezeption von Kunst gerade dann gewährleistet, wenn sie in einem Museum oder einer Ausstellung stattfindet – also dann, wenn einem die rezipierten Werke gerade nicht gehören, wenn man sie betrachten kann, ohne sich Gedanken über ihren Erhalt machen zu müssen, ohne Angst vor Diebstahl und Zerstörung zu haben, ohne auch von Gefühlen wie Eitelkeit oder Stolz vereinnahmt zu sein, die gegenüber Besitz kaum vermeidbar sind. Seit Immanuel Kants Theorie des ästhetischen Urteils galt: Zu einer Erfahrung und Beurteilung von etwas als schön (oder erhaben) ist nur in der Lage, wer durch Besitz nicht belastet ist. Zugespitzt formuliert lautete die Überzeugung der Kunsttheorie der westlichen Moderne: Wer Kunst kauft, sammelt, handelt, kann überhaupt nicht in den Modus gelangen, ein Werk frei und umfassend auf sich wirken zu lassen und ihm als Kunst gerecht zu werden.

Es ist zu mutmaßen, dass solche Überzeugungen ihren Ursprung in Ressentiments hatten, die ein ökonomisch fragiles Bildungsbürgertum im achtzehnten Jahrhundert gegenüber wohlhabenderen Schichten entwickelte, in deren Besitz sich die Kunst überwiegend befand. Außerdem lässt sich bezweifeln, ob es jemals gelang, die Interesselosigkeit und entsprechend die Besitzlosigkeit zur Norm des Umgangs mit Kunst zu erheben. In den letzten Jahrzehnten hat die langanhaltende Hochkonjunktur des Kunstmarkts jedenfalls dazu geführt, dass bildende Kunst gerade dann am meisten Aufmerksamkeit erfährt, wenn sie eine Sache des Besitzes ist – wenn sie einen guten oder gar sensationellen Preis erzielt, was sie oft genug getan hat.

Die Preise und diejenigen, die sie zahlen, sind dadurch fest mit den jeweiligen Werken verknüpft, und das so stark, dass auch diejenigen, die Kunst im Museum betrachten, davon nicht mehr abstrahieren können. Auch wenn ein Gemälde Mark Rothkos oder Gerhard Richters dort kein Preisschild hat, weiß man, was ein

Rothko oder ein Richter kostet; man betrachtet die Gemälde daher mit dem Imperativ, zumindest aber mit der heimlichen Erwartung, als Gegenwert zu den vielen Millionen eine besondere künstlerische Qualität zu entdecken. Damit aber wird die Tatsache, dass Kunst sehr teuer ist und dass einzelne sehr viel dafür bezahlen, zur Grundlage für ihre Beurteilung.

Zwar mögen einige nach wie vor darauf pochen, man möge Kunst unabhängig von Kategorien des Besitzes betrachten, sonst entferne man sich von wahrer Rezeption, doch wäre dazu mittlerweile eine so hohe Abstraktions- und Verdrängungsleistung verlangt, dass es einer Gewaltanwendung gleichkäme und man damit ebenfalls gegen das Ideal interesseloser Kontemplation verstieße. Es dürfte inzwischen aber auch nicht wenige geben, denen sogar etwas fehlen würde, würden sie Werke „an sich“ betrachten, ohne zugleich deren Ort und Funktion in den Milieus zu reflektieren, in denen man sie besitzt. An die Stelle der Frage nach der künstlerischen Intention rückt also zunehmend die Frage nach der Intention derer, die sich für ein bestimmtes Werk entscheiden. Das sind im Fall sehr teurer Werke üblicherweise sehr reiche Menschen, oft also auch besonders mächtige oder prominente Menschen. Für sie kann Kunst Geldanlage sein, Spekulationsmasse, aber auch ein Statussymbol mit großer Distinktionskraft – und oft dürfte es eine Mischung von allem sein.

Die Distinktionskraft eines Kunstwerks aber ist umso größer, je weniger für Außenstehende begreiflich ist, warum jemand so viel Geld dafür ausgegeben hat: Einen Millionenbetrag für einen Alten Meister oder für eine Yacht, das ist nachvollziehbar. Aber warum sollte das jemand für ein Werk ausgeben, das schnell gemacht ist, das es in hunderten Varianten gibt, das also weder selten noch frei vom Verdacht des Beliebigen ist? Oder für ein Werk, das eine Alltagsbanalität nur vergrößert? In solchen Fällen verunsichert der hohe Preis, schüchtert gar ein, weil man glaubt, etwas nicht kapiert zu haben, oder weil man merkt, wie anders die Maßstäbe anderer Menschen sind. So fühlt man sich ausgeschlossen, zugleich aber haben diejenigen, die die teure Kunst besitzen, dank deren Distinktionskraft einen Imagegewinn, sind es dann doch sie, die einschüchternd, geheimnisvoll, glamourös und cool wirken.

Daraus entsteht bei vielen nicht so Reichen naheliegend der Wunsch, die Ausgeschlossenheit zu überwinden und selbst auch ein bisschen cool, aufregend, einschüchternd zu sein. Sie würden an der teuren Kunst also gerne „irgendwie“ teilhaben – und das umso mehr, je mehr diese Kunst wiedererkennbar, gleichsam gebrandet ist, ja je mehr sie so konfektioniert ist wie die Produkte einer Marke. Einige besonders teure Künstler*innen haben auch erkannt, dass sich aus der Sehnsucht der vielen, die sich keine Unikate leisten können, die aber bestenfalls sogar zu Fans werden könnten, ein eigener Markt entwickeln lässt. Sie haben daher mit etwas begonnen, das man von Luxusmarken kennt und das im Marketing als Markendehnung bezeichnet wird. So gibt es etwa von Porsche nicht nur Autos, sondern ebenso Lesebrillen, Daunenjacken und vieles andere – für alle, die auch gerne einen Porsche hätten, ihn sich aber niemals leisten könnten, ja für alle, die gerne Teil der Markenwelt würden, die sich als Fans der Marke verstehen und daher möglichst viele Produkte von ihr haben wollen.

## 2 Paradigmenwechsel: Fans als neue Zielgruppe

Kaum jemand übernahm diese Strategie in den letzten Jahren so konsequent wie Damien Hirst. Mit „Other Criteria" hat er zuerst eine eigene Shop-Marke mit mehreren Filialen gegründet. Außerdem ging er dazu über, Produkte mit seinen Motiven zu allen Preisklassen anzubieten, sodass man von ihm Sachen zwischen einem Dollar und mehreren Millionen Dollar erwerben kann. Dabei übernahm er zuerst seine bekanntesten Motive und übertrug sie auf alles Mögliche – kaum anders als ein Fußballverein, der sein Logo auf alles von der Teetasse bis zur Bettwäsche druckt. Allerdings haben dieselben Motive nicht mehr dieselbe Distinktionskraft, wenn sie nur noch einen Bruchteil kosten. Ein Spot-Painting für ein paar hunderttausend Dollar, das Hirst von Angestellten malen ließ und das es in rund 2000 Varianten auf dem Markt gibt, wirkt cool, ist eine radikale Geste, aber auf einer Tasse für einen zweistelligen Betrag sind die Spots nur ein nettes Dekor. Daraus lässt sich also kaum eine „leidenschaftliche Beziehung" aufbauen, d. h. um längerfristig Fans an sich zu binden, ja um diese als neuen Typus von Publikum – zusätzlich zu Rezipierenden und zu Sammler*innen – überhaupt erst zu erschaffen, braucht es mehr.

Hirst hat auch das verstanden und damit begonnen, sein gesamtes Programm umzustellen bzw. so zu differenzieren, dass er mittlerweile Fans etwas anderes anbietet als Superreichen. Für sie gibt es vor allem eigene Formen der Teilhabe an seiner Welt. Von großer Bedeutung ist dabei Hirsts Instagram-Account. Man kann in seinem Fall sogar genau datieren, wann er begonnen hat, sich eigens an seine Follower zu adressieren – und zu bemerken, dass diese potenzielle Fans sind, mit denen sich Geld verdienen lässt. Bis zum Januar 2018 wirkte Hirsts 2014 gestarteter Account wie eine Pressestelle; die Postings waren unpersönlich, von Hirst war in der dritten Person die Rede, es wurde über seine Arbeiten, Ausstellungen, Erfolge berichtet. Seit Januar 2018 aber spricht Hirst selbst zu seinen Followern – und gleich das erste Bild im neuen Stil verriet, dass damit ein grundsätzlicher Richtungswechsel verbunden war: Zu sehen ist, wie er seine Hand auf eines seiner Bilder legt – dies ist ein Zeichen dafür, nicht länger unpersönlich, als Inhaber eines Betriebs, in dem serielle Ware ohne Handschrift produziert wird, wirken zu wollen. Auch der Text in den Captions mutet persönlich an und versetzt die Follower in die Rolle von Insidern. Hirst blickt darin auf sein erstes Spot-Painting von 1986 zurück und widmet sich der Frage, ob seine Kunst zu kalt sein könnte. Er erklärt, dass ihn die Kälte des Minimalismus damals gereizt habe, er also von expressionistisch anmutenden Spot-Paintings hin zu Spot-Paintings in strengem Raster, mit einer Faktur, die möglichst maschinell wirken sollte, wechselte. Nun aber stellt er einen Schwenk zurück in Aussicht; er sei älter geworden und interessiere sich wieder für Kunst, die „more emotional" sei.[1]

Dazu passend postete er fortan zunehmend Fotos, die ihn im Atelier zeigen: beim Malen, farbverschmiert, alleine, bohemienhaft, wie es einem Klischeebild von Künstler entspricht. Dass er Chef eines Unternehmens, Manager seiner Marke ist, wird auf diese Weise geschickt verdeckt. Im Frühjahr 2020 (während des ersten Corona-Lockdowns) erfreute Hirst seine Follower damit, dass er, per Video, hundert ihrer Fragen beantwortete. Dabei gab er sich freundlich und offen im Ton, ganz im Gegensatz zu früheren Auftritten, bei denen er sich als ruppiger, demonstrativ arroganter, geradezu asozialer Typ in Szene zu setzen pflegte.

Ebenfalls im Frühjahr 2020 bot er eigens entworfene Herzen und Regenbogen zum Download an, damit Follower Varianten davon basteln, in ihre Fenster hängen und sich so beim Pflegepersonal des durch Corona strapazierten National Health Service bedanken konnten. Waren das großzügige Gesten, die Hirst zugänglich und menschenfreundlich erscheinen ließen, ja die ihm viele Sympathien einbrachten und sicher einige Follower zu Fans werden ließen, so erprobte er deren finanzielle Einsatzbereitschaft Ende Februar 2021 erstmals in großem Stil.

Nachdem er schon rund zwei Jahre lang Gemälde mit Kirschblütenmotiven gemalt hatte, deren Serialität an die Spot-Paintings erinnert, bei denen er aber expressionistischen Exzessen frönen kann und das umsetzt, was er in dem Posting vom Januar 2018 angekündigt hatte, offerierte er sechs Tage lang hochauflösende Fotodrucke von acht dieser Gemälde. Jeder Druck ist handsigniert, pro Motiv sollten so viele Exemplare produziert werden, wie bestellt wurden, das Stück für 3000 US-Dollar oder den äquivalenten Preis in einer Kryptowährung, die Hirst in diesem Fall ausdrücklich akzeptierte.

16 Drucke vergab Hirst umsonst an Follower, die besonders gut begründen konnten, warum sie Kirschblüten toll finden. Deren Kommentare postete er eigens, verlinkte sie auch und bot damit das, was Fans sich am meisten wünschen: Aufmerksamkeit durch das Idol, unmittelbare Tuchfühlung mit dessen Welt, die Chance, auch von anderen Fans wahrgenommen und beneidet zu werden. In den

1 Vgl. Instagram-Beitrag von Damien Hirst vom 9. Januar 2018: https://www.instagram.com/p/BdulcI6hn6b/. Zugegriffen am 13. November 2022.

Kommentaren werden die Kirschblüten Kälte und Winter entgegengesetzt, oder man sieht sie als Signal für das Ende von Lockdown und für ein wieder feierfreudiges Leben.

Nach Beendigung der Aktion postete Hirst stolz das Ergebnis: Die Drucke hätten sich wie verrückt verkauft (in 67 Länder), und zählt man zusammen, kommt man darauf, dass Hirst mehr als 22 Millionen Dollar eingenommen hat (Abb. 1).[2] Davon bekommt der Drucker was ab, aber kein Galerist, kein Auktionshaus, niemand sonst verdient daran, der größte Teil verbleibt beim Künstler. Hirst hat also nicht nur eine erfolgreiche Markendehnung betrieben, die erst möglich wurde, weil er schon seit mehr als zwei Jahrzehnten zu den global erfolgreichsten, bekanntesten Künstler*innen zählt, sondern er hat auch die Möglichkeiten genutzt, die die Sozialen Medien bieten. Ohne Instagram wäre es für ihn viel schwerer gewesen, Interessierte jenseits des angestammten Kunstpublikums zu erreichen und überhaupt eigene Fans heranzubilden.

**Abb. 1:** Damien Hirst. Instagram-Post. Zugegriffen am 19. November 2022. Screenshot.

2 Vgl. Instagram-Beitrag von Damien Hirst vom 12. März 2021: https://www.instagram.com/p/CMVKMS6MNj4/. Zugegriffen am 13. November 2022.

Dass eine Plattform wie Instagram ein Follower-Modell etabliert hat, hilft Prominenten generell, eine engere Verbindung zu Menschen aufzubauen, die sich für sie interessieren. Auf einmal gibt es daher auch in Bereichen, in denen bisher keine eigene Fankultur existierte, die Möglichkeit dazu. Doch für kaum einen anderen Bereich dürfte sich dadurch so viel ändern wie für die bildende Kunst. Dass diese anders als in der gesamten Moderne mit Besitz assoziiert wird, ergab sich (wie ausgeführt) schon aus der jahrzehntelangen Hochkonjunktur des Kunstmarkts, aber dass sich nun auch „emotionale Beziehungen“ zu Werken und Künstler*innen etablieren, dass neben materiellem Besitz auch Partizipation und Zugehörigkeit Faktoren werden, ja dass Praktiken, die bisher nur in der Popkultur üblich waren, nun auch in einer Bastion der Hochkultur Einzug halten, zeugt von einem gewaltigen Umbruch.

So war es für das westlich-moderne Verständnis von Kunst zentral, dass diese unabhängig von Bedürfnissen und Wünschen eines Publikums entsteht und gerade daraus ihre Autorität bezieht, möglichst autonom, ja sogar rücksichtslos zu sein. Dagegen sind Artefakte der Fankultur nachfragebestimmt. Bezeichnend für Hirsts neue Orientierung ist, dass er die Zahl der Drucke nicht von vornherein limitierte, sondern sich die Auflagenhöhe allein nach der jeweiligen Nachfrage richtete. Aber auch sonst bedient er Erwartungen von Fans. Dass er Kryptowährungen akzeptiert, mit Emojis kommuniziert, ja überhaupt Kirschblütenmotive anbietet – das zeugt alles davon, dass Hirst junge, internetaffine Zielgruppen vor allem auch aus asiatischen Ländern wie Japan und Südkorea im Blick hat. Dort ist das Motiv der Kirschblüte besonders populär, die Zeit der Kirschblüte im Frühjahr sorgt für Volksfeststimmung, alle Netzwerke werden dann mit Bildern von Kirschblüten geflutet. Hirst hatte seine Fan-Aktion sogar so geplant, dass die Drucke gerade zur Zeit der Kirschblüte in Asien ankamen. Bilder davon tauchen daher nun fast direkt neben Fotos von Kirschblüten auf, was es umso besser erlaubt, eine emotionale Beziehung zu den Postern herzustellen.

Dass Hirst gerade Follower und Fans aus asiatischen Ländern ansprechen wollte, lässt auch die Titelgebung seiner Drucke vermuten. So bezieht er sich damit auf Bushido, eine aus dem alten japanischen Adel stammende Ethik, die im späten 19. Jahrhundert auch im Westen bekannt wurde und Tugenden wie Tapferkeit, Treue und Höflichkeit umfasst. Jeder der acht Drucke ist nach einer Bushido-Tugend benannt. Durch den Erwerb identifiziert man sich also nicht nur mit dem Künstler und dem Motiv, sondern legt auch ein Bekenntnis – eine Art von Selbstverpflichtung – gegenüber einer Tugend ab, was zu umso mehr Besitzstolz führt und auf einer weiteren, ideelleren Ebene noch einmal für ein Zugehörigkeitsgefühl sorgt (Höflichkeit verkaufte sich übrigens am besten, Ehre am schlechtesten). Zugleich und über Asien hinaus bietet Hirst mit den Kirschblüten-Tugend-Bildern ein bisschen philosophischen Tiefsinn und damit das, was Menschen – nicht nur

Fans – sich wünschen, die einen solchen Druck fortan in ihren vier Wänden haben. Für viele von ihnen sind 3000 Dollar eine erhebliche Summe, dafür wollen sie einen Mehrwert, ja möglichst genau das, was sie herkömmlich von Kunst erwarten.

Viele von ihnen haben es ihrerseits gepostet, als ihr Hirst sie erreichte, haben also etwa Fotos vom Auspacken gemacht. In der Summe der Postings wird deutlich, was für unterschiedliche Funktionen die Drucke erfüllen. Für manche ist der Hirst ein Sofabild, und früher hätten sie die 3000 Dollar für das Bild eines lokalen Künstlers oder einer lokalen Künstlerin ausgegeben (das zeigt, dass ein Vorgehen wie das von Hirst erhebliche Folgen für den traditionellen Kunstmarkt haben dürfte, erhöhen die berühmten, zu Marken avancierten Künstler*innen ihre Marktanteile doch auf Kosten der Kleinen immer weiter). Andere geben ihrer Freude Ausdruck, nun auch etwas von der Marke Hirst zu besitzen, die sie bisher für unerschwinglich hielten. Wieder andere empfinden das fröhlich-bunte Werk als Trost, hoffen, dass das Motiv sie aufbaut, oder nehmen es geradezu wie ein Haustier bei sich auf. Seelentröster, Talisman, cooles Markenobjekt – das alles sind aber eindeutig Qualitäten von Fanobjekten.

## 3 Art Toys und Fanobjekte

In einer jüngeren Generation von Künstler*innen richtet man sich mittlerweile von vornherein darauf aus, selbst einmal Fans zu haben. Schon jetzt beginnen auf Instagram ebenso wie auf YouTube oder TikTok viele kleine und große Karrieren junger Stars, deren Artefakte dann auch der jeweiligen Logik dieser Plattformen angepasst werden. Manche werden über Nacht berühmt, andere bemühen sich neben ihrer Karriere im traditionellen Kunstbetrieb um zusätzliche Vertriebsmöglichkeiten und eine neue Kundschaft. Wieder andere hatten schon lange vor den Sozialen Medien Fans, waren jedoch allein innerhalb der Popkultur berühmt, werden nun aber auch in der auf einmal für Fans zugänglichen Kunstwelt wahrgenommen und mit Ausstellungen und Auktionsrekorden verwöhnt.

Einer von ihnen ist der US-Amerikaner Brian Donnelly, der unter dem Namen KAWS auftritt und so in den 1990er Jahren als Graffiti-Sprayer bekannt wurde, der gerne auch Werbetafeln übermalte. Später erlangte er globalen Erfolg mit Figuren – Art Toys –, die er in diversen Spielarten vertreibt: als Bilder, Skulpturen, Aufdrucke, Multiples. Oft kooperiert er dabei mit anderen Marken, ist also aus einer konsumkritischen Subkultur in die hochkommerzielle Massenkultur gewechselt. Seine Ästhetik ist von Comics, Zeichentrickfilmen und Werbefiguren geprägt, immer wieder variiert er berühmte Vorbilder wie die Simpsons, das Michelin-Männchen oder Mickey Mouse.

Auch seine erfolgreichste Figur Companion, die er seit 1999 in zahlreichen Versionen auf den Markt gebracht hat, paraphrasiert mit großen Füßen und ausladenden, knochenförmigen Ohren den Disney-Vorläufer. Allerdings handelt es sich um ein ernstes, introvertiertes Gegenstück dazu: meist in Grau- und Beigetönen statt in quietschbunten Farben, ohne grinsenden oder aufgerissenen Mund und ohne Kulleraugen. An ihrer Stelle finden sich bei KAWS zwei Kreuze, die er auch sonst so oft verwendet, dass sie als sein Logo gelten können. Da die meisten Varianten des Companion außerdem eine gebückte oder schlaffe Haltung einnehmen oder sich die Hände vor den Kopf halten, schafft er innerhalb des pauschalen Daueroptimismus der Konsumwelten einen Platz für die Momente, in denen Menschen sich klein, schwach, erschöpft, traurig fühlen. Die Schwäche wirkt aber nicht als Scheitern, vielmehr ergibt sich eine eigene Schönheit dadurch, dass die Figuren perfekt anmuten und ihre Oberflächen aus Vinyl, Holz oder Bronze glatt schimmern. So wird Companion seinem Namen gerecht und eignet sich noch viel besser als ein Hirst-Druck als Begleiter und Seelentröster: als ideale Projektionsfläche, um Empfindungen zur Geltung zu bringen, die sonst verdrängt werden.

So wie manche Fußballfans gerade auch Vereine lieben, die öfter verlieren als gewinnen oder die immer wieder absteigen, weil ihnen das erlaubt, eigene Misserfolge zu verarbeiten und zu überhöhen, verleiht auch KAWS Erfahrungen von Niederlagen oder Enttäuschungen eine Form und verwandelt sie für die Fans in Ereignisse, denen eine eigene Würde zuteil wird. Umso emotionaler sind viele von ihnen: Sie reisen zu Events, bei denen KAWS-Figuren auftreten, stehen nächtelang an, um ein Teil einer besonderen Edition zu ergattern, oder drehen begeistert Unboxing-Videos, wenn ein Art Toy ihres Idols angeliefert wird. Dabei gibt es nicht nur Objekte für drei- oder vierstellige Summen, sondern ebenso für sechsstellige Beträge, und seit KAWS von der Kunstwelt entdeckt wurde, erzielten einzelne Arbeiten sogar zweistellige Millionenbeträge. Das ist umso überraschender, als man mit dem Einsatz von so viel Geld zwar innerhalb der Fan-Community zu besonderem Ansehen gelangen kann, aber gerade kein Sieger-Image, ja keinen großen Distinktionsgewinn erwirbt, sondern eher als Person erscheint, die kostspieligeren Trost als andere braucht.

Daher dürften traditionelle Kunstsammler*innen für Arbeiten von KAWS nach wie vor kaum solche Rekordsummen locker machen. Und so deuten die hohen Kunstmarktpreise darauf hin, wie sehr Fans bereits das Geschehen auch der etablierten Institutionen des Kunstbetriebs mitzubestimmen beginnen. Museen, immer um Steigerung der Anzahl ihrer Besucher*innen bemüht, dürften bald nachziehen, müssen dann allerdings sicherstellen, dass sie Objekte von KAWS und anderen nicht nur in Ausstellungen zeigen, sondern auch in ihren Shops anbieten. Denn Fans wollen sie vor allem haben, für sie ist ein Museum umso attraktiver, je mehr man in ihm kaufen kann. Dabei sammeln viele ein größeres Spektrum an Art Toys. Statt Fans einzelner Künstler*innen zu sein, beweisen sie ihre emotionale Bindung lieber dadurch, dass sie begehrte limitierte Editionen erwerben oder sich um aufwändige Anordnungen und unkonventionelle Inszenierungen ihrer Stücke bemühen.

Auch hier wirken die Sozialen Medien anspornend, kann man die eigene Sammlung durch das Posten von Fotos doch mehr Menschen als früher vorführen. Außerdem befindet man sich dann im direkten Austausch, aber auch im Wettbewerb mit anderen Fans, gegenüber denen man sich zu behaupten sucht – durch eine größere, wertvollere oder individuellere Sammlung oder dadurch, dass man zu den ersten gehört, die etwas Neues sammeln, das viele andere dann ebenfalls haben wollen. Der Besitzstolz wird durch das Zeigen der eigenen Objekte erst ganz lebendig, und für viele dürfte das Fan-Sein seine Vollendung finden, wenn sie andere mit ihrer Leidenschaft anstecken.

Auf den meisten Fan-Accounts werden die Art Toys daher auch nicht nur in Szene gesetzt, sondern akkurat verlinkt – mit den Accounts der Künstler*innen, Produktionsfirmen und Shops (Abb. 2). Damit macht man sie als Konsum- und Markenprodukte kenntlich, und wer will, kann mit wenigen Klicks herausfinden, von wem sie stammen und wo sie zu erwerben sind. Wie zuerst aus Followern Fans wurden, werden diese also auf ihren eigenen Accounts zu Influencern, die dazu beitragen, dass sich bestimmte Art Toys gut verkaufen oder gar viral gehen, dass aber auch die Zahl an Fans weiter ansteigt.

Mit verschiedenen und immer wieder anderen Inszenierungen rechtfertigen Fans auch den Begriff Art Toys, durch den die Objekte als Sonderform von Spielzeug klassifiziert werden. Denn während man mit einer Companion-Figur oder einem anderen Objekt nicht wie mit einer Puppe spielt (meist sind die einzelnen Teile gar nicht beweglich), versetzt man die Art Toys je nach Konstellation, in die man sie bringt, dennoch in andere Rollen und verleiht ihnen so eine jeweils andere Bedeutung, eine spezifische emotionale Anmutung. Und beansprucht man eine Figur einmal als Tröster, als lustiges Maskottchen oder als Symbol für eine Freundschaft, kann man das mit der nächsten Inszenierung gleich wieder überschreiben. Mit den Inszenierungen der Figuren in der eigenen Wohnung oder für Fotos betreibt man eine Art von Fan-Fiction, verleiht also seinen eigenen Phantasien Ausdruck, was dadurch begünstigt wird, dass Art Toys von ihren Urheber*innen fast nie eine eigene Geschichte oder Gebrauchsanweisung mitbekommen.

Damit unterscheidet sich ein Art Toy auch von einem Kunstwerk. Zwar waren Werke – nach westlich-modernem Verständnis – ebenfalls auf keine bestimmte Bedeutung fixiert, verweigerten oft auch erzählerische Motive, aber ihre semantische Vielseitigkeit wurde als eigene Qualität gewürdigt, oft sogar als Vielschichtigkeit verehrt. Entsprechend wurden die verschiedenen Deutungen, die Rezipient*innen vornahmen, als Beleg für die Komplexität und Überlegenheit des

**Abb. 2:** Hannah Kim. Instagram-Post. Zugegriffen am 19. November 2022. Screenshot.

jeweiligen Werks aufgefasst und letztlich dessen Urheber*innen zugeschrieben. Da diejenigen, die das Werk interpretierten, es im Allgemeinen nicht besaßen, durften sie also auch ihre Deutungen nicht für sich, nicht als ihre Leistung beanspruchen. Dass Fans hingegen durch den Kauf eines Art Toys ein Besitzverhältnis eingehen, berechtigt sie, damit zu spielen, sich durch Inszenierungen und Verwendungsweisen einzubringen und sich auch als Urheber*innen eines Teils der auf diese Weise entwickelten Bedeutungen anzusehen. Auf diese Weise sind Fans Anteilseigner*innen an der Geschichte eines Art Toys.

# 4 Fan-Theorie und Fan-Kunst aus Japan

Vor allem in Japan sind Art Toys und Fan-Kulturen schon mindestens zwei Jahrzehnte vor Etablierung der Sozialen Medien zu einem relevanten Faktor des Kunstbetriebs geworden. Damien Hirst entschied auch insofern strategisch geschickt, die erste größere Aktion für Fans in Richtung Ostasien zu adressieren. Innerhalb der japanischen Kultur fungierte bei einem Künstler wie Yoshitomo Nara vor allem die Musikwelt als Vorbild für die Fan-Kultur. Dass viele Menschen sich mit Hilfe von

Musik ihren Gefühlen hingeben können und zugleich Aufmunterung erfahren, wies ihm den Weg zu einer Kunst, die ihrerseits „spirituellen Trost und Ermutigung“ stiften kann (Midori 2010, S. 15). Seine Karriere begann er in den 1990er Jahren mit dem Entwurf von Platten-Covern, sodass die Fans bestimmter Bands nach und nach auch zu seinen Fans wurden, die er dann mit Figuren wie verletzten Mädchen und traurigen Hunden weiter an sich und seine Arbeit binden konnte. Oft enthalten die Titel der Arbeiten oder Textfragmente auf den Bildern aber weiterhin Popmusik-Referenzen, sodass Nara seine Figuren, so rätselhaft und unbestimmt sie sein mögen, mit Erinnerungen an Musik-Erlebnisse verknüpft. Sie werden zu „Gedächtnisstützen“, die „individuell und selektiv miteinander verwoben werden können“, was die Beschäftigung damit „zu einer intimen persönlichen Begegnung“ mache; es komme zu „affektiven Reaktionen“, durch die „aus Zuhörern oder Betrachtern Fans“ würden, wie die Kuratorin Miwako Tezuka erläutert (Tezuka 2010, S. 95). Nara selbst merkte bereits im Jahr 2000 an, er sei „nicht durch die Akzeptanz seitens der Kritiker“ des etablierten Kunstbetriebs, sondern „durch die Öffentlichkeit“, also durch Fans, „berühmt geworden“ (Matsui 2010, S. 22).

Tezukas Nara-Deutung ist sicher auch von einer 2001 publizierten Studie des japanischen Philosophen Hiroki Azuma beeinflusst, die der Otaku-Kultur als der leidenschaftlichsten und zugleich berüchtigtsten Fan-Kultur Japans gewidmet ist. Azuma erkennt in ihrem Verständnis von Figuren zentrale Elemente der Postmoderne ebenso wie eine Faszination für „okkultes Denken und die New-Age-Bewegung“ (vgl. Azuma 2009, S. 7, S. 35). Seinerseits liefert er eine Erklärung für den Erfolg von Figuren wie KAWS’ Companion. Gemäß seiner Deutung konnte die Otaku-Kultur nämlich nur deshalb prägend werden, weil der noch bis in die 1970er Jahre vorherrschende Figurentyp, bei dem feste Bedeutungen und komplette Narrative vorgegeben und zu entschlüsseln waren, von Figuren mit frei wähl- und kombinierbaren erzählerischen Momenten und Motiven abgelöst wurde. Figuren, die „als ‚Werke‘ diskutiert“ werden konnten, verwandelten sich in Artefakte vom Charakter einer „Loseblattsammlung“ (Azuma 2009, S. 41). Damit ist die Fan-Kultur auch nicht länger urheberfixiert, sondern konzentriert sich auf markante, oft niedliche Merkmale der Figuren wie die Größe ihrer Augen, ihre Kopfform oder Frisur, die von den Fans emotional aufgegriffen und immer neu ausgeschmückt werden (vgl. Azuma 2009, S. 61).

Während also etwa Mangas der 60er Jahre noch fest umrissene Plots besaßen, was den Spielraum der Figuren-Rezeption weitgehend vorgab, ähnelt ihre Struktur ab den 80er Jahren der von Reizwortgeschichten. Ihre Figuren enthalten eine Vielzahl jeweils für sich starker Elemente, mit denen man aber auch deshalb freier umgehen kann, weil sie in zahlreichen Versionen und Kooperationen und damit unabhängig von Mangas auftauchen. Sowohl die vielfältigen Manifestationen als auch die weitere Ausgestaltung der Figuren durch die Fans lässt jeglichen

Begriff von Original – und damit zugleich die Differenz zwischen Originalen und Kopien – sowie das bisherige Verständnis von Urheberrecht erodieren. Azuma weist darauf hin, dass für viele Fans die ersten und ursprünglichen Orte, an denen eine Figur in Erscheinung getreten ist, nicht einmal mehr als „Einstiegsstelle" fungieren; vielmehr seien alle Versionen, unabhängig von der Reihenfolge ihrer Entstehung, grundsätzlich gleichberechtigt (vgl. Azuma 2009, S. 39). Daher sei die Reihenfolge aber auch nicht mehr wichtig, ein Stoff müsse also nicht mehr zuerst ein Manga sein, um dann in einen Anime-Film überführt und im Weiteren in anderen Medien und Produktformen „ausgeschlachtet" zu werden.

Sofern Figuren aber nicht mehr an feste Plots und bestimmte Medien gebunden sind, brauchen sie auch nicht mehr notwendigerweise von Manga-Zeichnern erfunden werden. Vielmehr können sie genauso von Werbeagenturen, Design-Labels oder eben auch Künstler*innen entwickelt und von vornherein Bedürfnissen von Fans angepasst werden. Statt erst nach und nach zu Maskottchen, Talismanen, Statussymbolen oder Sammelstücken zu werden, können sie diese Funktionen von Anfang an erfüllen, und statt erst im Lauf der Zeit die Grenzen zwischen verschiedenen Bereichen zu überschreiten, sind sie in ihrer gesamten Konzeption sowohl ein Stück Popkultur als auch Kunst.

In seinem Buch kommt Hiroki Azuma auch auf Takashi Murakami, den international berühmtesten Künstler Japans, zu sprechen. Er würdigt ihn dafür, dass er die Figuren-Logik der Otaku-Kultur aufgegriffen und mit eigenen Figuren in die Kunst übertragen habe (vgl. Azuma 2009, S. 63). Zwei Jahrzehnte später sind viele Murakamis Beispiel gefolgt; das Feld der Kunst ist mittlerweile voll mit Art Toys (und vergleichbaren Fan-Objekten wie Sneakers), längst sind sie auch nicht mehr nur eine Sache japanischer Künstler (allerdings jedoch nach wie vor vornehmlich eine Sache von Männern). Murakami weist sich und seinesgleichen inzwischen auch seinerseits eine gesellschaftlich relevante Rolle als spiritueller Dienstleister zu. Nach Ausbruch der Corona-Pandemie schrieb er im April 2020 auf Instagram, angesichts der allgemeinen Ohnmacht gegenüber der Natur seien gerade „Künstler in der Lage, Geist und Herz der Menschen zu erlösen". Aber auch Spiele und andere Formen der Unterhaltung hätten Funktionen der Religion übernommen. Dabei habe er selbst alles Religiöse lange Zeit mit Skepsis betrachtet oder sogar gehasst. Erst durch den Tsunami von Fukushima 2011 habe er verstanden, dass die „Angst vor der Natur" als Ursprung religiöser Überzeugungen anzuerkennen sei.[3]

Schon 2019 hatte Murakami den Tsunami als „großen Wendepunkt" seines Lebens beschrieben, sei ihm doch erstmals klargeworden, warum es in Japan keinen

3 Vgl. Instagram-Beitrag von Takashi Murakami vom 3. April 2020: https://www.instagram.com/p/B-gAVA-F-1A/. Zugegriffen am 19. November 2022.

Monotheismus, sondern eine Vielzahl von Gottheiten gebe (vgl. Murakami 2019). Um sich angesichts der vielen Gefahren ihres Alltags halbwegs geschützt fühlen zu können, müssten die Menschen auf Tuchfühlung zu ebenso vielen göttlichen Kräften sein. Ein einzelner Gott, so kann man ergänzen, wäre zu abstrakt, zu kalt; es bestünde die Sorge, dass er im entscheidenden Moment abwesend sein könnte.

Dass Art Toys daher auch als Nachfolger buddhistischer und anderer Gottheiten fungieren können, wurde bei Murakamis Projekt „The 500 Arhats" besonders deutlich. Arhats sind im Buddhismus Heilige, die gegen verschiedene Arten menschlichen Leidens helfen (vgl. Murakami zit. n. Mori Art Museum Tokio 2016). Ihnen verlieh er von 2012 an, in direkter Reaktion auf den Tsunami, neue Präsenz: mit einem hundert Meter langen Gemälde, aber auch mit Figuren-Sets, die wie andere Art Toys verkauft werden. Damit Figuren – unabhängig von einer religiösen Vorprägung – tröstend oder „heilend" wirken können, sei es jedoch nötig, so erklärte Murakami bei anderer Gelegenheit, dass sie als schön und sorgfältig entwickelt erlebt würden.[4] Schönheit führt zu Verehrung, denn erst wenn eine Figur aufgrund ihrer Gestaltung und Merkmale dazu anregt, Phantasien und Wünsche auf sie zu projizieren und ihr einen Platz im eigenen Leben einzuräumen, kann sie auch zum Maskottchen, Talisman oder gar zu einer eigenen kleinen Privat-Gottheit werden.

Nachdem Japan als „Figuren-Supermacht" (Wilde 2018, S. 27) weltweit Standards gesetzt hat – man denke nur an Hello Kitty, Tamagotchis oder Pokémons – und Art Toys zunehmend auch die Kunstwelt bevölkern, dürfte sich auch die Wahrnehmung von Artefakten anderer Kulturen und früherer Epochen verändern. Was mit abschätzigem Blick, sei er christlich-monotheistisch oder bildungsbürgerlich-kolonialistisch eingestellt, oft nur als Fetischismus oder Voodoo-Zauber abgetan wurde, erfährt dank neuer Kunstformen eine Rehabilitation oder wird zumindest besser verstanden. Die These des Kulturwissenschaftlers Hartmut Böhme, der der Moderne des Westens vorhält, „Formen und Institutionen der Magie [...] aufgelöst" zu haben, „ohne dass die darin gebundenen Energien und Bedürfnisse zugleich aufgehoben" worden seien, könnte sich bestätigen und zugleich weiterführen lassen (Böhme 2006, S. 22). So offenbart der Bedeutungszuwachs von Art Toys umso mehr das Defizit der westlichen Moderne, zwar zahlreiche intensive Dingbeziehungen etabliert, diese aber nie akzeptiert und reflektiert zu haben. Zugleich könnte der Erfolg dieser neuen Artefakte Ausgangspunkt für Diskurse sein, in denen man endlich die Bedeutung des Konsums und seiner Dinge anerkennt, ohne deshalb die Sorge haben zu müssen, zwangsläufig zu altem magischem Denken zurückzukehren.

---

4 Vgl. Instagram-Beitrag von Takashi Murakami vom 4. April 2020: https://www.instagram.com/p/B-jy59wl2cf/. Zugegriffen am 19. November 2022.

Der westlich-moderne Begriff von Kunstwerk dürfte dann allerdings erst recht als historischer und auch geografischer Sonderfall erscheinen. Statt als Begleiter und Tröster gerade in alltäglichen Nöten zur Stelle zu sein wie ein Fetisch oder Art Toy, wurde das Kunstwerk zum seltenen Ereignis stilisiert. Seine Gunst, ja Gnade hatte man sich immer erst zu verdienen, musste sich gut benehmen, abwarten, interpretationswillig sein, bevor man darauf hoffen durfte, einen Moment der Erleuchtung oder der Erlösung erleben zu dürfen. Analog zu einem monotheistischen Gott, der zwar große Wunder zu vollbringen vermag, aber meist abwesend – deus absconditus – ist und den Glauben der Gläubigen daher fortwährend auf die Probe stellt, dachte man sich auch das Kunstwerk als etwas, dessen oft beschworene große Eigenschaften fast immer verborgen bleiben, das also gerade nicht einfach dann Trost spendet, wenn man es am nötigsten hätte (und das, wenn es sich offenbart, dennoch vieldeutig, unergründlich bleibt).[5]

Damit bestanden auch klare Hierarchien. Als Schöpfung eines – gottbegnadeten – Genies trug das Kunstwerk nicht nur bereits alle möglichen Deutungen in sich, es bewies seine Überlegenheit gegenüber allen, die es ausdeuten wollten, gerade auch, wenn es sich den Entschlüsselungsversuchen entzog. Adorno fasste den Charakter des modern-autonomen Kunstwerks am prägnantesten zusammen, als er, auf Kafka gemünzt, schrieb: „Jeder Satz spricht: deute mich, und keiner will es dulden" (Adorno 2003, S. 255). Der Wille zur Interpretation, die geduldige Hingabe an das Werk nahm also oft die Dramatik eines unerhörten Gebets an, wobei diejenigen, denen hermeneutischer Erfolg versagt blieb, die Schuld immer bei sich zu suchen hatten. Dagegen wird man ein Art Toy, das doch kein Glück gebracht hat, einfach ausrangieren. Indem man es besitzt, hat man auch Verfügungsgewalt darüber, ist also als Fan in einer ungleich stärkeren Position, als es Rezipient*innen jemals waren. Doch allein, dass man Geld für ein Art Toy ausgegeben hat, dürfte seine Wirksamkeit – wenn auch nur im Sinne eines Placebo-Effekts – steigern. Misserfolgserlebnisse bleiben hier also eher die Ausnahme – auch das ist ein Grund, warum das Kunstpublikum vielleicht schon bald vor allem aus Fans und kaum noch aus Rezipient*innen bestehen wird.[6]

---

5 Zum Motiv der „ars abscondita" vgl. Ullrich 2011, S. 59.

6 Der Aufsatz beruht auf einem unveröffentlichten Vortrag, den ich am 25. Mai 2021 am Kulturwissenschaftlichen Institut (KWI) in Essen gehalten habe. Teile davon sind mittlerweile publiziert in Ullrich 2022.

# Medienverzeichnis

## Abbildungen

Abb. 1: Damien Hirst. 12. März 2021. Instagram. https://www.instagram.com/p/CMVKMS6MNj4/. Zugegriffen am 19. November 2022. Screenshot.

Abb. 2: Hannah Kim. 6. Februar 2021. Instagram. https://www.instagram.com/p/CK8FLtZFP0H/. Zugegriffen am 19. November 2022. Screenshot

## Literatur


Adorno, Theodor W. 2003 [1953]. Aufzeichnungen zu Kafka. In *Kulturkritik und GesellschaftI*, Hrsg. Rolf Tiedemann, 254–287. Frankfurt am Main: Suhrkamp.

Azuma, Hiroki. 2009 [2001]. *Otaku: Japan's Database Animals*. Minneapolis: University of Minnesota Press.

Böhme, Hartmut. 2006. *Fetischismus und Kultur. Eine andere Theorie der Moderne*. Reinbek bei Hamburg: Rowohlt

Hirst, Damien. 9. Januar 2018. *Instagram*. https://www.instagram.com/p/BdulcI6hn6b/. Zugegriffen am 13. November 2022.

Hirst, Damien. 12. März 2021. *Instagram*. https://www.instagram.com/p/CMVKMS6MNj4/. Zugegriffen am 13. November 2022.

Kant, Immanuel. 1974 [1790]. *Kritik der Urteilskraft. Band 17*. Frankfurt am Main: Suhrkamp.

Matsui, Midori. 2010. Kunst für mich selbst und andere: Yoshitomo Naras populäre Vorstellungskraft. In *Yoshitomo Nara. Nobody's Fool*, Hrsg. Melissa Chiu und Miwako Tezuka, 13–25. Köln: DuMont.

Murakami, Takashi zit. n. Mori Art Museum Tokio. 2016. „Takashi Murakami: The 500 Arhats". Works of Murakami #1: The 500 Arhats –„Blue Dragon" and „White Tiger". In *Mori Art Museum Blog*. https://www.mori.art.museum/blog/2016/02/blog-takashi-murakami-the-500-arhats-works-of-murakami-1-the-500-arhats–blue-dragon-and-white-tige.php. Zugegriffen am 19. November 2022.

Murakami, Takashi. 2019. Manga, Goya and ‚Star Wars': The Unexpected Influences That Made Takashi Murakami the Artist He Is Today. In *CNN*. https://edition.cnn.com/style/article/takashi-murakami-identity/index.html. Zugegriffen am 19. November 2022.

Murakami, Takashi. 3. April 2020. *Instagram*. https://www.instagram.com/p/B-gAVA-F-1A/. Zugegriffen am 19. November 2022.

Murakami, Takashi. 4. April 2020. *Instagram*. https://www.instagram.com/p/B-jy59wl2cf/. Zugegriffen am 19. November 2022.

Roose, Jochen, Mike S. Schäfer und Thomas Schmidt-Lux. 2017. Einleitung. Fans als Gegenstand soziologischer Forschung. In *Fans. Soziologische Perspektiven*, Hrsg. Jochen Roose, Mike S. Schäfer und Thomas Schmidt-Lux, 1–18. Wiesbaden: Springer VS.

Tezuka, Miwako 2010. Musik, die mir nicht aus dem Sinn gehen will: Yoshitomo Nara, Künstler und Phänomen. In *Yoshitomo Nara. Nobody's Fool*, Hrsg. Melissa Chiu und Miwako Tezuka, 89–109. Köln: DuMont.

Ullrich, Wolfgang. 2011. Kunst als Glaubenssache. In *An die Kunst glauben*, Hrsg. Wolfgang Ullrich, 46–65. Berlin: Verlag Klaus Wagenbach.

Ullrich, Wolfgang. 2022. *Die Kunst nach dem Ende ihrer Autonomie*. Berlin: Klaus Wagenbach.

Wilde, Lukas R.A. 2018. *Im Reich der Figuren. Meta-narrative Kommunikationsfiguren und die Mangaisierung' des japanischen Alltags*. Köln: Herbert von Halem.

Annekathrin Kohout

# Fan-Praktiken im K-Pop: Neue Kulturvermittler*innen

**Zusammenfassung:** Die sogenannte „Hallyu" – koreanische Welle – benennt die plötzliche weltweite Popularität und Ausbreitung südkoreanischer Populärkultur. Mit ihr geht eine globale Fangemeinschaft einher, die sich zumindest in US-Amerika und Westeuropa die von ihr begehrten Artefakte – von K-Pop bis K-Dramen – nicht über die klassischen Medien wie Fernsehen, Radio, das Feuilleton oder akademische Aufsätze angeeignet hat, sondern über das Internet und die Sozialen Medien. Unter K-Pop-Fans sind einige Praktiken besonders ausgeprägt, die generell in der Fankultur angelegt sind und einige Überschneidungen zu geisteswissenschaftlichen Tätigkeitsfeldern aufweisen. Angefangen vom Sammeln und Kategorisieren von Materialien zu Themen, Stars oder Produkten, über die Analyse und Interpretation in Blogbeiträgen oder Twitter-Threads bis hin zum Formulieren von Kritik, etwa in Form von Reaction Videos oder Podcast-Diskussionen. In besonderem Maße agieren sie als „neue Kulturvermittler*innen" (Lee 2012, S. 132), die Übersetzungsleistungen übernehmen („Fansubbing"), auf Newsseiten Informationen bereitstellen und kontextualisieren und in größerem Ausmaß als bislang üblich strukturell an der Anerkennung und Wirkung der Stars und ihrer Artefakte partizipieren. Der Essay beschäftigt sich mit den Bedingungen und der Ausprägung fankultureller Praktiken im K-Pop.

**Schlüsselwörter:** Artefakt, Hallyu, koreanische Welle, Kulturvermittlung, K-Pop, Prosumer, südkoreanische Populärkultur

## 1 Anmerkungen zur Unvereinbarkeit von Fantum und (Geistes-)Wissenschaft

Wie kann man popkulturellen Artefakten als Wissenschaftler*in, genauer: als Geisteswissenschaftler*in, adäquat begegnen? Mit welchen Methoden, aber auch mit welchem Selbstverständnis nähert man sich Filmen, Serien oder Musikvideos? Wie „betroffen" oder „involviert" darf oder sollte man in den eigenen Untersuchungsgegenstand sein, damit hinreichend Abstand gegeben ist, um sich dem in jeder Wissenschaft stets angestrebten Ideal der Objektivität anzunähern?

Die Frage, ob und wenn ja wie man zu objektiven Erkenntnissen gelangen kann, hat genauso Tradition wie die Infragestellung von dergleichen. Das Argument,


https://doi.org/10.1515/9783110982114-003

dass Wissenschaft von Subjekten praktiziert wird, die „handelnde und sprechende Personen" und in Interaktionen eingebetteten sind, weshalb jede Erkenntnis immer auch von Interessen geleitet ist, dürfte den meisten vertraut und verständlich sein (vgl. Habermas 1973, S. 396). Nun ist aber Person nicht gleich Person, Subjekt nicht gleich Subjekt. Mit der Bezeichnung „Fan" ist gemeinhin ein bestimmter Personen- bzw. Subjekttypus benannt, der sich durch ein besonders distanzloses, ja fanatisches Verhältnis zu einem bestimmten Gegenstand auszeichnet, wobei dieser Gegenstand meistens aus dem populärkulturellen Bereich stammt. Im Gegensatz zum/zur (Kunst-)Liebhaber*in, der/die als Rezipient*innentypus von hochkulturellen Artefakten ein distanziertes, gemäßigtes, bedachtes Verhältnis zu den Werken „pflegt", gelten Fans im öffentlichen Diskurs „als besessene Individuen (mehrheitlich männlich, zum Beispiel der Fußballfan, der Biker etc.) und als hysterische Masse (mehrheitlich weiblich, zum Beispiel Popfans, Starfans etc.)" (Mikos 2010, S. 108). Fans reagieren unmittelbar und oft im Affekt auf ihre Stars oder die von ihnen begehrten Produkte, es überrascht daher nicht, dass sie sich zur wissenschaftlichen Auseinandersetzung mit dergleichen nicht zu eignen scheinen. Hinzu kommt: Fans bezeugen einen Glauben. Den Glauben an die Bedeutsamkeit einer Person oder Personengruppe und ihrer Wirkmächte.

Wie sollte also angesichts dieser Voraussetzungen und dem beinahe religiösen Eifer ein unvoreingenommener, wertfreier Blick möglich sein? In der geisteswissenschaftlichen Praxis hat sich wohl nicht zuletzt aus den genannten Gründen eine Methode durchgesetzt, die Dietmar Dath in seinem Buch *Sie ist wach* über die US-amerikanische Fernsehserie *Buffy the Vampire Slayer* (1997–2003) einmal süffisant-kritisch mit einem Sandwich verglichen hat:

> Warum nicht einfach das, was man weiß, auf das draufpacken, was man mag? Ist doch auch ein Sandwich. Gute Bücher können so entstehen, Fernsehen plus Bildung gleich wilde Behauptungen, und darin liest man dann über ‚Eudämonie' am Beispiel von Faith, über Kierkegaard und Buffy, Nietzsche und Vampire, vor allem immer wieder über so ein ‚und'. Erklärt wird wenig: nicht Kierkegaard mit Buffy, nicht Buffy mit Kierkegaard. Aber schöne Schnittchen kommen dabei heraus. Warum also nicht sowas schreiben? Des Grusels wegen. (Dath 2003, S. 19)

Damit entlarvt er eine gewisse Verlegenheit, die jene Wissenschaftler*innen empfinden dürften, die sich nicht nur aus Forschungsinteresse, sondern vielleicht auch aus persönlichen oder sogar emotionalen Gründen mit einem populärkulturellen Artefakt beschäftigen.

Eine andere Strategie, innerhalb der Geisteswissenschaften mit der eigenen Involviertheit und der damit verbundenen Verlegenheit umzugehen, ohne die angestrebte Objektivität aufgeben zu müssen, ist die Beschränkung auf rein empirische Erhebungen oder ethnologische Studien. Das ist nicht nur, aber doch in besonderem Ausmaß bei der akademischen Auseinandersetzung mit K-Pop und

K-Pop-Fans sehr auffällig. Wer sich mit populärkulturellen Themen beschäftigt, neigt eher zum theoretischen Überbau, gilt der Untersuchungsgegenstand doch als banal und oberflächlich. Denn nicht nur die vermeintliche Unfähigkeit zur Objektivität führte bislang zur Unvereinbarkeit von Fans und Wissenschaft. Es war auch die bis heute existierende, wenn auch unscharf gewordene Grenze zwischen Hoch- und Populärkultur, „high art“ und „low art“. Gewiss ließen sich auch Geisteswissenschaftler*innen, die sich mit Johann Wolfgang von Goethe oder mit Ernst Jünger beschäftigen unter anderen Vorzeichen als Fans klassifizieren. Für sie gelten vergleichbare Urteile (z. B. fehlende Objektivität, da befangen) allerdings nicht. Da ihr Gegenstand keiner Rechtfertigung bedarf, bleibt die Motivation für ihre Forschung unhinterfragt.

Sosehr die nötige Distanz zum Gegenstand fehlen mag: Fans „kommunizieren mit anderen Fans und bilden so Fangemeinden, sie organisieren Treffen, sie produzieren eigene Medien [...]. Fan-Sein heißt, sich selbst an der Populärkultur zu beteiligen, ist eine partizipatorische kulturelle Praxis“ (Mikos 2010, S. 109). Gerade deshalb sind Fans längst nicht mehr nur noch Konsument*innen. Sie übersteigern in ihrer Praxis auch reine Formen von Partizipation, wie sich in zahlreichen selbst produzierten YouTube-Clips, Collagen, Gemälden o. ä. sehen lässt. Daran wird deutlich, dass Fan-Sein über die persönliche Dimension hinausgeht. Tatsächlich gibt es sogar einige Überschneidungen, was die Tätigkeitsfelder und Methoden von Fans und Geisteswissenschaftler*innen betrifft. Viele Fans sammeln und kategorisieren akribisch Material zu den Themen, Stars oder populärkulturellen Artefakten, die sie begehren. Sie leisten Vermittlungsarbeit (etwa wenn sie Wikipedia-Beiträge verfassen) oder interpretieren Filme, Musikstücke oder Auftritte in Form von Texten (z. B. Blogbeiträgen und Twitter-Threads, Abb. 2) oder Filmen auf YouTube. Sie üben auch mal mehr und mal weniger sachliche Kritik – etwa in Form von Reaction-Videos (vgl. Kohout 2022, S. 183–201, Abb. 1). Wenn es um populäre Kultur geht, kann das Faktenwissen von Fans sogar deutlich ausgeprägter sein als das von Wissenschaftler*innen – was schließlich sogar zu einem vergleichbaren distinktiven Verhalten innerhalb der jeweiligen Communities führen kann.

Diese eben skizzierten Praktiken sind unter westlichen Fans der südkoreanischen Populärkultur besonders ausgeprägt, da sie von etablierten Instanzen der Medien und Wissenschaft noch nicht oder nur wenig übernommen werden. K-Pop und K-Dramen werden in Westeuropa und den USA kaum im Radio oder Fernsehen ausgestrahlt, selten im Feuilleton besprochen und wenig in medien- oder filmwissenschaftlichen Aufsätzen analysiert (vgl. Ki 2020, S. 50–53). Ausnahmen bilden vereinzelte Bands wie BTS und Blackpink, Serien wie *Squid Game* (2021) oder Filme wie *Parasite* (2019). Demgegenüber steht eine enorme globale Popularität, die sich den Klickzahlen auf Internet-Plattformen wie YouTube entnehmen lässt, und auch einer großen Zugänglichkeit, die von Fans auf der ganzen Welt hervorgebracht und getragen wird. Es herrscht also eine gewisse Asymmetrie zwischen dem quantitativen messbaren Erfolg von K-Pop durch das Internet einerseits und dessen Ausschluss aus dem westlichen Mainstream und dessen klassischen Medien andererseits.[1]

Im Folgenden soll die durch das Internet und die Sozialen Medien forcierte globale Fankultur südkoreanischer Populärkultur etwas genauer in den Fokus gerückt und einen Einblick in ihre proto-wissenschaftliche Praxis gegeben werden. Dem geht die Frage voraus, was K-Pop eigentlich ist und unter welchen Bedingungen ihre Fankultur und die damit verbundenen Praktiken entstehen konnte.

## 2 Südkoreanische Populärkultur und Hallyu als Rezeptionsphänomen

Zunächst verbreitete sich südkoreanische Populärkultur in China, Japan und dem Rest Ostasiens in den späten 1990er Jahren. Der Begriff „Hallyu" – die sogenannte koreanische Welle – wurde erstmals 1998 von chinesischen Medien geprägt, um der plötzlichen Begeisterung chinesischer Jugendlicher für koreanische Pop-Produkte einen Namen zu geben (vgl. Lee 2015, S. 7). In den Texten ostasiatischer Autor*innen über das um sich greifende Phänomen überschlug man sich geradezu mit Ausdrücken des Erstaunens über die zunehmende Popularität von K-Pop:

> Back in 1965, the Beatles were named ‚members of the most excellent order of the British Empire'. Today, if Korea were to award the equivalent of British knighthood to a Korean celebrity, the first person on the list would be actor-cum-singer Ahn Jae-wook, who may have accomplished something that no politician, businessman nor diplomat could ever do for a nation. Ahn now commands unrivaled popularity in China, having surpassed Leonardo DiCaprio as the most popular celebrity in a recent poll. (Cho 2005, S. 151)

Ahn Jae-wook war Hauptdarsteller der K-Drama-Serie *Star in My Heart* von 1997, die zusammen mit K-Dramen wie *What is Love* (1991/1992) und *Winter Sonata* (2002) häufig als Auslöser des vielfach beschworenen „Drama-Wahns" und der ersten Hallyu-Welle genannt wird. Üblicherweise werden in der Fachliteratur zwei Hallyu-Phasen voneinander unterschieden: Hallyu 1.0, die sich von den 1990er Jahren bis 2007 erstreckte und Hallyu 2.0 (2007 bis heute). In der Fanliteratur diskutiert man bereits über bis zu vier Wellen (vgl. z. B. Eun-young, Mi und

1 MRC Data nach – dem wichtigsten Anbieter von Musikverkaufs- und Vertriebsdaten – wurden BTS 2020 in sämtlichen US-amerikanischen Radiosendern nur 83,000 Mal abgespielt. Tyler Swift – nur im Vergleich – wurde 1,5 Millionen Mal gespielt, Post Malone 2,3 Millionen Mal.

Hee-eun 2018). Die zweite Hallyu-Welle umfasst nicht mehr nur Produkte der koreanischen Popkultur, sondern auch Produkte wie digitale Spiele, Kosmetika (z.B. klairs, Mizon), plastische Chirurgie usw. (vgl. Ganghariya und Kanozia 2020, S. 178). Auch führende koreanische Unternehmen (Samsung, Hyundai und LG) und der große Marktanteil von Choco Pie in Russland, Nongshim Cup Noodles in China oder NC-SOFTs Guild Wars 2 in den Vereinigten Staaten werden als Hallyu-Symptom der zweiten Welle betrachtet (vgl. Choi 2015, S. 31). Mittlerweile steht die „Welle" für alles, was koreanisch ist, von K-Pop-Produkten wie K-Dramen, K-Pop-Musik, K-Filmen bis hin zu Lebensmitteln (Kimchi), Spielen, Animationen usw. (vgl. Ganghariya und Kanozia 2020, S. 178). K-Pop-Stars haben auf Instagram Followerzahlen im mehrstelligen Millionenbereich – für ein Land seiner Größe, in dem Instagram zudem keine vergleichbar monopolistische Position innerhalb der Sozialen Medien einnimmt (auch wenn seine Bedeutung in den letzten Jahren anstieg) (vgl. Chan 2020), sind das beachtliche Zahlen, die von weltweiter Popularität zeugen. Zur koreanischen Welle zählen im Übrigen nur jene Produkte, die beim Publikum außerhalb Koreas beliebt sind – unabhängig von ihrer Popularität und Rezeption innerhalb des eigenen Landes. Denn der Begriff „Hallyu" benennt allen voran ein Rezeptionsphänomen. K-Pop, könnte man zugespitzt sagen, bezeichnet demgegenüber allen voran ein Exportprodukt.[2]

Während Deutschland von der ersten Welle weitgehend unberührt blieb und diese sich – wenn überhaupt – auf K-Popmusik beschränkte, was nicht zuletzt an der nur selten vorhandenen Verfügbarkeit koreanischer Dramen (noch seltener: mit deutschen Untertiteln) zusammenhing, ist die zweite Welle nun auch hierzulande angekommen. Dennoch gibt es bislang noch wenige deutschsprachige akademische Auseinandersetzungen mit K-Pop im Allgemeinen (Ausnahmen stellen z. B. Elena Beregows Text in *POP. Kultur und Kritik* über BTS [Beregow 2019, S. 24–33], Stefan Wellgrafs Beitrag auf *Pop-Zeitschrift.de* über Psys „Gangnam Style" [Wellgraf 2012] oder die Beiträge des Magazins *Kultur Korea* dar).

Es gibt verschiedene Theorien, wie Hallyu möglich wurde, die alle eine gewisse Plausibilität besitzen. Fraglos basiert die koreanische Kulturindustrie auf dem enormen wirtschaftlichen Erfolg, den Südkorea durch die unglaublich schnelle Industrialisierung erzielen konnte. Der immense sozioökonomische Wandel, den Europa über zwei Jahrhunderte und Japan innerhalb von 60 Jahren erlebte, fand in Korea innerhalb von nur drei Jahrzehnten statt: Der viel rezipierte koreanische Soziologe Chang Kyung-sup hat die Nachkriegsentwicklung Südkoreas in diesem

2 Es wurde in den letzten Jahren unter Fans und Wissenschaftler*innen viel darüber diskutiert, was K-Pop eigentlich ist. Neben der Definition als Exportprodukt, kann K-Pop auch als Musikgenre begriffen werden, die dahinterstehende Industrie benennen oder sogar ein Kulturphänomen, das die entsprechende Fankultur mit einschließt, bezeichnen (vgl. z. B. Ki 2020).

Sinne als „komprimierte Moderne" definiert (Chang 1999, S. 30–55). Insbesondere in Korea selbst wird Hallyu daher als ein Symbol der koreanischen „Hard Power" betrachtet, dessen innovative Kulturtechnologie es koreanischen Unternehmer*innen und Arbeiter*innen ermöglichte, professionelle kulturelle Produkte herzustellen (Kim 2015, S. 156). In dieser Hinsicht ist Hallyu nicht nur ein kulturelles, sondern (und vor allem?) ein ökonomisch-industrielles Phänomen. Nicht zuletzt die Existenz des Begriffs selbst macht es als solches auch handhabbar und kommunizierbar. Dass Hallyu als Phänomen in China entstand und v. a. K-Dramas sich dort so großer Beliebtheit erfreuten, wird hingegen oft mit dessen „Soft Power" erklärt: nämlich, dass sie die traditionellen Werte (Loyalität, Frömmigkeit usw.) aufrechterhalten und würdigen, die in westlichen Produktionen kaum eine Rolle spielen. Insofern wurde K-Pop im ostasiatischen Raum auch als „missionary of East Asian cultural values" angesehen (Lee 2015, S. 8).

Nach Sangjoon Lee sei Hallyu zudem durch einen Perspektivwechsel Südkoreas möglich geworden. Wurde Asien und der asiatische Markt seit den 1960ern jahrzehntelang durch die nahezu ausschließliche Orientierung am Westen von Südkorea vernachlässigt („Asia was just an invisible, dark region for Koreans, because the major target for products has been consumers in developed countries – that is, Western markets." [Lee 2015, S. 8]), wendete sich Südkorea – wie auch Japan und Taiwan – in den 1990er Jahren zunehmend dem asiatischen Markt zu. Durch den damit verbundenen ansteigenden Konsum ostasiatischer – anstatt westlicher – Populärkultur seien die entsprechenden Länder erstmals selbst die Hauptakteure ihrer kulturellen Aktivitäten geworden, bemerkt Kim Bok-Rae in seinem Paper *Past, Present and Future of Hallyu (Korean Wave)*:

> [I]t is interesting to note that East Asian people, after gaining economic power through ‚compressed modernization', are eager to be main agents of their cultural activities in and through the enjoyment of East Asian popular culture in a postmodern era. In this transition from Western-centered into East Asian-based popular culture, they are no longer subsubjects of modernity. (Kim 2015, S. 154)

Daher sieht Kim Hallyu als „a process of ‚cultural power reorganization'" und erkennt darin ein Symptom der Auflösung der stereotypen Einteilung „westlicher Imperialismus" versus „Kolonialismus" bzw. „Erste Welt" versus „Dritte Welt" (Kim 2015, S. 154).

Auch die koreanische Film- und Medienindustrie wurde davon beeinflusst. Das Ziel einer der größten Filmproduktionsfirmen in Korea – CJ Entertainment – war es nun, „Asia's number one total entertainment group" zu werden (Lee 2015, S. 9). Schließlich gründete die koreanische Regierung die „Korea Foundation for International Cultural Exchange (KOFICE)", um alle staatlichen und privaten Bemühungen bei der Entstehung von Hallyu zu orchestrieren – mit folgender Begründung:

> Different countries around the world are cultivating their cultural industries competitively. They are in an intense competition to take cultural industries as the means to revive the nation's economy and to step onto the global stage. Korea, too, is focusing on the unlimited potential of its cultural industry and has recognized the cultural industry as a new growth engine. (Lee 2015, S. 10)

Durch enorm hohe Forschungsgelder, zahlreiche neue Stipendien und die finanzielle Unterstützung von entsprechenden Forschungsinstituten und Universitäten durch die koreanische Regierung wurde dieses Ziel in den folgenden Jahren konsequent verfolgt. Es sind neue Fakultäten wie „cultural industries", „culture and contents", „cinematic contents", „digital contents", and „digital culture and contents" entstanden, an denen studierte Kulturarbeiter*innen hervorgebracht werden sollen, die für die Produktion von Hallyu-Inhalten ausgebildet werden (vgl. Choi 2013, S. 10). Fraglos wird auch im Westen Kultur von Regierungen unterstützt – insbesondere, wenn diese für bewahrenswert gehalten wird. Ein vergleichbarer Support von Populärkultur scheint aber aus hiesiger Sicht doch etwas spezifisch Neues zu sein.

Ist K-Pop also eine Industrie? Oder doch ein Musikgenre? Ein Kulturphänomen? Über die Frage, was K-Pop eigentlich ist, diskutierten Fans und Forschende in den vergangenen Jahren intensiv. Klar ist, wenn von K-Pop die Rede ist, wird oft im gleichen Atemzug die dahinterstehende Industrie kritisiert – sowohl außerhalb als auch innerhalb Südkoreas. Die Entertainment Companies sind Agentur und Label, übernehmen die Auswahl, Produktion und den Vertrieb. Es kommt zu einer regelrechten Fabrikation von Boy- und Girlgroups, von Castings, über Ausbildung in Gesang und Tanz bis zu Trainings in Schauspielerei, Fremdsprachen und professionellen Medienaufritten. Wie sehr K-Pop als Exportprodukt angelegt ist, lässt sich auch daran erkennen, wie die Entertainment Companies arbeiten. Sie lassen etwa eigene Musikvideos für das Publikum in anderen Ländern drehen und passen mindestens im Refrain die Sprache an. Es entstand also eine Art „Customized Popkultur". Aus europäischer Perspektive führt die mit der K-Pop-Industrie verbundene Standardisierung regelmäßig zu Befremdung, widerspricht sie doch dem Wunsch nach individueller Autonomie und dem weiterhin hartnäckigen Glauben an Genialität. Die Disziplinierung, die sich darin ausdrückt, läuft dem Ideal des westlichen Popstars zuwider. Doch der Anspruch eines wilden genialischen Popstars ist in der K-Pop-Industrie tatsächlich nicht zu finden, vielmehr geht es um die Perfektion bei der Ausführung, ja die Übererfüllung von vorherrschenden Standards. Auch das Militärische, das in der Disziplinierung der Körper der *Idols*, ihrem uniformierten Auftreten und der Exaktheit der Performance zum Ausdruck kommt, widerspricht der hierzulande dominierenden Forderung nach Authentizität und Gegenkulturalität.

## 3 K-Pop-Fankultur

Im Juni 2011 veranstaltete S. M. Entertainment ein Konzert, das im Nachhinein als entscheidender Wendepunkt für die Verbreitung von und das Sprechen über südkoreanische Popkultur außerhalb Ostasiens interpretiert wurde. Das Unternehmen plante, fünf der von ihnen vertretenen koreanischen *Idol*-Gruppen auftreten lassen. In Korea und Ostasien rechnete man nicht mit dem Erfolg eines solchen Exportversuchs, denn zu dieser Zeit hatte noch kein einziger K-Pop-Star eine Platte in Europa veröffentlicht, Dramen wurden nicht im Fernsehen ausgestrahlt (vgl. Hong 2017, S. 67–87). Doch man hatte die Sozialen Medien unterschätzt. Und so erwies sich am Tag des Kartenvorverkaufs, dem 26. April 2011, das Gegenteil: Nach nur 15 Minuten waren alle Tickets ausverkauft. Und dabei blieb es nicht: K-Pop-Fans aus ganz Europa kamen zu einem Tanz-Flashmob vor keinem geringeren Gebäude als dem Louvre zusammen, um damit mehr Karten und Plätze einzufordern. Eilig reagierte S. M. Entertainment mit zwei weiteren Konzerten auf die steigende Nachfrage der Fans.

Die Berichterstattung überschlug sich und die damals vorherrschende Ansicht, K-Pop sei nur ein kurzlebiger Trend, wurde fortan als widerlegt angesehen. In den Forschungen zu Hallyu und K-Pop nahm man zunehmend die Rolle der Sozialen Medien für die Etablierung eines globalen Fandoms, das die Ausbreitung der „Welle" verantwortete, in den Blick – spätestens als ein Jahr später, 2012, „Gangnam Style" von Psy zum viralen Internet-Hit avancierte. In der ostasiatischen Literatur über die koreanische Welle wird Hallyu seither als das erste Phänomen angesehen, bei dem eine globale Verbreitung von Populärkultur fast ausschließlich über Informationstechnologien erfolgt (vgl. Kim 2015, S. 154–160). In dem neuen Medienumfeld, das sich aus der digitalen Kultur und der Globalisierung ergeben hat, konnten alle produzierten Medieninhalte ohne systematisierte Vermittlungswege überall auf der Welt erreicht und verbreitet werden, sodass sie schließlich ihr eigenes Publikum fanden.

Die globale Zugänglichkeit südkoreanischer Popkultur wird zum einen von Migrant*innen geschätzt, die das Bedürfnis verspüren, Inhalte aus ihrer Heimat zu konsumieren, als „Material für Nostalgie" (vgl. Hong 2017, S. 67–87). Zum anderen aber auch von all denjenigen, die aus unterschiedlichen Gründen neugierig sind auf ihnen noch nicht vertraute Inhalte und Produkte, die sie selbstständig entdecken und sich Wissen darüber aneignen können. Es ist in gewisser Weise zum Lieblingsrätsel der Hallyu-Forschung geworden, Erklärungen dafür zu finden, was internationale Fans – besonders solche ohne kulturelle Verbindung zu Südkorea – an den Inhalten von K-Pop und K-Dramen interessiert oder fasziniert, ja sie zu Mitwirkenden an der damit verbundenen Industrie werden lässt. Hong Seok-Kyeong hat die bisherigen kulturwissenschaftlichen Studien über Hallyu wie folgt zusammengefasst: (1) Es wird festgestellt, dass sich ein enorm großes Publikum für südkoreanische Massenkultur begeistert – besonders, aber nicht nur in ostasiatischen Ländern; (2) es wird erforscht, warum ein bestimmtes Land sich für südkoreanische Inhalte begeistern kann, indem nach kulturellen Gründen gesucht wird oder qualitative Rezeptionsstudien durchgeführt werden; (3) Forschende versuchen über eine Inhaltsanalyse der Musikstücke oder Dramen die kulturellen Elemente offenzulegen, die für ein globales Publikum so attraktiv sind, und stellen dann fest, dass sich sogar das transnationale Publikum beim Betrachten koreanischer Inhalte mit Ostasiat*innen identifiziert. Es wird meistens davon ausgegangen, dass die Identifikation mit Ostasiat*innen möglich ist, weil das Publikum entweder Ähnlichkeiten erkennt oder realisiert, was sie in ihrer eigenen Kultur vermissen oder verloren haben (vgl. Hong 2017, S. 67–87).

Doch mindestens so relevant wie die digitalen Infrastrukturen sowie die Inhalte und deren kulturelle Anschlussmöglichkeiten dürfte die soziale Dimension der K-Pop-Fankultur und die Autorität der Fans sein. Fans von K-Pop haben oft ein ausgeprägtes Selbstverständnis als aktiv Mitwirkende am Erfolg ihrer *Idols*. Dieses Selbstverständnis geht über die bereits verbreitete Vorstellung von Fans, die nicht mehr nur Konsument*innen sind, sondern zudem Produzent*innen – also Prosumer – hinaus.[3]

Den K-Pop-Fandoms wird in der K-Pop-Industrie und der Forschung über K-Pop daher auch ein wichtiger Stellenwert beigemessen. Die Möglichkeiten ihrer Machtausübung werden vielfach innerhalb der K-Popkultur selbst thematisiert – z. B. in K-Dramen wie *Record of Youth* (2020) oder *Imitation* (2021). In diesen Serien wird nicht nur die Unerbittlichkeit der Branche aufgezeigt, sondern auch die Macht der Fans anschaulich gemacht, die in Fanclubs organisiert unter eigenen Namen, ja sogar als Labels agieren und das durchaus politisch. In der Serie *Imitation* kommuniziert etwa der fiktive Fanclub Fins von der ebenfalls fiktiven Band Shax über im Internet veröffentlichte Statements mit einzelnen Mitgliedern der Gruppe – um ihnen wahlweise zu huldigen, sie vor vermeintlich ungerechter Kritik zu schützen oder sie unter Druck zu setzen. Fehltritte der *Idols* werden mit angedrohten Boykotten (eines Musikvideos, Auftritts etc.) bestraft. All das ist nur möglich, weil die Mitwirkung der Fans am Erfolg ihrer *Idols* nicht nur subtil verstanden (ohne Fans

3 Der Begriff „Prosumer" soll ausdrücken, dass Fans nicht nur Filme und Serien sehen oder Romane und Comics lesen, sondern auch zu Produzent*innen werden. Der Begriff „Prosumer" wurde in den Kulturwissenschaften erstmals von Alvin Toffler geprägt, um hervorzuheben, wie Individuen gleichzeitig als Konsument*innen und Produzent*innen auftreten (vgl. Toffler 1980). Laut Don Tapscott sind die Verbraucher*innen ein Produkt der Populärkultur. Sie werden nicht nur zu Konsument*innen, sondern produzieren, verbreiten und schaffen auch ihre eigenen kulturellen Texte, die mit anderen Fandoms geteilt werden (vgl. Tapscott 2009).

gibt es auch keine Stars), sondern als Praxis aktiv ausgeübt wird. Die Kommentarspalten zu K-Pop-Musikvideos auf YouTube sind

> mitunter ausschließlich mit variierenden Aufrufen der Army [so lautet der Name des Fanclubs von BTS, Anm. d. Verf.] gefüllt, doch bitte mehr zu streamen, um die Klickzahlen weiter in die Höhe zu treiben, neue Rekorde zu produzieren, die Konkurrenz zu überbieten. Entsprechend empfindlich wird reagiert, wenn YouTube sogenannte „Fake-Views" von Bots löscht und damit begehrte Zahlen ‚klaut'. Hier entsteht eine Form von Teilhabe, die sich nicht auf wirkungslose subjektive Bewunderung der Idole reduzieren lassen will. (Beregow 2019, S. 30)

Die Fanclubs betreiben eigene Newsrooms, Galerien, Foren, Shops und sogar Musikcharts. Auf Streamingseiten wie viki.com übersetzen Fans die neuesten Dramen und Filme und sorgen so für Barrierefreiheit und Zugänglichkeit. Fans von K-Pop-*Idols* sind gewissermaßen eine Institution, sie sammeln Gelder, finanzieren Versorgungs-Trucks für Stars an Filmsets und organisieren neben den hohen Klickzahlen auch Geschenke. Zunehmend werden sie außerdem politisch. In bester Erinnerung dürfte eine Wahlkampfveranstaltung von Donald Trump im Juni 2020 geblieben sein, die dank K-Pop-Fans zum Fiasko wurde. Sie hatten sich in den Sozialen Medien organisiert, massenhaft Tickets bestellt und waren dann nicht hingegangen – aus Protest gegen Trumps Drohung, TikTok in den USA zu sperren. Die Wirksamkeit dessen zeigt sich auch daran, dass die Fans von K-Pop teilweise ähnlich populär sind wie die Bands selbst. Das chinesisch-amerikanische Paar Ellen und Brian[4] haben zum Beispiel mit ihren Choreografie-Coverversionen von Blackpink, BTS oder aespa auf YouTube bereits über drei Millionen Follower. Die Fanbase Army von BTS hat rund 5,5 Millionen Follower (Stand September 2022).

Wie K-Pop selbst einerseits von der US-amerikanischen, andererseits aber auch von der japanischen Popkultur beeinflusst ist, trifft das auch auf den K-Pop-Fan zu. Wurden Fans in der westlichen Popkultur, wie eingangs bereits beschrieben, bislang oft als Menschen beschmunzelt, die ihrem Star verfallen sind und passiv konsumieren, gelten die japanischen Otakus darüber hinaus auch als besondere Kenner nicht nur beispielsweise einzelner Mangas, Animeserien, Zeichner*innen oder Charaktere – sondern ganzer Genres, Motivwelten und vor allem auch der mit den jeweiligen popkulturellen Artefakten verbundenen Ökonomien (Communities, Sammlerszenen, Plattformen etc.). Im Otaku kommen also die Fan- und Nerd-Figur zusammen, letztere zeichnet sich neben dem Enthusiasmus für Popkultur auch durch ihr Spezialwissen aus und rückt ihn in die Nähe bzw. in Tradition zu Figuren wie dem (verrückten) Wissenschaftler.[5] Doch anders als beim Otaku, der als asozialer Eigenbrötler beschrieben wird, sind die K-Pop-Fans sozusagen soziale Otakus, sie besitzen

4 Vgl. https://www.youtube.com/c/EllenandBrian/videos. Zugegriffen am 30. September 2022.
5 Siehe hierzu beispielsweise Kohout 2022.

nicht nur Kennerschaft, sondern kümmern sich zudem um Infrastrukturen der Vermittlung (vgl. Kohout 2022). Lisa Yuk-Ming Leung hat K-Pop-Fans daher als „cultural intermediaries“ bezeichnet, was „the complex roles and activities of fans managing and coordinating artistic production, gatekeeping, curating, cataloguing, editing, scheduling, distributing, marketing/advertising, and retailing“ am besten beschreiben würde (Leung 2017, S. 88).

## 4 K-Pop-Fans als Kulturvermittler*innen mit prä-wissenschaftlichen Tätigkeitsfeldern

Schon Henry Jenkins hat gezeigt, inwiefern Fans „Textual Poachers“ sind, die engagiert auf populäre Medien reagieren (vgl. Jenkins 2012). In dieser Formulierung sind Fans nicht einfach passive Konsument*innen populärer Artefakte, sondern sie werden zu aktiv Teilnehmenden an der Konstruktion und Zirkulation von Textbedeutungen (vgl. Jenkins 2012, S. 24). Fans können also durchaus versiert und subversiv sein, wenn sie ihrerseits neue analytische und kreative Werke schaffen. Zu diesen Werken gehören Blog-Posts, selbst veröffentlichte (Online-)Zines, Fanfiction, Kunst, Filme, Folk-Songs[6] und Fan-Vids (vgl. Jenkins 2012, S. 24). Hinzu kommen kulturvermittelnde Tätigkeiten, darunter das sogenannte „Fansubbing“, die Erstellung und das Betreiben von Newsseiten oder das Ausüben von Analyse und Kritik.

Hallyu ist nicht der erste ostasiatische Trend, der große, teilweise weltweite Popularität erlangt hat. In den 1970er Jahren bis in die 1990er Jahre hat die „Hongkong-Popkultur“, vertreten durch Genres wie den Kung-Fu-Film oder Cantopop große Bekanntheit erlangt, und auch japanische Popkultur ist unbedingt bemerkenswert, deren Mangas und Anime-Serien (z. B. „Pokemon“, „Sailormood“, „Ju-Gi-Oh“) oder Figuren (z. B. Hello Kitty) nicht mehr von der globalen Weltbühne wegzudenken sind. „Hallyu is like a Korean car running on a well-built highway, primarily constructed and polished by Japanese popular cultures.“ (Hong 2017, S. 202) hat Hong Seok-Kyeong geschrieben, um zu veranschaulichen, dass es die ohnehin mit ostasiatischer Popkultur vertrauten Fans waren, die auch K-Pop entdeckten. Sie konnten entsprechend schon auf einige vorhandene Infrastrukturen und Fanpraktiken zurückgreifen.

---

6 Folk ist eine Musikrichtung, die sich formal und deshalb auch dem Namen nach an Folksmusik anlehnt und inhaltlich Science-Fiction- und Fantasy-Themen verwendet. Auch Musik aus Rollenspielen zählt mit zu diesem Genre. Das Genre zeichnet sich durch einen hohen Grad an Referenzialität aus, oft handelt es sich auch um Parodien.

Eine davon ist die seit den 1980er Jahren bestehende Praxis des „Fansubbing", die Untertitelung und Vermittlung fremdsprachiger – in diesem Fall ostasiatischer – Filme und TV-Produktionen, und „one of the most influential and successful amateur cultures" (Pérez-González 2007, S. 67). Der Begriff „Fansubber" bezieht sich auf alle Fans, die am Prozess des Fansubbing teilnehmen, sei es durch die Übersetzung von Dialogen, die Bearbeitung von Videos oder die Leitung eines Übersetzer-Teams. Dass längst nicht mehr nur eine homogene Gruppe von Sprachexpert*innen Übersetzungsleistungen vornehmen, hat viel mit der sozialen Dimension der Übersetzung als gemeinschaftsstiftender Fanpraxis zu tun: „subtitled films or television broadcasts have come to serve ulterior purposes, such as enhancing social cohesion or fostering the integration of specific groups within the community" (Pérez-González 2007, S. 67). Wenn Fans ihre Zeit und Arbeitskraft freiwillig und weitgehend unvergütet zur Verfügung stellen, dann wegen der (und für die) Gemeinschaft. Viki.com ist die größte Fansubbing-Plattform, auf der Fans seit 2008 u. a. K-Dramen untertiteln und damit sogar Streamingdiensten wie Netflix oder Amazon Prime Konkurrenz machen, die professionelle Übersetzer*innen beschäftigen.[7]

Die Viki-Community hat ihre Wurzeln in der Fansubbing-Gemeinschaft für K-Dramen, die sich der Übersetzung, Untertitelung und kostenlosen Verbreitung von koreanischen Serien im Internet widmete. K-Drama-Fansubber begannen ihre Arbeit um 2004 und verbreiteten Hunderte von untertitelten Serien. Durch ihre Arbeit haben die freiwilligen Fans nicht nur dazu beigetragen, die englischsprachige K-Drama-Fangemeinde aufzubauen, sondern auch die Erwartungen definiert, die an die untertitelten Inhalte angelegt werden, die sie konsumieren (vgl. Woodhouse 2018, S. 2). Fansubber sind also nicht nur das, was Lee Hye-Kyung „neue Kulturvermittler*innen" („new cultural intermediaries") nannte, die „[undertake] tasks of cultural intermediation that are essential to bring a cultural product to an overseas audience" (Lee 2012, S. 132 f.) – wie z. B. Übersetzung, Untertitelung und Medienvertrieb (vgl. Woodhouse 2018, S. 6). Sondern sie leisten darüber hinaus etwas, das laut Steffen Martus und Carlos Spoerhase zur (wissenschaftlichen) „Geistesarbeit" zählt: Sie erstellen Vergleichsgruppen, plausibilisieren Vergleichsgrößen, verhandeln Kriterien und erzeugen damit Wertmaßstäbe (vgl. Martus und Spoerhase 2022, S. 13). So werden in Fanforen ausgiebig die Übersetzungsleistungen diskutiert und jene angeprangert, die dem kulturellen Kontext nicht entsprechen oder angemessen sind. Das setzt nicht nur ein Verständnis jenes kulturellen Kontextes voraus, sondern auch die Erarbeitung von Kriterien der Bewertung.

---

7 Andere vergleichbare Websites wie DramaFever.com und Kocowa.com, die seit Mitte der 2000er Jahre von der boomenden Popularität koreanischer Pop-Medien im englischsprachigen Westen profitiert haben, konzentrieren sich fast ausschließlich auf die schnelle Bereitstellung professionell untertitelter Videoinhalte.

Auch (Online-)Fanzines lassen sich allem Klatsch und Tratsch zum Trotz der Geistesarbeit zurechnen, die ebenfalls, wie Martus und Spoerhase betonen, nicht nur in „der einsamen Schreibarbeit" besteht, sondern auch darin, „politische Entscheidungen halbwegs vernünftig zu integrieren [an der Universität, Anm. d. Verf.], Mitarbeitende einzuweisen und zu qualifizieren, Querelen in Projekten zu schlichten oder Zeitungsartikel für das größere Publikum zu lancieren." (Martus und Spoerhase 2022, S. 13) Eine der ältesten englischsprachigen K-Pop-Fanseiten ist die von Susan Kang 1998 gegründete Website Soompi.com, heute zudem eine der größten Online-Communities für koreanische und ostasiatische Unterhaltungskultur im Netz. In einem 2011 geführten Interview mit *The Korea Times* umreist die Gründerin ihr Ziel wie folgt:

> Honestly, I'm not sure if the U.S. is ready to accept Asians as idols, as Asians are still widely portrayed as awkward geeks or kung fu masters on TV and film, but I do believe it's just a matter of ‚when', not ‚if'. I hope it's sooner than later. In 10 years, I'll be 45 years old. I hope by then, the Soompi community will still be going strong, with the love for Korean and Asian pop being passed to a much wider audience. (Garcia 2010)

Kangs ursprüngliche Website, Soompitown, war ziemlich schlicht. Sie lud lediglich Fotos ihrer Lieblings-K-Pop-Acts wie H.O.T., S.E.S., Shinhwa und FinKL sowie englische Übersetzungen koreanischer Zeitschriftenartikel hoch und veröffentlichte CD-Hörproben und eigene Kritiken neuer Alben. Als in den 2000er Jahren auch die internationalen Fans Soompi entdeckten, wurde die Website zur Plattform einer sich neu formierenden Community. Mittlerweile ist Soompi ein ernstzunehmendes Unternehmen mit Büros in San Francisco und Seoul. Das Redaktionsteam besteht aus Redakteur*innen und Mitarbeitenden aus der ganzen Welt, während es in der koreanischen Unterhaltungsbranche weiter an Einfluss gewinnt und Unterstützung von den großen, koreanischen Talentagenturen wie JYP, SM oder YG Entertainment z. B. für Fanspecials erhält.[8] Durch die Bereitstellung von News, Teasern, Quiz-Spielen oder Kritiken agieren sie ebenfalls nicht nur als interkulturelle Vermittler, sondern auch, um Reputationsgewinne zu erzielen, wie Leung Yuk-Ming zusammenfasst:

> In the context of K-pop, fans perform as (inter)cultural intermediaries using the prosumptive skills and practices of capitalizing on idol texts for marketing purposes and managing a virtual fan base as well as organizing and traversing online indulgence with offline activities, for an ulterior motive to enhance their own status in the fan hierarchy. (Leung 2017, S. 90)

8 Vgl. https://www.soompi.com/about. Zugegriffen am 30. September 2022.

## 5 Schlussbemerkung

Der Blick ist konzentriert geradeaus gerichtet, prüfend werden die Augen zusammengekniffen oder ganz plötzlich überrascht aufgerissen. Das Gesicht wird von einem breiten Grinsen überzogen oder das Kinn nachdenklich auf den Handrücken gelegt. „Wow, die Ästhetik ist umwerfend!" spricht eine Frau in die Kamera. „Das kam unerwartet", ergänzt der Mann neben ihr. Die beiden sind Protagonist*innen eines sogenannten Reaction Videos, einer Gattung, die sich vor allem auf den Social Media-Plattformen YouTube und TikTok großer Beliebtheit erfreut und bei der Menschen dabei gefilmt werden, wie sie auf etwas reagieren. In diesem speziellen Fall reagieren klassische Musiker*innen – und zugleich K-Pop-Fans – auf das Musikvideo zu „Black Swan" (2020) der erfolgreichsten K-Pop Band BTS: „Im Kopfhörer schwingt der Sound der Violinen von links nach rechts, wie schön, dass sich das in seiner Tanzbewegung spiegelt."; „Hörst du diesen einen Ton, der nicht in die Melodie passt? Ich denke damit soll angekündigt werden, dass sich etwas verändern wird."; „Einfach großartig."; „Es ist sehr linear."; „Das ist wie eine perfekte Hochzeit aller Medien, die an einer solchen Produktion beteiligt sind: Musik, Choreografie, Film."; „Aber die Tonika ist echt bizarr."[9] Im Verlauf des Videos werden eine ganze Reihe durchaus heterogener und anspruchsvoller Beobachtungen dieser Art angestellt. Einzelne Passagen werden gedeutet, Musik, Choreografie, Ästhetik oder Instrumente beschrieben und kontextualisiert – ganz ähnlich, wie es auch sonst in einer seriösen Kritik üblich ist.

Die Auseinandersetzung mit kulturellen Artefakten findet schon lange nicht mehr nur in Zeitungen, Zeitschriften, im Radio oder Fernsehen, in Galerien oder Museen, an Universitäten oder Forschungsinstituten statt, sondern vor allem auch auf den Plattformen Sozialer Medien, wo neue Akteur*innen eigene Formate und Genres im Umgang mit Literatur, Kunst, Theater, Film und etwaigen anderen Kulturformen etabliert haben. Bislang kam der traditionellen Kulturberichterstattung, -vermittlung und -wissenschaft eine zentrale Bedeutung für gesellschaftliche Diskurse zu. Im Feuilleton und in Bildungseinrichtungen wurde die öffentliche Urteilsbildung kanalisiert, Marktpositionen zugewiesen und kulturelle Archive und Kanons gestaltet. Durch die Sozialen Medien ist die Machtposition der traditionellen Einrichtungen allerdings ins Wanken geraten. Allgemeine und tendenziell kulturpessimistische Lamentos in diesem Zusammenhang lauten, dass man sich nur noch oberflächlich oder zumindest verknappt mit einem (kulturellen) Gegenstand beschäftigen kann, da umfassendere oder komplexere Beiträge angesichts der Mengen an Information nicht mehr

9 ReacttotheK: Classical Musicians React: ‚BTS Black Swan (Art Film)': https://www.youtube.com/watch?v=UAhtwpBDULE. Zugegriffen am 30. September 2022. Übersetzung d. Verf.

**Abb. 1:** Amicy. YouTube-Video. Zugegriffen am 30. September 2022. Screenshot.

wahrgenommen oder verarbeitet werden können. Es gäbe zudem einen Anstieg amateurhafter und semiprofessioneller Auseinandersetzungen mit kulturellen Artefakten, die keine „neutrale“ Auseinandersetzung mit einem Gegenstand darstellt, sondern auf Grund der eigenen Involviertheit, die eingangs beschreiben wurde, oft auch Huldigung oder Werbung sein kann (vgl. Kohout 2022, S. 183). Und immer wieder wird das Format der Kritik von der Debatte begleitet, ob sie denn erst durch die Nähe zum Kritisierten ermöglicht werde – oder nicht doch – und im Gegenteil – auf einer Distanz zum Kritisierten beruhen müsse, da es nur so möglich sei, Missverhältnisse wahrzunehmen. Umgreifender etablierte sich gewiss letzterer Standpunkt, der dem Kritiker gewissermaßen einen Sonderstatus verlieh (vgl. Jaeggi und Wesche 2009, S. 9).

Wie im vorliegenden Beitrag zumindest schlaglichtartig anschaulich gemacht werden sollte, gibt es allerdings eine Reihe von Überschneidungen zwischen der Arbeit involvierter, betroffener Fans und vermeintlich distanzierter, kritischer Wissenschaftler*innen. Nicht selten lässt sich beobachten, wie grundlegende wissenschaftliche Praktiken wie das Vergleichen, Klassifizieren, Erstellen von Kriterien und Wertmaßstäben intuitiv praktiziert und kultiviert werden. Freilich soll nicht der Eindruck erweckt werden, das gelte für alle Fans von koreanischer Popkultur, die entsprechende Arbeit deshalb besonders notwendig gemacht hat, weil es bislang nicht von Feuilleton oder Wissenschaft übernommen wurde. Sondern vielmehr handelt es sich um einzelne Fans, die innerhalb der Community auch entsprechende Reputation erfahren. So gibt es in den Fandoms Mitglieder, die stärker in ihr Objekt der Begierde involviert sind als andere, denen zugleich eine Distanznahme dazu möglich ist. Über die Literaturkritik hat Marcel Reich-Ranicki einmal geschrieben, dass ihr großes Kunststück sei, „in und außer den Sachen“ zu sein (Prokop 2007, S. 16). Vor dem Hintergrund dieses Gedankens lässt sich die fankulturelle Praxis durchaus auch akademisch kultivieren. Gesetzt den Fall, es herrschen entsprechende Voraussetzungen: Etwa die Beherrschung verschiedener Werkzeuge der Kritik, eine hinreichende

**Abb. 2:** lia. Twitter-Post. Zugegriffen am 30. September 2022. Screenshot.

Reflektion über das eigene Verhältnis zur Sache, auf die reagiert wird, aber eben auch das Potenzial, kreativ und innovativ damit umzugehen.

# Medienverzeichnis

## Abbildungen

Abb. 1: Amicy. 19. Juli 2020. YouTube. https://www.youtube.com/watch?v=cz-JbWqqJNo. Zugegriffen am 30. September 2022. Screenshot.

Abb.2: lia. 21. März 2022. Twitter. https://twitter.com/kangseulia/status/1505845828216188928?ref_src=twsrc%5Etfw%7Ctwcamp%5Etweetembed%7Ctwterm%5E1505845828216188928%7Ctwgr%5E99cf23f9074db97e89c4613f28557bcfb97e40e2%7Ctwcon%5Es1_&ref_url=https%3A%2F%2Fwww.kpopmap.com%2Fred-velvets-feel-my-rhythm-a-love-letter-to-art-music-and-fashion%2F. Zugegriffen am 30. September 2022. Screenshot.

## Literatur

Beregow, Elena. 2019. Kugelsichere Cuteness. Über BTS, K-Pop, Boygroups. In *Pop. Kultur und Kritik*, Hrsg. Moritz Baßler et al., 15: 24–33. Bielefeld: transcript.

Chan, Joei. 2020. Explained: The Unique Case of Korean Social Media. In *linkfluence*. https://www.linkfluence.com/blog/the-unique-case-of-korean-social-media. Zugegriffen am 30. September 2022.

Chang, Kyung-Sup. 1999. Compressed Modernity and Its Discontents: South Korean Society in Transition. In *Wirtschaft und Gesellschaft*, 28(1): 30–55.

Cho, Hae-Joang. 2005. Reading the ‚Korean Wave' as a Sign of Global Shift. In *Korea Journal*, 45(4): 147–182.

Choi, JungBong. 2015. Hallyu Versus Hallyu-hwa. Cultural Phenomenon Versus Institutional Campaign. In *Hallyu 2.0: The Korean Wave in the Age of Social Media*, Hrsg. Sangjoon Lee und Abé Mark Nornes. 31–52. Ann Arbor: University of Michigan Press.

Choi, Young-Hwa. 2013. The Korean Wave Policy as a Corporate-State Project of the Lee Government: The Analysis of Structures and Strategies Based on the Strategic-Relational Approach. In *Economy and Society*, 97: 252–285.

Dath, Dietmar. 2003. *Sie ist wach*. Berlin: Implex.

Ellen and Brian. 2022. Videokanal. *YouTube*. https://www.youtube.com/c/EllenandBrian/videos. Zugegriffen am 30. September 2022.

Garcia, Cathy Rose A. 2010. Founder of Largest English K-Pop Site Soompi. In *The Korea Times*. http://www.koreatimes.co.kr/www/news/include/print.asp?newsIdx=76236. Zugegriffen am 30. September 2022.

Ganghariya, Garima und Rubal Kanozia. 2020. Profileration of Hallyu Wave and Korean Popular Culture Across the World: A Systematic Literature Review From 2000–2009. In *Journal of Content, Community & Communication*, 11(6): 177–207.

Habermas, Jürgen. 1973. *Erkenntnis und Interesse. Mit einem neuen Nachwort*. Frankfurt am Main: Suhrkamp.

Hong, Seok-Kyeong. 2017. Hallyu Beyond East Asia. Theoretical Investigations on Global Consumption of Hallyu*. In *The Korean Wave. Evolution, Fandom, and Transnationality*, Hrsg. Tae-Jin Yoon und Dal Yong Jin, 67–87. Lanham u. a.: Lexington Books.

Jaeggi, Rahel und Tilo Wesche. 2009. *Was ist Kritik?* Frankfurt am Main: Suhrkamp.

Jenkins, Henry. 2012. *Textual Poachers. Television Fans and Participatory Culture*. New York u. a.: Routledge.

Ki, Wooseok. 2020. *K-Pop. The Odyssey*. Potomac: New Degree Press.

Kim, Bok-Rae. 2015. Past, Present and Future of Hallyu (Korean Wave). In *American International Journal of Contemporary Research*, 5(5): 154–160.

Kim, Eun-young, Kyoung Mi Lee und Hee-eun Hahm. 2018., Third Korean Wave' Becomes Part of Everyday Japanese Life. In *korea.net*. https://www.korea.net/NewsFocus/Society/view?articleId=159139. Zugegriffen am 30. September 2022.

Kohout, Annekathrin. 2022. Improvisierte Kritik. Über Reaction Videos. In *Small Critics. Zum transmedialen Feuilleton der Gegenwart*, Hrsg. Oliver Ruf und Christoph Winter, 183–200. Würzburg: Königshausen & Neumann.

Kohout, Annekathrin. 2022. *Nerds. Eine Popkulturgeschichte*. München: C. H. Beck.

Lee, Hye-Kyung. 2012. Cultural Consumers As ‚new Cultural Intermediaries': Manga Scanlators. In *Arts Marketing: An International Journal*, (2): 132–133.

Lee, Sangjoon. 2015. A Decade of Hallyu Scholarship: Toward a New Direction in Hallyu 2.0. In *Hallyu 2.0: The Korean Wave in the Age of Social Media*, Hrsg. Sangjoon Lee und Abé Mark Nornes, 1–30. Ann Arbor: University of Michigan Press.

Leung, Lisa Yuk-Ming. 2017. #Unrequited Love in Cottage Industry? Managing K-pop (Transnational) Fandom in the Social Media Age. In *The Korean Wave. Evolution, Fandom, and Transnationality*, Hrsg. Tae-Jin Yoon und Dal Yong Jin, 87–109. Lanham u. a.: Lexington Books.
Martus, Steffen und Carlos Spoerhase. 2022. *Geistesarbeit. Eine Praxeologie der Geisteswissenschaften*. Berlin: Suhrkamp.
Mikos, Lothar. 2010. Der Fan. In *Diven, Hacker, Spekulanten. Sozialfiguren der Gegenwart*, Hrsg. Stephan Moebius und Markus Schröer, 108–119. Frankfurt am Main: Suhrkamp.
o. Verf. 2022. *Soompi*. https://www.soompi.com/about. Zugegriffen am 30. September 2022.
Pérez-González, Luis. 2007. Intervention in New Amateur Subtitling Cultures: A Multimodal Account. In *Linguistic Antverpiensia*, (6): 67–80.
ReacttotheK. 2020. Classical Musicians React: ‚BTS Black Swan (Art Film)'. *YouTube*. https://www.youtube.com/watch?v=UAhtwpBDULE. Zugegriffen am 30. September 2022.
Tapscott, Don. 2009. *Grown Up Digital: How the Net Generation Is Changing Your World*. New York: McGraw-Hill Education.
Toffler, Alwin. 1980. *The Third Wave*. New York: Morrow.
Wellgraf, Stefan. 2012. Gangnam Style. Der große Bruder. In *Pop-Zeitschrift*. https://pop-zeitschrift.de/2013/07/01/gangnam-stylevon-stefan-wellgraf1-7-2013/. Zugegriffen am 30. September 2022.
Woodhouse, Taylore Nicole. 2018. *„A Community Unlike Any Other": Incorporating Fansubbers into Corporate Capitalism on Viki.com*. Dissertation an der University of Texas at Austin.

## Filme und Serien

*Buffy the Vampire Slayer*. Regie: Joss Whedon. USA: 1997–2003.
*Squid Game*. Regie: Hwang Dong-hyuk. KOR: 2021.
*Parasite*. Regie: Bong Joon-ho. KOR: 2019.
*Star in My Heart*. Regie: Lee Jin-suk und Lee Chang-hoon. KOR: 1997.
*What is Love*. Regie: Park Cheol. KOR: 1991/1992.
*Winter Sonata*. Regie: Yoon Seok-ho. KOR: 2002.
*Record of Youth*. Regie: Ahn Gil-ho. KOR: 2020.
*Imitation*. Regie: Han Hyun-Hee. KOR: 2021.

## Musikvideos

Psy. Gangnam Style. 2012. *Youtube*. https://www.youtube.com/watch?v=9bZkp7q19f0. Zugegriffen am 30. September 2022.
BTS. Black Swan. 2020. *YouTube*. https://www.youtube.com/watch?v=0lapF4DQPKQ. Zugegriffen am 30. September 2022.

Sophie G. Einwächter

# Wenn Wissen begeistert: Von Fans und Celebrities in der Wissenschaft

**Zusammenfassung:** In einem Band, der sich damit befasst, wie Fans zur Wissenschaft beitragen, lohnt es sich, auch einmal aus anderer Richtung zu fragen: Wie viel Fandom steckt eigentlich bereits in der Wissenschaft selbst? Die oftmals mit Objektivität und nüchternen Fakten assoziierte Wissenschaft ist nämlich keinesfalls frei von Begeisterungs- und Gefolgschaftsphänomenen, und auch ohne Beteiligung von Citizen Scientists ‚von außen' gehören Leidenschaft, Freiwilligenarbeit und private Aufwendungen von Zeit und Geld – z. B. von den Wissenschaftler*innen selbst – zu den durchaus üblichen, wenn nicht gar zentralen Ressourcen wissenschaftlicher Forschung und Innovation. Inwiefern sich in wissenschaftlichen Zusammenhängen sowohl dem Fandom sehr ähnliche Phänomene als auch regelrechte Celebrity-Figuren finden lassen und welche Rolle dabei Abhängigkeiten, Hierarchien und kulturelle Gepflogenheiten spielen, wird der vorliegende Beitrag mit besonderem Fokus auf geisteswissenschaftliche Zusammenhänge erörtern. Dass wir trotz aller Vergleichbarkeiten Wissenschaftler*innen selten als Fans bezeichnen, hat auch etwas mit einer gehegten Erwartung bezüglich des richtigen Verhältnisses von Nähe und Distanz zum beforschten Gegenstand zu tun sowie generell mit impliziten Fragen der Angemessenheit von Begeisterungsformen im akademischen Umfeld.[1]

**Schlüsselwörter:** Auteur-Theorie, Celebrity, Fandom, Geisteswissenschaft, Hochkultur, Populärkultur, Wissenschaft, Wissen

## 1 Fans, Wissenschaftler*innen, *Aca-Fans* und *Fan-Scholars*

Wenn wir uns mit Phänomenen von Fandom und Celebrity innerhalb der Geisteswissenschaft beschäftigen, ist es sinnvoll, dabei zunächst bei den Fan Studies selbst anzusetzen, in denen viele Wissenschaftler*innen eine Doppelexistenz zwischen Fandom und Forschung führen.

1 Der vorliegende Artikel entstammt dem inhaltlichen Rahmen des Projekts „Medienwissenschaftliche Formate und Praktiken im Kontext sozialer und digitaler Vernetzung" und wurde ermöglicht durch Förderung der DFG.


https://doi.org/10.1515/9783110982114-004

Die Fan Studies blicken heute (2023) auf etwa 35 Jahre des institutionellen Wirkens zurück, ausgehend von einer Etablierung in den amerikanischen und britischen *Media and Cultural Studies*. Dass wir unter den Wissenschaftler*innen, die sich mit Fandom beschäftigen, häufig bekennende Fans finden, stellt keine Überraschung dar. Die eigene Verbundenheit mit dem Feld ermöglicht das Verständnis von hier geltenden Normen und Regeln und erleichtert ethnografische Forschung und Kontakte zu Informant*innen. Karen Hellekson und Kristina Busse etwa beschreiben sich und die Beitragenden eines Sammelbandes zu Fanfiction und Fancommunities als „fans who are already academics and academics who are already fans" (Hellekson und Busse 2006, S. 24). Und auch der bekannteste Blog aus der Sphäre der Fan Studies – Henry Jenkins' *Confessions of an Aca-Fan* (2006–2022, danach unter dem Namen „Pop Junctions" fortgeführt) bezeugte diese Doppelidentität über den Begriff des Aca-Fans (academic + fan), aus der in den Fan und Cultural Studies besondere Legitimität gewonnen wird. Auch die Tatsache, dass es heute überhaupt eine Unterdisziplin der Medien- und Kulturwissenschaft (mancherorts auch der Sozialwissenschaft) gibt, die sich dezidiert Fanstudien widmet, ist darauf zurückzuführen, dass es in den 1980er und 1990er Jahren eine Anzahl von Wissenschaftler*innen gab, die zugleich aktive Fans waren. Diese trieb ein gewisses Unbehagen mit der eigenen Repräsentation in Wissenschaft und Journalismus um: Sie bemerkten, dass Fandom bis dato in ein schlechtes Licht gestellt worden war.

Zuvor hatte es, wie Joli Jensen treffend beschreibt, primär einen pathologisierenden Blick auf Fans in der Öffentlichkeit gegeben (vgl. Jensen 1992, S. 9–29). Diesem zugrunde lag die Tatsache, dass Zeitungen über Fans vor allem dann berichteten, wenn es etwa im Rahmen von Sportveranstaltungen zu Ausschreitungen oder Massenpanik kam (friedliche Fankultur hat vermutlich auch keinen hohen Nachrichtenwert), – hier wurden dann Zuschreibungen von irrationalem oder gefährdendem Verhalten sensationalistisch mit eingeflochten – oder wenn Celebrities von Fans gestalkt, bedroht oder getötet wurden, wie etwa im Fall von John Lennon (vgl. Jensen 1992, S. 10–17). Zugleich, so Jensen, befasste sich der sozialwissenschaftliche Diskurs seit Mitte der 1950er Jahre mit dem Phänomen der parasozialen Interaktion – dem Eingehen einer einseitigen, aber als vertraut empfundenen Fantasie-Beziehung mit einer medial vermittelten Persönlichkeit – und lenkte hiermit die Aufmerksamkeit kulturpessimistisch eingefärbt darauf, dass Medien Menschen vereinsamen lassen könnten, welche dann in Isolation die Nähe zu unerreichbaren Leinwandfiguren suchten (vgl. Jensen 1992, S. 17). Diese einseitige Überbetonung von Fans als potenziell dem Wahn verfallenen Einzelgänger*innen sowie die Vorstellung einer in Panik, Erregung oder Raserei verfallenen Menge an Fans lässt sich als eine grundlegende Kritik an der Moderne und ihren Lebensbedingungen verstehen (für die pathologische Fan-Phänomene gewissermaßen als symptomatisch, da kompensatorisch erachtet wurden): „What we find, in the literature of fan-celebrity relationships, is a psychologized version of the mass society critique. Fandom, especially ‚excessive' fandom, is defined as a form of psychological compensation, an attempt to make up for all that modern life lacks." (Jensen 1992, S. 16)

Das einseitige und überwiegend schlechte Licht, das solche Untersuchungen und Darstellungen auf Fankulturen warfen, wollten diejenigen Fans, die eine Wissenschaftslaufbahn eingeschlagen hatten, jedoch nicht auf sich sitzen lassen. Es folgten Selbstbezeichnungen als *Scholar Fans* oder *Aca-Fans* und eine Reihe von Analysen, welche die kreativen, gemeinschaftsbildenden und aktivistischen Aspekte von Fankultur in den Mittelpunkt stellten. Nun sprachen Fans mit wissenschaftlicher Autorität von den Vorzügen einer intensiven Auseinandersetzung mit Medien und traten dabei immer wieder dem Vorurteil entschieden entgegen, dass häufige Medienrezeption per se problematisch sei oder Gewalt provoziere. Eine Diskussion, die auch heute beispielsweise immer wieder aufflammt, wenn es zu Schusswaffenverbrechen kommt, bei denen, wie etwa 1999 beim Amoklauf an der Columbine High School, ein/e Täter*in[2] einen Gaming-Hintergrund aufweist.

Gray, Sandvoss und Harrington beschreiben diese Bewegung, in der Stimmen von Fans innerhalb der Universität laut wurden, als ‚erste Welle' der Fan Studies (vgl. Gray, Sandvoss und Harrington 2007, S. 3). Medien- und Kulturwissenschaftler*innen wie Henry Jenkins, Roberta Pearson und Camille Bacon-Smith brachten ihre eigenen Erfahrungen und Einblicke in Fankulturen als Ausgangspunkte vornehmlich ethnografischer Arbeiten in einen wissenschaftlichen Diskurs ein, der bis dahin Fans vor allem von außen und als ‚Andere' betrachtet hatte (vgl. Jensen 1992, S. 25). Dass es nun Wissenschaftler*innen gab, die selbst Science Fiction liebten, auf Conventions gingen und Fanfiction schrieben, half enorm beim Verständnis und der Vermittlung der hier herrschenden Regeln, Ausdrucksformen und Potenziale sowie der Konfliktfelder, in denen sich Fans bewegten, etwa gegenüber den Produzent*innen offizieller Kulturgüter (*The Powers That Be* – TBTB abgekürzt), denen gegenüber sie sich oft machtlos fühlten, z. B. wenn eine Fernsehserie eingestellt oder aus dem Programm genommen wurde.

Was ließe sich aber argumentativ der empfundenen Front an Vorurteilen Fans gegenüber entgegensetzen? In den frühen Bestrebungen, Fandom anders als pathologisierend zu beschreiben, waren es sowohl das implizite Betonen besonderer durch Fandom erworbener Kompetenzen (Fankultur = Bildung) als auch der explizite rhetorische Vergleich mit Wissenschaftler*innen, der Fandom aufwertete und legitimierte.

2 Die geschlechtergerechte Form von Täter*in sollte nicht davon ablenken, dass die aus dem US-amerikanischen Kontext leider zahlreichen bekannten Fälle von sogenannten *Mass Shootings* zu über 96% von Männern verübt werden, so auch an der Columbine High School (vgl. Statista Research Department 2023).

So beschreibt Jensen, wie sich unsere Annahmen über Gefährlichkeit (z. B. eine ‚wahnsinnige Meute' von Fans) und gesellschaftlicher Isolation (z. B. isoliert lebende Stalker-Fans von Celebrities) von Fandom änderten, wenn wir einmal die Gegenstände der Leidenschaft auswechselten. Tauschten wir nämlich die mit Fans meist assoziierten *populärkulturellen* Gegenstände (Serien, Filme, Comichefte, Popkonzerte etc.) gegen traditionell als *hochkulturell* verstandene (Oper, Theater, Literatur), schließe sich eine komplett andere Assoziationskette an (vgl. Jensen 1992, S. 19–21). Die Auseinandersetzung mit Letzteren werde in medialen Darstellungen kaum mit subversivem oder gesellschaftsgefährdendem Verhalten zusammengeführt, sondern vielmehr mit Kenner*innenschaft assoziiert – oder eben mit Wissenschaft.

Dass es sich bei den für Fans zentralen Gegenständen um eine große Bandbreite handeln kann, macht die Definition der Soziologen und Kommunikationswissenschaftler Roose, Schäfer und Schmidt-Lux deutlich, denn diese halten als grundlegende Voraussetzung von Fandom fest, dass hier „längerfristig eine leidenschaftliche Beziehung zu einem [...] externen, öffentlichen, entweder personalen, kollektiven, gegenständlichen oder abstrakten Fanobjekt" bestehe, welche mit Investitionen von „Zeit und/oder Geld" einhergehe (Roose, Schäfer und Schmidt-Lux 2010, S. 12). Dies ermöglicht ganz eindeutig auch die Diskussion von Leidenschaften aus dem klassisch als hochkulturell verstandenen Sektor wie Kunst, Theater und Oper, ebenso wie der Politik und anderer öffentlicher Sphären.

Wenn wir etwa – wie Jensen konkret vorschlägt – vor diesem Hintergrund die Motivation und Dauer des Engagements von Literaturwissenschaftler*innen, welche James Joyce beforschen, mit der von Popmusikfans vergleichen, fallen zahlreiche Parallelen auf:

> The mind may reel at the comparison, but why? [...] the Joyce scholar knows intimately every volume (and every version) of Joyce's *oevre*. [...] But what about the fans who are obsessed [...], who organize their life around [...][a certain star]? Surely no Joyce scholar would become equally obsessive? But the uproar over the definite edition of Ulysses suggests that the participant Joyceans are fully obsessed, and have indeed organized their life (even their ‚identity' and ‚community') around Joyce. (Jensen 1992, S. 19 f.)

Auch Karen Hellekson und Kristina Busse betonen in der Einleitung zu *Fan Fiction and Fan Communities in the Age of the Internet* (2006) Parallelen zwischen Wissenschaft und Fandom, indem sie ähnliche Tätigkeiten und Faktoren ausmachen: „the act of performing fandom parallels the act of performing academia. Both rely on dialogue, community, and intertextuality" (Hellekson und Busse 2006, S. 25). Dieses besondere Verhältnis von intensiver Rezeption, Deutungs- und Interpretationsgemeinschaft und Texten (oder anderen Medien) prägt in der Tat vor allem das geisteswissenschaftliche Forschen und Publizieren.

## 2 Gute Textkenntnis erforderlich: Der besondere Rezeptionsmodus der Wissenschaft und wo er kultische Züge annimmt

Eine besondere Identifikation mit den Gegenständen und das Ausbilden von Gemeinschaftsformen im Zuge von deren Deutung, Untersuchung und Wertschätzung sowie die detailverliebte Besessenheit, die Fans und Forschende gleichermaßen auszeichnet – all diese Aspekte belegen zwar keinesfalls, dass Fandom und Wissenschaft im Kern das Gleiche darstellen, sie sind aber Anzeichen dafür, dass die Grenzen zwischen Wissenschaft und Fandom zuweilen verschwimmen können.

Hierfür spricht auch die favorisierte besondere Genauigkeit beim Lesen und die daran geknüpften Praktiken der Textproduktion. Als Henry Jenkins 1992 als Schlussfolgerung seines Buchs *Textual Poachers* eine Definition von Fandom über fünf Ebenen der Aktivität formuliert, fallen darin zahlreiche Bemerkungen, die sich ohne Weiteres auch für die Beschreibung von Wissenschaftler*innen einsetzen ließen (vgl. Jenkins 1992, S. 277–287). So hebt Jenkins etwa den besonderen Rezeptionsmodus von Fans hervor – „Fandom involves a particular mode of reception. Fan viewers watch television texts with close and undivided attention" (Jenkins 1992, S. 277) – ein Modus, der Medienwissenschaftler*innen sehr vertraut sein dürfte. Das auf Details achtende und genaue, wiederholte Ansehen von medialem Material sei wichtiger Bestandteil des Fan-Seins und münde im Austausch mit anderen über den Gegenstand: „Fandom involves a particular set of critical and interpretive practices. Part of the process of becoming a fan involves learning the community's preferred reading practices." (Jenkins 1992, S. 278) Auch die wissenschaftliche Gemeinschaft hat ihre eigenen Lesegewohnheiten und je nach theoretischer ‚Schule' oder diskursiver Schlagrichtung auch ihre präferierten Lesarten, welche es an der Universität erst im Austausch mit anderen zu erlernen gilt. Die Vielfalt an Interpretationen, das Auffinden und versuchte Füllen von Lücken in den untersuchten Texten oder anderen Medien beschreibt Jenkins bei Fans als kollektives Unternehmen, das in der Erstellung eines ‚Metatextes' resultiere (vgl. Jenkins 1992, S. 278). Lässt sich die folgende Beschreibung, die vor allem auf Fanfiction und Fan Art abzielt, nicht auch wie eine Charakterisierung des wissenschaftlichen Austauschs lesen?

> This mode of interpretation draws them far beyond the information explicitly present and toward the construction of a meta-text that is larger, richer, more complex and interesting than the original [...][medium]. The meta-text is a collaborative enterprise; its construction effaces the distinction between reader and writer [...]. (Jenkins 1992, S. 278)

In der Tat resultiert das wissenschaftliche, gründliche Lesen in der Produktion von eigenständigem Text; schafft die Wissenschaft ein Netzwerk an Gedanken, Interpretationen und Querverweisen, welche die Grenzen der untersuchten Werke überschreiten. In der Fankultur geschieht dies über Fanfiction, Videos oder andere Formen der Fankunst, in der Wissenschaft sind es Artikel, Vorträge, Seminare und Vorlesungen, durchzogen von Zitaten und Verweisen, die den Metatext um ein bestimmtes Werk oder seine Urheber*innen konstruieren.

In den Geisteswissenschaften[3] lassen sich zudem Wissensbestände, die aus Fandom erworben werden, besonders nutzbar machen – schließlich hilft die Begeisterung dabei, einen Gegenstand (wie beispielsweise das Werk eines Künstlers/einer Künstlerin oder das Korpus einer Serie, die sich über viele Staffeln erstreckt) strukturiert anzueignen, Passagen auswendig wiedergeben zu können, Hintergrundinformationen zu sammeln und bedeutungsvoll zu verknüpfen. Man könnte also – ganz im Sinne der ersten Welle der Fan Studies – folgern: Wer aktiver Fan ist, übt bereits einen Teil der Fähigkeiten von guten Geisteswissenschaftler*innen in der Freizeit ein. Und wer Fan ist, bringt ein fankulturell erworbenes (oftmals populärkulturelles) Wissenskapital mit an die Universität, das sich zumindest in den Geisteswissenschaften in institutionalisiertes Kapital (in Form von Bildungsabschlüssen) umwandeln lässt.

Überdies gibt es gerade in den Geisteswissenschaften einen mit der gründlichen Rezeption verbundenen Personenkult, denn in der Medienwissenschaft, der Germanistik, Anglistik, Romanistik, Komparatistik, der Kunstwissenschaft uvm. stehen im Hinblick auf die untersuchten Primärtexte meist die Werke bestimmter Persönlichkeiten im Fokus, deren Vita besondere Aufmerksamkeit zuteil wird. Sicherlich gibt es beim Studium dieser (meist) Vermächtnisse weniger unmittelbare libidinöse Aufladungen als bei dem Verfolgen des Lebenswegs von aktuell aktiven Schauspieler*innen oder Popstars (obwohl diese zu Lebzeiten durchaus wahre Fangemeinschaften besaßen, wer träumt heute noch von Goethe, Schiller oder Byron?). Dennoch handelt es sich bei den in den Geisteswissenschaften vermittelten Inhalten oftmals um Erzählungen großer Leistungen und Verdienste, was den Eindruck einer *institutionalisierten* Fankultur zuweilen nahelegt.

Ein gutes Beispiel für eine solche kultische Verehrung im Gewand der Kritik (die primär als begeistertes Lob ausfiel) ist die theoretische Strömung der *Politique des Auteurs*, die für die Filmwissenschaft von großer Bedeutung war und

3 In der Literaturwissenschaft, der Film- oder der Medienwissenschaft liegt die Parallele zum Fandom aufgrund hier üblicher Praktiken des Lesens und Interpretierens sowie ähnlicher Gegenstände besonders nahe. Auf naturwissenschaftliche Forschungsräume, -werkzeuge und -normen lassen sich diese Beobachtungen wegen der unterschiedlichen Gegenstände kaum übertragen.

immer noch ist. In den 1950er bis 1970er Jahren bot die französische Filmzeitschrift *Cahiers du Cinéma* einer Auswahl von Regisseuren[4] mittels zahlreicher Interviews und Filmbesprechungen eine besondere Plattform. Die filmbegeisterten Journalisten der *Cahiers* argumentierten, dass es sich bei diesen Regisseuren (u. a. Alfred Hitchcock, Howard Hawks, Fritz Lang) um die wahren stilgebenden Künstler eines Films handelte, in Abgrenzung zu den bis dato oftmals den Produzenten zugeschriebenen Verdiensten. Die Mitbegründer dieser Autorentheorie machten aus ihrem Fandom für zumeist US-amerikanische Regisseure kein Geheimnis. Sie traten deutlich befürwortend und positiv wertend auf. Andrew Sarris, Schlüsselfigur der Bewegung, gab etwa offen zu, dass die von ihm propagierte ‚Autorenpolitik' eine wertende Entscheidung darstellte („a decision to be for certain directors and to be against others" [Barrett 1973, S. 196]) und eindeutig persönliche Vorlieben abbildete: „The policy of the critics writing in Cahiers du Cinéma was that they only gave serious analysis to the films of the directors they liked" (Barrett 1973, S. 196). Die Rechtfertigung für solche Subjektivität verortete er in exakt jenem Lektüremodus, der auch für die Fan Studies der 1990er Jahre im Hinblick auf Fankultur definitionsgebend ist und der besonders intensive Auseinandersetzung verspricht: „If you like somebody, you go to see his films again and again, you see things other people don't see, you think about him more" (Barrett 1973, S. 196). Es geht also um eine zusätzliche Motivation, die aus dem persönlichen Interesse resultiert. Interessant ist zudem, dass Sarris Begeisterung nachdrücklich als Triebfeder wissenschaftlicher Produktivität und Qualität beschreibt: „Most scholarship is done on the basis of likes, not dislikes. [...] The best scholarship is done on the basis of enthusiasms" (Barrett 1973, S. 196). Wurde diese Begeisterung für das (Lebens-)Werk einzelner Regisseure für die Filmkritiker*innen der Cahiers eindeutig zur Motivation, besonders genau hinzusehen und zu analysieren, so sprach in diesem Zusammenhang dennoch niemand von *Fandom*, sondern von *Cinéphilie.* Dieser Begriff hat sich bis heute noch in der Filmwissenschaft gehalten, – man könnte kritisch vermuten – weil er erlaubt, von Fandom zu sprechen, ohne ‚Fandom' zu sagen. Matt Hills spricht in diesem Kontext von „implicit fandom" – Fandom, das nur implizit verhandelt wird und etwa hinter Begriffen wie ‚Kennerschaft' oder ‚Liebhaberei' gewissermaßen versteckt wird (vgl. Hills 2018, S. 477).

4 Autoren, Regisseure und Journalisten sind hier bewusst nicht geschlechtergerecht formuliert, da es sich um einen auf männliche Figuren konzentrierten Personenkult handelte, der auch überwiegend von männlichen Journalisten ausgetragen wurde; dies bildet sich auch im obigen Zitat von Andrew Sarris ab, der im Kontext von Filmschaffenden generalisierend von „his films" und „him" spricht.

Heute ist die *politique des auteurs* wichtiger Lehrinhalt der Filmwissenschaft. Die Überlappung von Fandom und *Cinéphilie* wird hier bislang noch vorsichtig formuliert: „the adoring, self-reflecting cinephile and the engaged, creative fan might be articulating similar things in different ways". (Goodsell 2014, S. 3) Das französische Label lässt sich zudem als eine Form des intellektuellen Brandings verstehen, welches jenen Filmwissenschaftler*innen entgegenarbeitet, die sich zwecks Verteidigung eines akademischen Habitus lieber von in Onlineforen oder auf Conventions geteilten Formen der Begeisterung distanzieren möchten (vgl. Einwächter 2023).[5]

# 3 Die Angst vor dem F-Wort: Weshalb Wissenschaftler*innen ungern Fans genannt werden

Das Etikett des/der Fans möchten nur wenige tragen, auch wenn Sammelboxen, Bildbände und andere Memorabilia von Hitchcock, Godard, Tarantino und Co. die heimische Vitrine schmücken mögen.

> In dieser Weigerung, Fandom von Wissenschaftler*innen auch als solches zu benennen, schwingt zum einen eine altbekannte Trennlinie zwischen vermeintlicher Hoch- und Subkultur mit (und ihren jeweils unterschiedlichen Formen legitimer Begeisterung), zum anderen gibt es auch eine genderspezifische Dimension zu beachten, denn traditionell hatten es immer jene Texte und Medien schwerer, als legitime Forschungsgegenstände anerkannt zu werden, die einem eher weiblichen (oder queeren) Publikum zugeordnet wurden oder mit weiblichen oder queeren Gefühlsexzessen in Verbindung gebracht wurden, wie z. B. *romance novels*, Seifenopern etc. (Spiegel et al. 2023, S. 15 f.)

Obwohl es mittlerweile zahlreiche Fan-Definitionen gibt, die wie die von Jenkins (1992) und Roose et al. (2007) vorab angeführten ohne Zuschreibungen von pathologischem Exzess auskommen, bleibt ein Teil des alten Klischees haften: Zumindest eine Assoziation von „Zuviel" scheinen Fans nicht so ganz loszuwerden – davon zeugte auch die Entscheidung von Facebook (heute Meta), im Jahr 2010 den „Become a Fan of"-Button gegen einen Like-Button zu tauschen, um mehr User zur Interaktion anzuregen.

5 Für eine ausführlichere Diskussion des Beispiels im Kontext von Gefolgschaftsphänomenen in der Wissenschaft siehe Einwächter 2023.

Es scheint aber auch etwas damit zu tun zu haben, dass es so etwas wie einen sozialen Konsens darüber gibt, welche Begeisterungsformen je nach sozialem Kontext angemessen erscheinen, und da kennt jede Institution, jeder Raum andere Regeln – und nur in den wenigsten Fällen werden diese offen ausgesprochen. Die Überlegung, dass Fandom mit Begeisterungsformen assoziiert ist, welche in den ehrwürdigen Hallen der Universität keinen Raum haben könnten, legt nahe, einmal generell zu kartieren, welches Spektrum an Begeisterungsformen es eigentlich gibt und inwiefern deren empfundene Angemessenheit durch soziale und kulturelle Normen geprägt ist. Hier lädt der Artikel explizit zu einem Gedankenspiel ein. Man stelle sich folgende Orte und Situationen vor: Theater, Kino, Museum/Galerie, Fernsehstudio, Fußballstadion, eine religiöse Stätte, eine Geburtstagsfeier, eine Vorlesung oder ein Seminar in der Universität (*face-to-face* vs. online) – und dann die jeweils angemessene Form der Bekundung von Begeisterung, Zustimmung oder Freude (wer das zusätzlich verkomplizieren möchte, kann noch die Kategorien Alter und Geschlecht der Begeisterten mit in die Waagschale werfen). Auch ohne dass wir uns je explizit nach den Verhaltensregeln erkundigt haben, fallen uns zu all diesen Situationen zumindest ein paar Verhaltensweisen ein, die uns angebracht oder unangebracht erscheinen: Im Stadion würde man mit stiller Betrachtung aus dem Rahmen fallen, hier ist Lautstärke, Anfeuern und Jubeln gewünscht, weil es als Akt der Solidarität mit den spielenden Teams verstanden wird. Im Museum würde man schnell ermahnt oder eventuell gar vor die Tür gesetzt werden, wenn man seine Freude dauerhaft lauter als im Flüsterton von sich gäbe. Auch die Frage, ob man anderen als positiven Gefühlen Ausdruck verleihen darf, ist an solche unausgesprochenen Konventionen gebunden. Buh-Rufe sind im Hörsaal weitaus seltener als beim Sport. Das Fernsehstudio verlangt nach einem klatschenden und lachenden Publikum, aber sicherlich nicht nach einem, das nicht abgesprochene Transparente mitgebracht hat und in eine Vuvuzela trötet. Wie sieht es mit Gotteshäusern aus, und welchen Unterschied macht der Anlass von Gottesdienst oder etwa klassischem Konzert, die beide jeweils in der großen Halle einer Kathedrale stattfinden? Ein Kind, das in der Schule laut jubelt, jedes Mal, wenn der/die Lehrer*in etwas Interessantes von sich gibt, wird bald darauf hingewiesen werden, dass die Begeisterung erwünscht, aber ihr Ausdruck in dieser Form unangebracht ist. Und durch einen ähnlichen Sozialisierungsprozess sind auch Akademiker*innen gegangen: Zu laut, zu begeistert, zu emotional, das gilt hier nicht als dienlich, da der Ruhe abträglich, die für Objektivität und neutrale Erörterung scheinbar vonnöten ist.

Gründe für die Zurückhaltung gegenüber dem Fan-Label sind also auch innerhalb von wissenschaftskulturellen Normen zu suchen, die einen gewissen Habitus unausgesprochen nahelegen, der nicht zuletzt über das Beispiel anderer tradiert wird. Matt Hills beschreibt diesen Zusammenhang in Anlehnung an Roger Silverstone sehr treffend mit dem Konzept der „angemessenen Distanz“, welche wir von Wissenschaftler*innen zu ihren Gegenständen ebenso verlangen können wie von Fans zu ihren Begeisterungsobjekten. Silverstone hatte das angestrebte Verhältnis der „proper distance“ (im Kontext einer Ethik der Begegnung zwischen Individuen über das Internet) als eines festgehalten, das „distinctive, correct, and ethically or socially appropriate“ und weder zu nah, noch zu distanziert sei (Silverstone 2003, S. 473). Hills weist bei seiner Evaluation von Wissenschaftler*innen, die zugleich Fans seien, darauf hin, dass es teils konkurrierende Wertesysteme in der Wissenschaft und in der Fankultur gebe – aus wissenschaftlicher Warte sei ein *Fan Scholar* immer zu nah am Gegenstand, aus fankultureller Warte jedoch zu distanziert, um ihm gerecht zu werden (vgl. Hills 2012, S. 14–37). Hier lässt sich die Betrachtung einer Angemessenheit von Begeisterung gut anschließen, die ebenfalls nach unterschiedlichen Wertesystemen beurteilt wird, je nachdem, welcher Ort/Raum und Zusammenhang herrscht – hier entscheidet dann nicht primär die Äußerung der Begeisterung selbst über ihre Un-/Angemessenheit, sondern ihr Zusammenhang mit einer sozialen oder kulturellen Situation.

Es muss also nicht nur mit Zuschreibungen von Irrationalität oder übermäßiger Emotionalität zu tun haben, wenn Wissenschaftler*innen das Fan-Label für sich selbst meiden. Es mag schlicht damit zusammenhängen, dass es innerhalb der Räume und Wirkungsstätten der Wissenschaft unausgesprochene konventionalisierte Regeln gibt, welche über eine angemessene Nähe und Distanz zum Gegenstand je nach Kontext entscheiden und denen fankulturelle Normen teils zuwiderlaufen.

## 4 Strukturell angelegte Konzentrationen von Macht: Celebrities und Mentor*innen der Wissenschaft ... und ihr Gefolge

Auch die Wissenschaft selbst bringt Figuren hervor, denen kultische Verehrung zuteil wird, das gilt für (inter-)national vielgelesene Theoretiker*innen, die eigene Denkschulen gründen oder prägen, genauso wie für machtvolle Professor*innen, die einen wissenschaftlichen Standort über viele Jahre hinweg gestalten. Solche Personen gehören einerseits zu jenen ‚Riesen, auf deren Schultern wir stehen‘ und denen wir wichtige Erkenntnisse zu verdanken haben, wie Bernhard von Chartres sowie u. a. Isaac Newton einst festhielten. Andererseits sind sie aber auch Begünstigte eines Systems, das nur wenige nach oben kommen lässt, dann aber jenen wenigen hohe Konzentrationen von Macht ermöglicht. Das deutsche universitäre Lehrstuhl-System versinnbildlicht solche Macht, da hier vielfältige Abhängigkeiten zusammenkommen: Mitarbeiter*innen werden meist auch von den ihnen vorgesetzten Personen bei Qualifikationsarbeiten betreut (im angloamerikanischen Department-Modell sind solche Doppelabhängigkeiten von *Supervision* und *Employment* nicht denkbar). Die Wahrscheinlichkeit, dass die Betreuenden ihre Machtstellung nutzen, um die Bekanntheit der eigenen Lehren (per Empfehlung der Zitation) zu erhöhen, ist durchaus hoch. Oder aus der Sicht der Untergebenen gesprochen: Wenn ich ohnehin schon aufgrund meiner Zuarbeit mit dem Werk meines Professors oder meiner Professorin sehr vertraut bin, weshalb sollte ich dann nicht zu einem ähnlichen Thema publizieren und ihre Arbeiten darin zitieren? Auch an Universitäten entstehen Metatexte, ihre Verweisstrukturen sind aber nicht allein von inhaltlichem Interesse getragen.

Studium ist dabei nicht nur eine Beschäftigung mit Wissen, sondern auch Orientierungssuche bezüglich des eigenen Werdegangs, und gerät so oftmals zu einer Suche nach Vorbildern. Es profitieren durchaus beide Seiten – Studierende (oftmals zugleich Angestellte und Betreute) und Lehrstuhlinhaber*innen, jedoch in unterschiedlichem Maße: Die ‚Profs', da sie viel Aufmerksamkeit auf sich konzentrieren, gewissermaßen ‚Celebrities' des universitären Systems, können im Laufe ihrer Hochschulkarriere regelrechte Gefolgschaften aufbauen, die als Multiplikator*innen für ihr Werk dienen können. Manche Professor*innen treten gar sichtbar mit Entourage auf, mehr oder weniger willigen Helfer*innen der eigenen wissenschaftlichen Performance (zuweilen wie Abziehbilder wirkend).[6] Die hierarchisch benachteiligten Studierenden oder im Mittelbau Beschäftigten erhalten im Optimalfall von ihren Vorbildern wichtige Hinweise für die eigene Karriere, zudem zeitweise Anstellung und etwaige Hilfe bei der Beantragung von Fördergeldern oder auch der akademischen Jobsuche. Was diese Gefolgschaft angeht, so unterscheidet sie sich von Fandom dahingehend, dass sie nicht immer freiwillig erfolgt, sondern fest eingebunden ist in die Zwänge eines Systems, in dem sich ohne Formen des Mentorings keine Türen öffnen. Da sich die Anzahl der verfügbaren Stellen nach oben hin immer mehr verringert (der akademische Arbeitsmarkt gleicht einem Flaschenhals, der zudem für Frauen die in Arbeitskontexten oft kritisierte ‚gläserne Decke' impliziert) ist der bleibende Profit aus diesem Verhältnis sehr asymmetrisch verteilt.

6 Ich will hiermit nicht die jeweiligen Angestellten diskreditieren, sondern auf das Problem der Reproduktion von Gleichem hinweisen, welche einer inklusiv und divers aufgestellten Wissenschaftskultur ebenso im Wege steht, wie in der freien Wirtschaft, siehe hierzu ausführlicher Einwächter 2023.

> Die herausragende Stellung der Professor*innen führt schließlich dazu, dass eigenständige Leistungen anderer Wissenschaftler*innen nicht angemessen gewürdigt werden. Wenn auch formal inzwischen inexistent, wirkt hier das deutsche Lehrstuhlprinzip nach, in dessen Zentrum die Professur steht, der abhängig beschäftigte Wissenschaftler*innen als sogenannte ‚Ausstattung' zugeordnet sind. Sogar Postdocs, die ihre Befähigung zur eigenständigen wissenschaftlichen Tätigkeit durch die Promotion nachgewiesen haben, werden in diesem System wie Handlanger*innen behandelt, die den Professor*innen allenfalls weisungsgebunden zuarbeiten [...]. (Bahr, Eichhorn und Kubon 2022, S. 95)

Auch lässt sich kritisch in Frage stellen, wie innovativ ein System letztlich ist, wenn es um wenige Stars und viele Gefolgsleute herum organisiert ist. Vieles deutet darauf hin, dass sich hier Normen und Idealvorstellungen primär reproduzieren (statt revolutionieren lassen), aus dem einfachen Grunde, dass die Mächtigen ihre Schützlinge oft unbewusst nach Ähnlichkeitsprinzip aussuchen, die wiederum sobald sie endlich eine gesicherte Position erreicht haben, nur noch wenig bereit sind, etwas an den angestammten Verhältnissen zu ändern.[7]

Reproduktion von bereits Vorhandenem muss hierbei nicht ausnahmslos etwas Schlechtes darstellen, schließlich funktioniert Lernen oftmals über Nachahmung – das ist auch im Fandom so, wo Kenntnisse im kreativen Schreiben über die Imitation und Transformation von Lieblingstexten im Fanfictionformat erworben werden. Jedoch ist es insbesondere für jene Minderheiten, die im universitären Feld noch nicht repräsentiert sind, schwierig, in einem solchen Wissenschaftssystem Fuß zu fassen. Zu oft gibt es – in Fan-/Star-Systemen wie auch in der Wissenschaft – den sogenannten „Matthäus-Effekt" zu beobachten (nach dem Spruch aus der Bibel benannt: „wer [...] hat, dem wird gegeben werden"), der jenen, die bereits erfolgreich sind, weiteren Erfolg sichert, und dabei eine Chancengleichheit für alle verunmöglicht.

Es mag merkwürdig klingen, Wissenschaftler*innen mit Stars zu vergleichen. Aber was sind Celebrities denn in der Unterhaltungsindustrie anderes als Garanten von Absatz und Einfluss, da sie große Mengen von Abnehmer*innen um sich scharen, die bereit sind, ihnen wiederholt Zeit und Geld zu widmen? Celebrities sind Personen, bei denen man davon ausgehen kann, dass ihre Kulturprodukte längerfristig einen Markt finden, und das hat manchmal mit Können und besonderem Charisma, häufiger aber mit der geschickten Bewirtschaftung von Netzwerken und medialer Aufmerksamkeit zu tun. In der Wissenschaft konzentrieren alleine schon bedingt durch die asymmetrische Lehrsituation wenige Personen viel Beachtung auf sich, und ihre Machtstellung – sobald sie einmal in Form einer unbefristeten Professur erreicht ist – wird nicht mehr infrage gestellt.

---

7 Ausführlicher besprochen in Einwächter 2023.

Bleiben wir bei den problematischen Aspekten von Fandom in der Wissenschaft, so fällt überdies die wichtige Ressource der intrinsischen Motivation ins Auge. Intrinsische Motivation ist das, was einen Menschen dazu motiviert, aus sich selbst heraus (also gewissermaßen aus eigenem Wunsch oder Überzeugung) etwas zu tun, ohne dafür Anreize in Form von Belohnungen von außen zu erhalten. In der Wissenschaft gibt es überdurchschnittlich viele dieser intrinsisch motivierten Menschen, denn an extrinsischen Anreizen gibt es außer dem guten Professor*innengehalt, der Verbeamtung und einem gewissen Status für jene wenigen, die dann endlich die Lebenszeitstelle erhalten haben, wenig zu erwarten. Vor allem in der Geisteswissenschaft lassen die großen Deals mit der Industrie (wie etwa in Pharmazie oder in den Ingenieurswissenschaften üblich), welche das Hinüberwechseln in die freie Wirtschaft erleichtern und auch die Ausstattung der Institute verbessern würden, noch auf sich warten. Viele Geisteswissenschaftler*innen geben jedoch an, ihre Arbeit überaus gerne zu verrichten und eine große Sinnhaftigkeit ihrer Arbeit zu verspüren, was vermutlich auch der Grund ist, weshalb sie trotz Kettenbefristungen und Wissenschaftszeitvertragsgesetz noch im System ausharren. Es ist schlicht die Freude am Vermitteln von Wissen, an der Beschäftigung mit den vielseitigen Gegenständen, die sie besonders begeistern und über die sie gern in Austausch treten – Geisteswissenschaft bedeutet für viele, eine Leidenschaft zum Beruf gemacht zu haben.

Der Hashtag #IchbinHanna zeigt seit geraumer Zeit auf Twitter, was Wissenschaftler*innen erwartet, die sich auf eine Unikarriere und dabei mit dem Deutschland höchsteigenen Wissenschaftszeitvertragsgesetz einlassen:

> Sehr viele kommen auf mehr Verträge als Dienstjahre, häufig mit Unterbrechungen auf Arbeitslosengeld I oder Hartz IV und Phasen der Unsicherheit, ob es überhaupt weitergeht. Zahlreiche Hannas berichten von Erschöpfung sowie körperlichen und psychischen Erkrankungen, die aber häufig nicht öffentlich gemacht werden, um Nachteile in Bezug auf die eigene Weiterbeschäftigung zu vermeiden. [...] (Bahr, Eichhorn und Kubon 2022, S. 82–83)

In diesem Kontext muss die für die Wissenschaft sehr spezifische (und vermutlich allenfalls mit der Kulturwirtschaft zu vergleichende) Begeisterung für die eigene Arbeit sehr kritisch gesehen werden, gerade weil sie zu einer Bereitschaft führt, immer wieder überdurchschnittliche Mengen an Zeit und eigenem Geld einzusetzen, um in diesem System zu bleiben und doch noch eine Chance auf einen festen Job zu erhalten. Es ist im Grunde die Selbstausbeutung von Wissensarbeiter*innen, die ein nicht funktionierendes System mit großer fachlicher Begeisterung bis zur eigenen Erschöpfung am Laufen hält.

## 5 Fazit: Egal wie wir sie nennen: Begeisterung ist immer schon zentraler Bestandteil von Studium und Wissensproduktion gewesen

> Selbst wenn die Karriere in der Phantastikforschung oft ursprünglich nicht geplant war [...], steht doch immer die Begeisterung für den Gegenstand im Zentrum. Man schreibt nicht zufällig oder aus Verlegenheit, mangels besserer Alternativen, eine Dissertation über *Harry-Potter-* und *The-Lord-of-The-Rings*-Fans oder Pen & Paper-Rollenspiele [...], sondern weil dies Themen sind, die der jeweiligen Forscherin, dem jeweiligen Forscher unter den Nägeln brennen, die sie begeistern. Auffällig ist auch, [...] wie gut sich phantastische Themen für die Lehre eignen, dass sich mit ihnen nicht nur ganz unterschiedliche Perspektiven und Methoden behandeln lassen, sondern dass die Studierenden in aller Regel auch darauf ansprechen. Dies dürfte nicht nur daran liegen, dass vielen Studentinnen und Studenten Avengers-Filme oder Horror-Serien näher liegen als Romane des bürgerlichen Realismus, auch die Begeisterung der Dozierenden dürfte hier ein wesentlicher Faktor sein. Im Grunde ist es nicht weiter erstaunlich: Wenn man etwas mit Leidenschaft vorträgt, springt der Funke viel eher über, als wenn man ein Pflichtprogramm runterspult. (Spiegel et al. 2013, S. 5)

Wissenschaftler*innen und Wissenschaft haben immer schon von Begeisterung profitiert: Man denke etwa an die Besessenheit und vielseitigen Interessen eines Leonardo da Vinci, eines Universalgelehrten Goethe oder gar an Sokrates – alles Figuren, die (zu Lebzeiten und danach) Gefolgschaft um sich zu versammeln vermochten. Institutionalisiertes Wissen begünstigte zudem immer schon Gefolgschaftseffekte, da es zur Tradierung von Wissen immer eine nennenswerte Gruppe an Fortschreibenden und -denkenden geben musste. Im Grunde ließen sich so in radikaler Sichtweise auch die Evangelien als institutionalisierte Jesus-Fanfiction verstehen, da hier eine Geschichte aufgeschrieben und mit großer Sorgfalt weiterverbreitet wurde, die den Kultstatus einer öffentlichen Figur begründete und vielfältig auserzählte.

Als Gegenargument – oder treffender: als Grenzlinie der Übertragbarkeiten zwischen Fandom und Wissenschaft – muss jedoch Folgendes angeführt werden: Erstens ist Wissenschaft zumeist eine bezahlte Tätigkeit, auch wenn Wissenschaftler*innen vielfach privat in ihre Arbeit oder Arbeitswerkzeuge investieren sowie Phasen ohne Anstellung überbrücken müssen. Zweitens handelt es sich bei der Wissenschaft um eine innerhalb einer Institution erlernte Profession, deren Handwerk (als Zusammenspiel von Heuristiken, Methoden, Lektüremodi etc.) über viele Jahre ausgebildet, erprobt und durch Mechanismen der Qualitätssicherung geprüft und bewertet wird. Drittens spielen hier – anders als im Fandom – auch ein starker Selektionszwang und damit verbundener Leidensaspekt eine Rolle, denn die Wissenschaft steht keinesfalls jedem/jeder offen – in Deutschland z. B. aufgrund des Wissenschaftszeitvertragsgesetzes sogar den meisten nur auf bestimmte Zeit. Wer dem Produktivitätszwang der Wissenschaft nicht erfolgreich Rechnung zu tragen vermag, fällt so schnell aus dem System. Allein schon dieser Aspekt der Exklusivität, aber auch der (insbesondere in Deutschland) oftmals notwendigen Patronage um in der wissenschaftlichen Gemeinschaft aufgenommen zu werden und im System zu bestehen, lässt sich natürlich bei den freizeitbasierten Tätigkeiten des Fandoms nicht in vergleichbarer Form finden. Das gilt auch viertens für die sich immer wieder reproduzierenden Machtverhältnisse, die zunehmende Prekarisierung und Ausbeutung, welche aus der Stellenknappheit und den vielfältigen Abhängigkeiten resultieren, und so auch letztlich – fünftens – in einer Unfreiheit in der Wahl der Untersuchungsgegenstände münden können. Letztere sind nämlich allzu oft an das Vorhandensein und die Vorgaben bestimmter Förderlinien und Mittelgeber*innen geknüpft. Demgegenüber steht doch zumindest eine größere Inklusivität von Fankulturen, deren Mitgliedschaften nicht in vergleichbarer Form an Leistung und Geld geknüpft sind.

Allerdings ist spätestens seit der zweiten Welle der Fan Studies deutlich, dass es sich auch im Fandom um hierarchisierte, durch das Vorhandensein oder die Abwesenheit von ökonomischen, aber auch symbolischen Ressourcen geprägte soziale Räume handelt (vgl. Gray, Harrington und Sandvoss 2007). Zahlreich gibt es – gerade auf Plattformen wie Twitch.tv, YouTube, Instagram oder TikTok – fandom-basierte Formen des Influencing, welche das Fandom doch als eine Art bezahlte Tätigkeit darstellen; und gerade hier gelten ähnliche Produktivitätszwänge sowie die Notwendigkeit der Netzwerkpflege und des Bedienens von Trend-Themen. Dies hängt zweifelsohne mit der Professionalisierung dieser Formen von Fandom zusammen, welche wiederum ein Phänomen darstellt, das für sich genommen der Beobachtung wert ist. Denn, dass Fandom in professionelle Arbeitsverhältnisse übergehen kann, ist keineswegs neu – vielfach gehen gerade in der Kultur- und Kreativwirtschaft Freizeitvorlieben in berufliche Qualifikationen über: Fan-Sein ist selbst eine Form der – wenn auch inoffiziellen – Ausbildung von Fertigkeiten und Szenewissen (vgl. Einwächter 2014). Und dies gilt eben oftmals auch für die Wissenschaft, wo manche leidenschaftliche Freizeitbeschäftigung zusätzliche Verwertung im akademischen System erfährt.

# Medienverzeichnis

## Literatur

Bahr, Amrei, Kristin Eichhorn und Sebastian Kubon. 2022. *#IchBinHanna. Prekäre Wissenschaft in Deutschland*. Berlin: edition suhrkamp.

Barrett, Gerald. 1973. Andrew Sarris Interview: October 16, 1972 (Part One). In *Literature/Film Quarterly*, 1(3): 195–205.

Einwächter, Sophie G. 2014. *Transformationen von Fankultur: Organisatorische und ökonomische Konsequenzen globaler Vernetzung*. Phil. Diss. Frankfurt am Main: Goethe-Universität. Online-Veröffentlichung unter CC-Lizenz. http://bit.ly/1WbeSHa.

Einwächter, Sophie G. 2023. Bewundern, imitieren, zitieren: Phänomene des Folgens in der Wissenschaft. In *Medien der Gefolgschaft und Prozesse des Folgens. Ein kulturwissenschaftliches Kompendium*, Hrsg. Anne Ganzert, Philip Hauser und Isabell Otto. Berlin: de Gruyter, im Erscheinen.

Gray, Jonathan, Cornel Sandvoss und Lee Harrington (Hrsg.). 2007. *Fandom: Identities and Communities in a Mediated World*. New York: NYU Press.

Goodsell, Matthew John. 2014. *Cinephilia and Fandom: Two Fascinating Fascinations*. MA-Thesis. Department of Interdisciplinary Studies of the Manchester Metropolitan University.

Hellekson, Karen und Kristina Busse (Hrsg.). 2006. *Fan Fiction and Fan Communities in the Age of the Internet: New Essays*. Jefferson/NC: McFarland & Co.

Hills, Matt. 2018. Implicit Fandom in the Fields of Theatre, Art, and Literature: Studying ‚Fans' Beyond Fan Discourses. In *A Companion to Media Fandom and Fan Studies*, Hrsg. Paul Booth, 477–491. Oxford: Wiley-Blackwell.

Hills, Matt. 2012. ‚Proper Distance' in the Ethical Positioning of Scholar Fandoms: Between Academics' and Fans' Moral Economies? In *Fan Culture: Theory/Practice. Newcastle-upon-Tyne: Cambridge Scholars Publishing*, Hrsg. Katherine Larsen und Lynn Zubernis, 14–37. Newcastle upon Tyne: Cambridge Scholars Publishing.

Jenkins, Henry. 1992. *Textual Poachers*. London/New York: Routledge.

Jensen, Joli. 1992. Fandom as Pathology: The Consequences of Categorization. In *The Adoring Audience*, Hrsg. Lisa A. Lewis, 9–29. London/New York: Routledge.

Roose, Jochen, Mike S. Schäfer, Thomas Schmidt-Lux (Hrsg.). 2010. *Fans. Soziologische Perspektiven*. Wiesbaden: Springer VS.

Silverstone, Roger. 2003. Proper Distance: Towards an Ethics for Cyberspace. In *Digital media revisited: Theoretical and conceptual innovations in digital domains*, Hrsg. Gunnar Liestøl, Andrew Morrison und Terje Rasmussen, 469–490. Cambridge/MA: MIT Press.

Spiegel, Simon et al. 2023. „Fantastikforschung als Beruf". In *Zeitschrift für Fantastikforschung* (10.1): 1–44. https://doi.org/10.16995/zff.9963.

Statista Research Department. 2023. Number of Mass Shootings in the United States Between 1982 and February 2023, by Shooter's Gender. *Statista*. https://www.statista.com/statistics/476445/mass-shootings-in-the-us-by-shooter-s-gender/. Zugegriffen am 10. März 2023.

## … in die Forschung

Lena Becker

# „Er spricht seine Sprache nicht“: Oral History als narrativer Zugang in der Citizen Science-Forschung

**Zusammenfassung:** Gerade für Forschungsprojekte, die in Zusammenarbeit von Wissenschaftler*innen und Bürgerforscher*innen entstehen, sind ein dialogischer Zugang sowie ein vertrauensvoller Umgang auf Augenhöhe unerlässlich. Die Synergie von Oral History als narrative Forschungsmethode und Citizen Science bietet hierfür einen wertvollen Ansatz. Im Rahmen des transdisziplinären Forschungsprojekts „#KultOrtDUS – die Medienkulturgeschichte Düsseldorf als urbanes Forschungsfeld“ werden die Potenziale und Hürden, die die Arbeit mit und durch Zeitzeug*innen als Citizen Scientists in der Praxis mit sich bringen, sichtbar: Wie lassen sich Citizen Science und Oral History gewinnbringend verknüpfen und im universitären Forschungskontext der Geistes- und Medienkulturwissenschaften anwenden? Wie können alle Beteiligten dabei gemeinsam transdisziplinär und intergenerationell forschen?

**Schlagwörter:** Citizen Science, Geisteswissenschaften, Interview, Medienkulturwissenschaft, Oral History, Storytelling, Zeitzeug*innen

## 1 Storytelling: Mehr als nur ein Türöffner

> Für mich waren Kulturwissenschaftler Menschen, die irgendwo sitzen und Konzepte entwickeln, um die Menschen zu unterhalten [...]. Das kann man ja nicht wegdiskutieren, ein ehemaliger Kellner [...] und dann Kulturwissenschaftler, [...] das trennt normalerweise der Pazifik. [...] Wenn sich diese zwei Pole immer weiter auseinander entwickeln, dann kann auch der vermeintlich Gebildete, sprich der Kulturwissenschaftler, nichts mehr für den vermeintlich Ungebildeten tun, weil er ihn nicht mehr erreicht, er spricht seine Sprache nicht [...]. (m, 65 Jahre, 2021)

So beschreibt es ein 65-Jähriger im Nachgang eines Interviews, das Studierende der Heinrich-Heine-Universität Düsseldorf mit ihm führten. Er ist „Bürgerforscher“ des von Prof. Dr. Dirk Matejovski und Dr. Elfi Vomberg am Institut für Medien- und Kulturwissenschaft realisierten Citizen Science-Projekts „#KultOrtDUS – die Medi-


https://doi.org/10.1515/9783110982114-005

enkulturgeschichte Düsseldorf als urbanes Forschungsfeld“[1], das gemeinsam mit der Zivilgesellschaft die Medienkulturgeschichte Düsseldorfs der 1960er und 1970er Jahre erforscht. Das von dem Interviewten gezeichnete Bild einer erstaunlich großen Diskrepanz zwischen dem Kulturwissenschaftler auf der einen und dem Nicht-Wissenschaftler auf der anderen Seite verdeutlicht, wo Citizen Science ansetzt: Im Fokus steht die Zusammenarbeit von (institutionell eingebundenen) wissenschaftlich Forschenden und Menschen aus der Gesellschaft, die sich mit einem nicht-fachlich-wissenschaftlichen Hintergrund am Forschungsprozess beteiligen. Schon ein kurzer Blick in den Literaturkanon über Citizen Science zeigt, wie divers die Thematik und die mit ihr verbundenen Fragestellungen sind. Besonders auffällig ist dabei nach wie vor die starke Unterrepräsentation von Citizen Science-Projekten in den Geistes- und Kulturwissenschaften.[2] Doch gerade Citizen Science-Ansätze, die sich in transdisziplinär ausgerichteten geistes-, kultur- oder sozialwissenschaftlichen Disziplinen verorten, bringen häufig eine Ebene mit, die das Verhältnis und den Austausch von Wissenschaft, Wissensgenerierung und gesellschaftlicher Teilhabe auf besondere Weise reflektiert.[3] So lassen sich auch in den Medien- und Kulturwissenschaften, deren multiperspektivische Trans- und Interdisziplinarität schon in der Entstehungsgeschichte des Faches inhärent sind, fruchtbare Potenziale für die Umsetzung von Citizen Science-Vorhaben und den Umgang mit Citizen Scientists finden. Diese Potenziale werden durch das Forschungsprojekt „#KultOrtDUS“ und die Ausgestaltung seiner Methodiken besonders sichtbar, da die am Projekt beteiligten Bürger*innen nicht ‚einfach nur‘ als Bürgerforscher*innen involviert sind: In ihrer ‚Doppelfunktion‘ als Citizen Scientists und zugleich Zeitzeug*innen der Düsseldorfer Medienkulturgeschichte treffen die Praktiken von Citizen Science und Oral History zusammen, die besondere erzählende Zugänge zwischen Bürger*innen und Wissenschaftler*innen schaffen und ihnen ermöglichen, sich im Austausch einer ‚gemeinsamen Sprache‘ anzunähern.

Bereits eine 2019 durchgeführte Untersuchung mit dem Titel „storytelling for narrative approaches in citizen science: towards a generalized model“ zeigt, dass Geschichtenerzählung bzw. Storytelling auf verschiedene Weise Bestandteil der deutschsprachigen Citizen Science-Praxis sein kann (vgl. Richter et al. 2019, S. 11 f.).

1 Zur besseren Lesbarkeit wird im weiteren Verlauf die Kurzform des Projekttitels „#KultOrtDUS“ verwendet.

2 Bezogen wird sich hier primär auf Citizen Science-Projekte, die im deutschsprachigen Raum angesiedelt sind.

3 An dieser Stelle sei darauf hingewiesen, dass es zahlreiche Terminologien und Konzepte gibt, die Citizen Science nahestehen und sich mit ihr überschneiden. So sind beispielweise die Citizen Humanities, Public Humanities, Public History und Citizen Social Science im Kontext der Citizen Science-Forschung mitzudenken.

Auch die ursprünglich in den Geschichtswissenschaften verankerte Methode der Oral History findet dabei als Teil narrativer Erzähltechniken Betrachtung. Die Verantwortlichen der Untersuchung konstatieren, dass Storytelling und narrative Techniken verschiedene kommunikationsbezogene Funktionen in Citizen Science-Projekten erfüllen können. Narrative Erzähltechniken, die als „connecting elements, as co-operator" „shortcuts" bieten, schlagen dabei eine Brücke zwischen Gesellschaft und Wissenschaft und fördern die Interaktion zwischen Bürger*innen und Wissenschaftler*innen („they can provide shortcuts to bridge science and society" [Richter et al. 2019, S. 11f.]). Doch was genau bedeuten diese „Abkürzungen"? Gerade für Citizen Science-Formate ist die Ansprache von und Kommunikation mit bereits Involvierten und noch zu gewinnenden Citizen Scientists von essenzieller Bedeutung. Narrative Erzähl- und Forschungsmethoden können als geeignete Kommunikationsinstrumente einen bedeutsamen Beitrag dazu leisten, denn:

> The success of communication in citizen science is more relevant than in conventional science because it might motivate people to get or stay involved (or not) and thus contribute to the project's scientific success. More engaging formats of communication are needed to make these complex interactions possible. (Hecker et al. 2018, S. 448)

So lässt sich annehmen, dass auch durch Zeitzeug*innen generierte persönliche Inhalte mit ihren Narrationen involvierende Formate der Kommunikation bilden, die Interessierte für das jeweilige Forschungsprojekt motivieren und ihre Beteiligung begünstigen. Hecker et al. verweisen dabei auch auf den Einsatz von Social Media, durch den Bürger*innen neben eher klassischen Kommunikationskanälen wie Printmedien effektiv angesprochen werden können (vgl. Hecker et al. 2018, S. 448). Eine weitere Stärke, die die Wissenschaftler*innen im Einsatz von Storytelling in Citizen Science-Projekten sehen, lässt sich auf die Art und Weise, wie Wissen vermittelt und Wissenschaftskommunikation betrieben wird, beziehen. So sei es beispielsweise möglich, durch konkrete und oftmals auch emotionale Erzählungen und Narrationen den rationalen und abstrakten Charakter der Wissenschaft aufzubrechen. Storytelling kann hierbei als eine Art „Übersetzer" fungieren, der den Diskurs zwischen wissenschaftlicher Forschung und Gesellschaft, aber auch jenen zwischen Wissenschaftler*innen und Bürger*innen vereinfacht und stärkt (vgl. Hecker et al. 2018, S. 447). Bei der „Übersetzung" von Wissenschaft und ihren Inhalten können laut den Autor*innen des Beitrags „Stories can change the world – citizen science communication in practice" ergänzende Visualisierungstechniken behilflich sein. Mit Bezug auf die Politikwissenschaftler Howlett und Ramesh konstatieren sie:

> Visuals reach human brains many times faster than words and connect information with emotions [...]. Interesting citizen science stories translating policy issues to the public tend to be viewed as more relevant and of higher importance than those with a less developed narrative structure [...]. (Hecker et al. 2018, S. 455)

Einen weiteren Dialog, den Storytelling und besonders auch Oral History im Citizen Science-Kontext bestärken können, ist der intergenerationelle. Der durch Zeitzeug*innengespräche geschaffene direkte Austausch zwischen verschiedenen Generationen ermögliche nicht nur die Weitergabe traditioneller Werte und das Bewahren kulturellen Erbes sowie (oftmals lokalen) Wissens. Zudem verstärke er das gegenseitige Interesse und Verständnis füreinander – also auch die Auseinandersetzung mit gesellschaftlichen und sozialen Wandlungsprozessen (vgl. Richter et al. 2019, S. 9): „As opposed to passive learning, oral history is very engaging and hands-on, not only collecting stories but also creating social bridges between generations" (Hecker et al. 2018, S. 455). Auch Richter et al. kommen in ihrer Untersuchung zu diesem Ergebnis: Durch Erzählungen und Geschichten vermittelte Inhalte unterstützen den Austausch über individuelle und kollektive Perspektiven und Erfahrungen über längere Zeiträume und Generationen hinweg (vgl. Richter et al. 2019, S. 12).

Einen Mehrwert, den Oral History darüber hinaus mit sich bringt, ist die Möglichkeit, mit einem anderen Blick auf traditionelle Geschichtsschreibung zu schauen und sie durch weitere Perspektiven anreichern zu können. Michael Frisch schreibt hierzu:

> What is most compelling about oral and public history is a capacity to redefine and redistribute intellectual authority, so that this might be shared more broadly in historical research and communication rather than continuing to serve as an instrument of power and hierarchy. (Frisch 1990, S. 37)

Auch in diesem Aspekt lassen sich Überschneidungen von partizipativen Forschungsformaten wie Citizen Science oder der hauptsächlich im außerakademischen Feld angesiedelten Public History mit Oral History finden. Allen Ansätzen liegt ein Charakter zugrunde, der die Reflexion über die Frage danach, wie Wissen generiert, Geschichte geschrieben und „demokratischer" geforscht werden kann, impliziert. Etwas zugespitzt ließe sich der Gedanke „giving history back to people" des Historikers Paul Thompson (vgl. Thompson 2017, S. 391) in diesem Sinne analog auf die Idee von Citizen Science übertragen: „giving science back to people". Das Einbringen eigener Lebenserfahrungen und die Teilhabe durch aktive Mitgestaltung von Nicht-Wissenschaftler*innen im Kontext der Zeitzeug*innenbefragung ist dabei von wichtiger Bedeutung. Diese Tendenz lässt sich auch in Bezug auf die Forschungsarbeit mit Citizen Scientists erkennen:

> It can be assumed that the interest in participating in citizen science reflects people's desire to live in a world where they belong to something. Storytelling is a mediator that allows this desire to become reality and that facilitates the development of a sense of belongingness through citizen science. (Richter et al. 2019, S. 14)

Gerade wenn Individuen mit ihren persönlichen Lebensgeschichten Teil der Forschung werden, bedarf es eines sensiblen Umgangs mit den Involvierten. Auch für die Citizen Science-Praxis allgemein, unabhängig von Disziplin und Forschungsgestaltung, ist diese Kommunikationshaltung von essenzieller Bedeutung. Doch gerade für partizipative Bürger*innen-Projekte, die sich in den Citizen und Public Humanities, Social Citizen Sciences oder der Public History bewegen und mit individuellen Lebenserfahrungen arbeiten, ist ein vertrauensvoller und sensibler persönlicher Austausch mit den Mitforschenden unerlässlich (vgl. Dobreva 2018, S. 171). Die von Karl Schneider und Anna Quell geforderte „Annäherung auf Augenhöhe“ (Schneider und Quell 2016, S. 115) als Zugang zum persönlichen Kontakt mit forschenden Bürger*innen kann sicher nicht per se durch Oral History-Formate gewährleistet werden. Dennoch bieten Formate wie Zeitzeug*innen-Interviews und die intensive Reflexion über das Verhältnis von Oral History-Forschenden bzw. Interviewenden und Befragten wertvolle Voraussetzungen für eine erfolgreiche Citizen Science-Arbeit.

## 2 Die Potenziale von Citizen Science und Oral History für eine Medienkulturgeschichte

Auch das Forschungsprojekt „#KultOrtDUS“ setzt auf die Synergieeffekte von Bürger*innenforschung und Oral History. Zentrales Kernthema des Projekts bildet die durch intermediale Austauschprozesse geprägte (popkulturelle) Medienkulturgeschichte der Stadt Düsseldorf, deren kultureller Charakter bis heute durch das Zusammen- und Wechselspiel von bildender Kunst, Musik, Design, Werbung und Mode auf besondere Weise ausgezeichnet ist. Die Projektinitiator*innen Matejovski und Vomberg weisen darauf hin, dass die Düsseldorfer Kulturgeschichte bereits umfangreich erforscht und dokumentiert ist, jedoch elementare Binnenfelder und -aspekte ebendieser bisher ungeachtet sind und übersehen werden:

> Bestimmte Phänomene wie die Geschichte der Kunstakademie oder die Geschichte von Theater und Oper sind ausgezeichnet dokumentiert, analysiert und aufgearbeitet. Auch die subkulturelle Phase zwischen 1978 und 1985, die Punk-, Post-Punk- und Elektronikszene dieser Zeit ist durch eine Fülle von Oral History-Büchern, Fotobänden und andere Zusammenstellungen von Archivalien etc. dokumentiert und bilden neben der Band Kraftwerk ein weiteres Flaggschiff der popkulturellen Identität Düsseldorfs. Gleichzeitig jedoch stößt man bei der Auseinandersetzung mit diesen Fragen nicht nur in der Forschungslage, sondern auch in der Wahrnehmung der Stadt selbst auf zahlreiche blinde Flecken: Etwas, das für das öffentliche und gesellschaftliche Bewusstsein der Stadt oft nur eine geringe bis keine Rolle spielt, obwohl hier erstaunliche und bedeutsame Dinge zu entdecken sind. (Matejovski und Vomberg 2020, S. 2)

Bezogen wird sich hierbei vor allem auf die Zeit der 1960er bis 1970er Jahre, die Düsseldorf unter anderem mit seiner Punk-, Fluxusszene und urbanistischen Architekturgeschichte nachhaltig beeinflussten:

> Es ist eine prägende Geschichte, die sich in den späten 1960er bis in die 1970er Jahre rund um die Ratinger Straße in Düsseldorf abspielt, und zwischen schwarz-weiß Bildern, vergilbten Eintrittskarten und geknickten Flyern bildete sich der Mythos einer ganzen Generation. Im legendären Ratinger Hof fliegen Tierkadaver durch den Raum und während Joseph Beuys seine Happenings präsentiert, werden die Reste des Abendessens im Restaurant Spoerri zu ganz besonderen Kunstwerken. Und es ist eine beschleunigte Geschichte, die das ‚Who is Who' der Kunst- und Kulturszene in der Düsseldorfer Altstadt schreibt. Die offizielle Geschichte dieser Ära aber ist lückenhaft und erscheint bei näherer Betrachtung als ein Konstrukt aus Oral History und verklärten Erinnerungen. (o. Verf. 2023a)[4]

„#KultOrtDUS" reagiert hierauf mit einem Forschungsansatz, der nicht ausschließlich auf eine historische, kulturgeschichtliche oder medienkulturwissenschaftliche Perspektive begrenzt ist. Vielmehr führt er auf inter- und transdisziplinäre Weise verschiedene Forschungsdisziplinen und -felder wie die Kulturgeografie, Stadt- und Raumsoziologie, Gedächtnis- und Erinnerungsforschung sowie (Pop-)Geschichtsschreibung, Oral History und Netzwerkanalyse zusammen. Eines der zentralen Forschungsthemen des Projekts behandelt dabei die Figur der/des Zeitzeug*in, ihre Mythologisierung und den mit ihr im Zusammenhang stehenden methodologischen Konflikt der mündlichen Geschichtserzählung. Die Projektinitiator*innen konstatieren, dass das Sprechenlassen von Zeitzeug*innen und die Arbeit mit ihren lebensgeschichtlichen Erinnerungen und Erfahrungen eine verbreitete Methode medienkulturgeschichtlicher Forschung darstellt. Durch sie können die vergangenen (kultur-)historischen Ereignisse, Geschehnisse und Erfahrungen rekonstruiert und ihre Relevanz für sowie ihren Einfluss auf die Gegenwart erforscht werden. Gleichzeitig berge dies jedoch auch in Bezug auf die Medienkulturgeschichte Düsseldorfs eine besondere Gefahr: die vereinheitlichte Redundanz und Konstruktion durch von einer bestimmten Perspektive gefärbten Bilder und Geschichten, die unreflektiert und unhinterfragt Teil eines „kollektiven Wir" werden (vgl. Matejovski und Vomberg 2020, S. 2). Matejovski erforschte dieses Phänomen bereits in Bezug auf die Band Kraftwerk, die auch für die Düsseldorfer Medienkulturgeschichte eine prägende Rolle spielt. Er kritisiert die einfache Nebeneinanderstellung und Dramatisierung von Zeitzeug*innennarrationen durch Dritte und schreibt:

4 Siehe hierzu die Webseite des Projektes: https://kultortdus.org/kultortdus/. Zugegriffen am 24. März 2023.

> Sinnvoll ist ein solches Vorgehen nur, wenn es in eine umfassende Perspektivierung eingeordnet wird. Wer sich in dieser strukturellen Weise mit Düsseldorfer Kulturgeschichte beschäftigen will, der wird eben nicht nur die einzelne Wahrnehmung zufällig aktivierter Akteure als Bezugspunkt wählen können, sondern der muss sich [...] einen Überblick über soziale Orte verschaffen, an denen Kultur produziert wurde, der muss Milieus und Interaktionsprozesse schildern und beschreiben und diesen strukturellen Ansatz natürlich ergänzen durch eine Auseinandersetzung mit dem vorliegenden Quellenmaterial [...]. (Matejovski 2018, S. 6 f.)

Die Frage nach der Art und Weise, wie und durch wen (Medien-)Kulturgeschichte geschrieben und bearbeitet wird, bildet die grundlegende Basis des Forschungsprojekts. Der Blick auf nicht bzw. wenig gehörte Stimmen, die starke selbstkritische Auseinandersetzung hinsichtlich etablierter Forschungsweisen sowie das Bewusstsein über die Notwendigkeit weiterer einzubeziehender Quellen zeigen: Es liegt eine deutliche Verbindung zum Diskurs um Oral History vor.

„#KultOrtDUS“ nimmt vor allem diese methodische und zugleich methodologische Problematik als Ausgangspunkt, um an die Idee und Potenziale von Citizen Science anzuknüpfen. In enger Zusammenarbeit mit Bürger*innen und externen Kooperationspartner*innen soll der Blick auf die Medienkulturgeschichte Düsseldorfs differenziert ausgeweitet und in einen übergeordneten Kontext eingebunden werden:

> Ziel [...] ist es, über die isolierten und persönlich gefärbten Erzählungen der Zeitzeug*innen hinaus zu gehen und das tiefer liegende, vielschichtige, differenziertere Wahrnehmungs- und Geschichtsbild der Stadt zu erschließen. Verschiedenste aktive Bürger*innen und Akteur*innen mit ihrem wertvollen Wissen zu Wort kommen zu lassen, kann sich dabei als sehr sinnvoll und fruchtbar erweisen, wenn es in eine umfassende Perspektive eingeordnet wird. [...] Es sollen nicht nur Bürger*innen zu Wort kommen, die in ‚der ersten Reihe‘ intensiv und aktiv an der Medienkulturgeschichte partizipiert haben. Das Forschungsprojekt ist besonders auch offen für alle, die bisher nicht zu Wort gekommen sind, aber mit ihren Fähigkeiten und Expertisen den Forschungsprozess gewinnbringend mitgestalten können. (Matejovski und Vomberg 2020, S. 3)

Die Stimmen der Bürger*innen, Akteur*innen, Knowledge Communities und Fans, die auf unterschiedliche Weise an der Medienkulturgeschichte Düsseldorfs partizipiert haben, sollen Teil des wissenschaftlichen Diskurses werden und so durch einen intensiven reziproken Austausch von Wissenschaft und Gesellschaft neue Zugänge zum medienkulturellen Stadtcharakter ermöglichen.

Ein besonderes Augenmerk wird auch auf den intergenerationellen Austausch und somit jüngere Mitwirkende gelegt, die daran interessiert sind, das Wissen über die kulturelle Vergangenheit in die Gegenwart zu transferieren und mit einem zukunftsgerichteten Blick zu bearbeiten (vgl. Matejovski und Vomberg 2020, S. 4). Dabei sollen „Netzwerkstrukturen gemeinsam offen [gelegt]“ (Matejovski und Vomberg 2020, S. 1) und in praxisnaher Zusammenarbeit mit den Beteiligten ein Archiv der Medienkulturgeschichte Düsseldorfs aufgebaut werden, das der Zivilgesellschaft, Schulen, Institutionen und Vereinen langfristig zugänglich gemacht werden soll. Bürger*innen sind dazu aufgefordert, neben ihren mündlich übertragbaren Erinnerungen auch Erinnerungsartefakte wie Fotografien oder Schriftstücke beizutragen. Diese werden teilweise auch auf dem seit Februar 2021 geführten Instagram-Account „@kultortdus" sichtbar gemacht.[5] Bespielt wird dieser Account auch mit Inhalten von Studierenden, die diese im Rahmen des Master-Seminars „Take a Walk on the Wild Side" – ein (digitaler) Insta-Walk durch Düsseldorf (Wintersemester 2020/2021) erarbeiteten und vor wissenschaftlichem und künstlerischem Forschungshintergrund reflektierten. Neben dem Aufruf zur Teilhabe am Projekt sowie der Ankündigung von projektbezogenen Veranstaltungen und der Darstellung ihrer Ergebnisse werden seit Januar 2022 Ausschnitte der geführten Zeitzeug*inneninterviews in Form von Zitaten und zu ihnen passenden Visualisierungen veröffentlicht. Die Projektverantwortlichen nutzen hierbei die durch die Gespräche hervorgebrachten Lebens- und Erfahrungsgeschichten nicht nur, um Inhaltliches zielgruppengerecht an eine nicht-wissenschaftliche Öffentlichkeit zu kommunizieren. Besonders werden die dargestellten Zitate und Geschichten als „stories as agents" eingesetzt, die auf das Projekt allgemein aufmerksam machen, mögliche Teilnehmende anzusprechen versuchen und zur Interaktion auffordern.

Neben den Citizen Scientists und Studierenden des Instituts für Medien- und Kulturwissenschaft der Heinrich-Heine-Universität Düsseldorf konnten verschiedene (externe) Kooperationspartner*innen aus Institutionen der nordrhein-westfälischen Kulturlandschaft wie dem Kunstpalast Düsseldorf, der Sammlung Philara Düsseldorf und dem Museum Folkwang in Essen mit ihrer jeweiligen Expertise inhaltlich integriert werden. Das Forschungsprojekt bot neben den Zeitzeug*inneninterviews weitere Formate, Medien und Kontexte um das Forschungsthema auch außerhalb „klassischer" universitärer Formate zu bearbeiten. So wurden beispielsweise ein mehrtägiger Archivworkshop, ein Kongress und ein Insta-Walk realisiert, bei denen Bürger*innen aktiv mitwirkten.[6]

Parallel wurden – nach einer theoretischen Reflexionsphase – durch Studierende und Projektmitarbeitende qualitative Interviews mit Bürger*innen geführt. Neben inhaltlichen Fragestellungen standen dabei folgende Aspekte im Fokus: Wie wird Geschichte geschrieben bzw. subjektiv kuratiert? Welche Faktoren kön-

---

5 Siehe hierzu den Instagram-Account @kultortdus: https://www.instagram.com/kultortdus/?hl=de. Zugegriffen am 24. März 2023.

6 In der ersten Hälfte der Projektlaufzeit konnten 19 Bürger*innen gewonnen werden. Bis November 2021 erhöhte sich die Anzahl der Beteiligten auf 23. Die Altersspanne der Citizen Scientists erstreckt sich von 65 bis 84 Jahre. Die bürger*innenschaftliche Teilhabe und das Interesse der Nicht-Wissenschaftler*innen „gestaltet sich sehr unterschiedlich und erstreckt sich von Literaturempfehlungen über die Teilnahme am Archivworkshop bis hin zur Teilnahme an Zeitzeug*inneninterviews" (vgl. Vomberg 2021, o. S.).

nen ein Interview beeinflussen? Wie sieht ein ideales Interview aus? Welche Potenziale und „Gefahren" bringt die Rolle des/der Zeitzeug*in mit sich? Wie lässt sich mit Mythologisierungen einer Zeit umgehen? (vgl. Vomberg 2021)[7]

Doch die Interviews haben nicht nur inhaltlich interessantes Material hervorgebracht und den Blick der Wissenschaftler*innen auf bisher wenig betrachtete Thematiken (wie beispielsweise für die Bürger*innen relevante aber bis dato im Projekt nicht enthaltende Erinnerungsorte) gelenkt – also als „stories as the core research objective" agiert. Auch lässt sich anhand der praktischen Projekterfahrungen die Annahme von Richter und Kolleg*innen bestätigen, dass Storytelling den intergenerationellen Dialog sowie die gegenseitige Anerkennung von verschiedenen Generationen fördert. Dies wird

> [...] sowohl von Studierenden als auch von Wissenschaftlerinnen und Wissenschaftlern sowie Bürgerinnen und Bürgern als Übereinstimmung von Motivation zwischen Wissenschaft und Bürgerschaft wahrgenommen: Das eigene Wissen an jüngere Generationen weiterzugeben, das Interesse an der Zeit aufrechtzuerhalten und zu fördern und auch von der jüngeren Generation zu erfahren, wie heutige Jugendkulturen denken und leben, zeigt sich als erfolgreiches Moment des Forschungsprojektes. Hier konnten sich zwei verschiedene Generationen über das Thema *Jugendkulturen* einander annähern und austauschen. (Vomberg 2023, S. 179, Hervorhebung im Original)

Folgendes Zitat, das aus einem mit einem Bürger geführten Gespräch stammt, verdeutlicht dies und zeigt, dass durch die Zeitzeug*innen-Interviews eine Brücke zwischen den Generationen geschlagen wird und ihr Wissen über und das gemeinsame Interesse am Forschungsthema von Relevanz ist:

> Ich fand es sehr schön, dass ich junge Leute getroffen habe, die offen, aufmerksam sind und sich auch dafür interessieren. [...] Wenn man keine Historie hat, hat man auch keine Zukunft. Das sollte man sehr zu Herzen nehmen, denn unsere Zeit geht sehr schnell voran. Und heute teilweise bedauern wir, dass die alten Dinge, die noch dagewesen sind und abgerissen worden sind oder verschüttet sind, dass man die nicht mehr hat. Und wen willst du denn noch fragen? Zeitzeugen, vielleicht kriegst du noch welche [...]. (m, 82 Jahre, 2021)

Die Gespräche und Interviews bieten neben ihrer Bedeutung als Kommunikationskanäle und Interaktionsformen zwischen den Generationen und unterschiedlichen Forschungsbeteiligten darüber hinaus weitere Potenziale für das Projekt: Zum einen erfahren die befragten Zeitzeug*innen und Citizen Scientists, dass sie mit

---

7 Die Interviews wurden nach Abstimmung über Datenschutz- und Nutzungsrechte in universitären Räumen, bei den Interviewten zu Hause oder in einem öffentlichen Café/Restaurant in der Düsseldorfer Altstadt geführt, auditiv aufgenommen, transkribiert und kodiert. Das Ergebnis sind ein- bis zweistündige biografisch-narrative Interviews, die Aufschluss über die Düsseldorfer Zeit der 1960er und 1970er Jahre geben.

ihren persönlichen Lebensgeschichten eine aktive und bedeutsame Rolle für die Geschichtsschreibung und das Forschungsprojekt einnehmen:

> [...] Anfang 70er Jahre als wirklich wegweisend für die ganze Generation von uns, auch die älteren haben ja gemerkt ‚wow da geht ja noch was ganz anderes'. Ich finde, da muss drüber gesprochen werden und das muss irgendwie im Gedächtnis bleiben. [...] Ich habe einiges zu erzählen. (m, 67 Jahre, 2021)

> Das ist sehr wichtig, weil die Wissenschaft natürlich ohne Menschen eine sehr glatte Geschichte ist. (m, 67 Jahre, 2021)

> Ich merke natürlich, dass ihr so sehr intellektuell-studentisch daran geht, was sehr zum Schmunzeln ist, wenn man die Gegensätze dann sieht. Wenn ich dann erzähle. [...] Und ich komme mir manchmal vor, wie so ein Zootier, das von früher erzählt. (m, 67 Jahre, 2021)

Zum anderen wird deutlich, dass ihre Erfahrungen und das mit ihnen einhergehende Wissen wertgeschätzt werden:

> Und ich finde das auch schön, [...] dass da [durch meine Erzählungen] offensichtlich was bei euch ausgelöst wird [...]. Ich bin ja kein Schriftsteller, Autor oder sonst irgendwas und bin einfach ein Mensch, der von seinem Leben erzählt. (m, 67 Jahre, 2021)

In diesem Aspekt lässt sich auch ein wichtiges Charakteristikum von erfolgreich umgesetzter Citizen Science finden: Die involvierten Laienforscher*innen werden nicht nur als „anonyme Helfer*innen", sondern vielmehr als „Individuen" angesehen (vgl. Schilling 2016, S. 161). Die Interviews und der mit ihnen einhergehende persönliche, offene und vertrauensvolle intergenerationelle Austausch haben in der Praxis einen weiteren Vorteil mit sich gebracht, der die Theorie um das Zusammenspiel von Citizen Science und Oral History untermauert: Durch das Forschungsprojekt und besonders auch die Gespräche wurden die bestehenden Grenzen zwischen Gesellschaft und Wissenschaft hinterfragt und offen reflektiert sowie neue Perspektiven geschaffen, die auch die öffentliche Wahrnehmung der Kulturwissenschaften positiv beeinflussen und Diskrepanzen entgegenwirken – durch eine Öffnung seitens der institutionalisierten Wissenschaft. Um einem hohen Citizen Science-Level sowohl auf der Ebene der Zeitzeug*inneninterviews als auch auf übergeordneter Projektebene gerecht zu werden, wurden die beteiligten Bürger*innen in einer nächsten Projektphase dazu eingeladen, an der Erprobung eines experimentellen Partizipationsformats mitzuwirken. Das Zeitzeug*innen-Gespräch wurde hierbei mit einer Variation des Graphic Recordings zusammengeführt, um eine alternative Ausdrucksform zwischen Oralität und Visualität zu explorieren.[8]

8 Siehe hierzu den Beitrag „Exploration eines Citizen Science-Formates zwischen Oralität und Visualität" von Larissa Valsamidis in diesem Band.

Die Citizen Scientists sind dazu aufgefordert, selbst an der kritischen Auswertung der Ergebnisse teilzuhaben und ganzheitlich zum Forschungsprozess und -diskurs beizutragen. Dies ist gerade im Kontext von sozialwissenschaftlich und soziologisch ausgerichteten Citizen Science-Projekten von essenzieller Bedeutung, um Citizen Science-Kriterien und -anforderungen gerecht zu werden. Lisa Pettibone und Kolleg*innen verweisen darauf, dass es nicht dem Citizen Science-Gedanken entspricht, empirisch ausgerichtete Forschungsprojekte allein „aufgrund der qualitativen oder performativen Methodik als ‚partizipativ‘“ (Pettibone et al. 2016, S. 38) zu charakterisieren. Dieser Gefahr entgegenzusteuern, ist in der Praxis aus mehreren Gründen eine große Herausforderung: Erstens müssen sich Citizen Scientists für die Evaluation, Interpretation und Auswertung der Zeitzeug*innengespräche intensiv mit dem Diskurs um Oral History auseinandersetzen und wichtige Fähigkeiten erlernen, um mit dem narrativen Quellenmaterial wissenschaftsgerecht umzugehen. Zweitens erweist es sich als herausfordernd, dafür geeignete Vermittlungsformate zu finden. Drittens stellt sich die grundlegende Frage, ob auf Seiten der Laienforscher*innen tatsächlich das Interesse und die Motivation besteht, sich mit wissenschaftlichen Forschungsmethoden auseinanderzusetzen. Anhand der innerhalb des Projekts gemachten Erfahrungen lässt sich die Tendenz erkennen, dass sich die Citizen Scientists „primär als Wissensvermittler*innen“ verstehen, die auf Anweisung und Anleitung der Wissenschaftler*innen reagieren (vgl. Vomberg 2023, S. 183). Daher ist es unerlässlich, mögliche Partizipations- und Involvierungslevel von Anfang an offen zu kommunizieren und das Interesse an ihnen abzufragen. Daneben ist nicht zuletzt eine Herausforderung besonders hervorzuheben, auf die auch die Projektinitiatorin explizit verweist:

> [Es zeigt sich], dass wir es scheinbar auch bei den Zeitzeuginnen- und Zeitzeugen-Gesprächen mit mythischen Verdichtungen, mit nostalgisch verklärten Erinnerungen zu tun haben. Der methodische Ansatz, Zeitzeuginnen und Zeitzeugen zu einem Perspektivwechsel als kritische Beobachterinnen und Beobachter ihrer eigenen Zeit einzusetzen, scheint also ein schwieriges Unterfangen. (Vomberg 2023, S. 181)

Die kritische Analyse und Bewertung der in den Interviews entstehenden Narrative sowie die Reflexion darüber, wie die Interviewten auch im Zusammenspiel mit den Interviewenden Inhalte und Bilder (re-)konstruieren, ist jedoch von elementarer Bedeutung. Es ist herauszufinden, ob und wie von Bürger*innenseite aus mit potenziellen „eigenen“ Mythologisierungs- und Entmythifizierungsprozessen umgegangen werden kann (vgl. Vomberg 2023, S. 180–183).

## 3 Durch Dialog und Transparenz Brücken bauen

Die Auseinandersetzung mit Citizen Science und Oral History in der medienkulturgeschichtlichen Forschung fordert eine disziplin- und themenüberschreitende Analyse auf verschiedenen Ebenen. Das Forschungsprojekt „#KultOrtDUS" veranschaulicht, dass ihre Synergien sowie die Zusammenarbeit von (institutionsgebundenen) Wissenschaftler*innen und Bürger*innen vielfältig, komplex und für beide Seiten herausfordernd und gewinnbringend zugleich sein kann. Durch Oral History hervorgebrachte Berichte und Geschichten sowie der mit ihr einhergehende zwischenmenschliche Austausch fungieren besonders als Brücke zwischen Wissenschaftler*innen und Bürger*innen bzw. Wissenschaft und Öffentlichkeit. Auf der einen Seite bilden sie ein geeignetes Partizipationsformat, durch das ein persönlicher und vertrauensvoller Zugang zueinander geschaffen werden kann. Dabei lässt sich innerhalb eines Kontexts arbeiten, der sich von klassischen universitären Lehr- und Lernformaten unterscheidet und Raum für individuelles, subjektives Erinnern eröffnet sowie den wertschätzenden, sensiblen Umgang mit Erinnerungen ermöglicht. Auf der anderen Seite ist es durch den Austausch zwischen den Beteiligten möglich, vorherrschende – zum Teil negativ behaftete Außenperspektiven auf die Wissenschaft zu durchbrechen. „#KultOrtDUS" gelingt dies nicht nur durch das Führen der Zeitzeug*inneninterviews. Gerade auch durch die Einbeziehung externer Kulturschaffenden aus der Praxis und die Förderung des Dialogs mit ihnen, bekommt das Projekt einen starken transdisziplinären Charakter, der universitätsüberschreitende Perspektiven mit einbringt. In der Theorie schafft der Einsatz von Oral History und die Arbeit mit ihren entstehenden Narrationen darüber hinaus geeignete Interaktionskanäle, die zur Stärkung der Wissenschaftskommunikation sowie des -transfers beitragen. Auch in „#KultOrtDUS" wird dieses „Werkzeug" produktiv gemacht, indem vor allem Interviewinhalte visualisiert über den Instagram-Account transportiert und an außer-wissenschaftliche Zielgruppen vermittelt werden. Was sich dabei deutlich herausstellt: Die Oral History-Methode trägt auch in der praktischen Umsetzung sehr stark zum intergenerationellen Dialog bei. Oral History-Formate wie Zeitzeug*innengespräche bieten gerade im Citizen Social Science- und Citizen Humanities-Kontext das Potenzial, verschiedene Generationen zusammenzuführen und ihre Auseinandersetzung mit sozialen und gesellschaftlichen Wandlungsprozessen zu fördern. Für die Medienkulturgeschichte Düsseldorf heißt dies, dass verschiedene Perspektiven aufeinandertreffen und neue Blickwinkel und Impulse geschaffen werden. Besonders durch den Oral History-Kontext wird die Erfahrungswelt der Befragten direkt angesprochen und eine Verbindung zu ihrer eigenen Lebensumwelt und -realität hergestellt. Dies zeigt, dass gerade in den Geisteswissenschaften verortete Oral History-Projekte gute Voraussetzungen für Citizen Scientists bieten, um aktiv zu werden, sich an Forschungsprozessen zu beteiligen und mit Wissenschaftler*innen und Nachwuchswissenschaftler*innen in Dialog zu treten.

Und doch gibt es einige Herausforderungen zu beachten, wenn es um die Umsetzung von Citizen Science und Oral History in der institutionellen Forschung geht: Es reicht nicht aus, Citizen Science lediglich auf universitäre Systeme zu stülpen oder umgekehrt. Vielmehr ist es notwendig, die Herausforderung des Balanceakts zwischen wissenschaftlichen Strukturen und einem flexiblen Austausch zu bewältigen. Dabei müssen Räume und Formate geschaffen werden, die an die zu bearbeitenden Forschungsinhalte angepasst und mit Blick auf die Bedürfnisse der Bürger*innen entworfen werden (vgl. Vomberg 2023, S. 184). Besonders für die Arbeit mit persönlichen Lebens- und Erfahrungsgeschichten von Citizen Scientists müssen Formate geschaffen werden, die die Entwicklung von geeigneten Kommunikationskanälen und Interaktionsformen ermöglichen. Oral History kann hierfür gute Zugangsmöglichkeiten und Ansätze bieten, wenn die beteiligten Laienforscher*innen nicht nur als „Datensammler*innen“ dienen. Auch ist es essenziell, dass sie sich selbst mit der Mythologisierung der eigenen Vergangenheit kritisch auseinandersetzen. Was bedeutet dies für „#KultOrtDUS“ und die allgemeine Citizen Science-Oral History-Praxis konkret? Eine Möglichkeit ist, die Citizen Scientists zu Interviewer*innen auszubilden und sie selbst Interviews mit Zeitzeug*innen, Studierenden und Wissenschaftler*innen führen und auswerten zu lassen. Um dabei die Qualität wissenschaftlicher Forschung zu gewährleisten, bedarf es dafür jedoch großer finanzieller, personeller und zeitlicher Ressourcen. Ein Anfang hierfür wäre, noch transparenter mit den Bürger*innen über die Probleme, (unerfüllten) Erwartungen und (zu vermeidenden) Fehler beider Seiten, die die Citizen Science-Arbeit allgemein, in der Oral History-Forschung und konkret für alle Beteiligten im Forschungsprojekt mit sich bringt, zu sprechen. Alle Beteiligten sind dabei heraus- und aufgefordert, offen und auch ein ganzes Stück weit flexibel und experimentierfreudig in den Dialog und die Umsetzung zu treten.

# Medienverzeichnis

## Literatur

Dobreva, Milena und Edel Jennings. 2018. Citizen Science: Two Case Studies in Oral History Research. In *Digital Archives. Management, Access and Use*, Hrsg. Milena Dobreva, 167–176. London: Facet Publishing.

Frisch, Michael. 1990. *A Shared Authority: Essays on the Craft and Meaning of Oral and Public History*. Albany: State University of New York Press.

Hecker, Susanne et al. 2018. Stories Can Change the World – Citizen Science Communication in Practice. In *Citizen Science: Innovation in Open Science, Society and Policy*, Hrsg. Susanne Hecker et al., 445–462. London: UCL Press.

Matejovski, Dirk. 2018. *Jenseits von Kraftwerk, Hof und Hosen. Konzeptionelle und methodologische Perspektiven einer neuen Medienkulturgeschichte Düsseldorf-Hype.* Unveröffentlichter Vortrag. Düsseldorf: Heinrich-Heine-Universität.

Matejovski, Dirk und Elfi Vomberg. 2020. *Bewerbung um eine Förderung (Förderlinie 1) des Forschungsprojekts #KultOrtDUS – Die Medienkulturgeschichte Düsseldorf als urbanes Forschungsfeld*. Unveröffentlichter Förderantrag. Düsseldorf: Heinrich-Heine-Universität.

o. Verf. 2023a. *KultOrtDUS*. https://kultortdus.org/kultortdus/. Zugegriffen am 24. März 2023.

o. Verf. 2023b. *Instagram*. https://www.instagram.com/kultortdus/?hl=de. Zugegriffen am 24. März 2023.

Pettibone, Lisa et al. 2016. Citizen Science für alle. Eine Handreichung für Citizen Science-Beteiligte. *Bürger schaffen Wissen*. https://www.buergerschaffenwissen.de/citizen-science/handbuch. Zugegriffen am 24. März 2023.

Richter, Anett et al. 2019. Storytelling for Narrative Approaches in Citizen Science: Towards a Generalized Model. In *JCOM* 18(06): A.02.

Schilling, Ruth. 2016. Maritimes Erinnerungswesen im Forschungsmuseum? Partizipationsformen in der geplanten Ausstellung des deutschen Schifffahrtsmuseums. In *Bürger Künste Wissenschaft: Citizen Science in Kultur und Geisteswissenschaften*, Hrsg. René Smolarski und Kristin Oswald, 151–162. Gutenberg: Computus Druck Satz & Verlag.

Schneider, Karl H. und Anna Quell. 2016. 30 Jahre Heimatforscherfortbildung in Niedersachsen. Bilanz und Ausblick. In *Bürger Künste Wissenschaft: Citizen Science in Kultur und Geisteswissenschaften*, Hrsg. René Smolarski und Kristin Oswald, 103–117. Gutenberg: Computus Druck Satz & Verlag.

Thompson, Paul. 2017. *The Voice of the Past. Oral History*. New York: Oxford University Press.

Vomberg, Elfi. 2023. Rausch und eine Prise Nostalgie – Mythenbeschleuniger Oral History. Die Medienkulturgeschichte Düsseldorfs als Citizen-Science-Projekt. In *Citizen Science in den Geschichtswissenschaften. Methodische Perspektive oder perspektivlose Methode?*, Hrsg. René Smolarski, Hendrikje Carius und Martin Prell, 169–185. Göttingen: V&R unipress.

Vomberg, Elfi. 2021. Unveröffentlichte Zwischenevaluation #KultOrtDUS. Düsseldorf: Heinrich-Heine-Universität.

## Interviews

m, 65 Jahre. 2021. Interview mit Studierenden des Bachelor-Seminars „‚Das war vor Jahren' – Pop als kollektive Erinnerungsmaschine". 17. Juli 2021.

m, 82 Jahre. 2021. Interview mit Studierenden des Bachelor-Seminars „‚Das war vor Jahren' – Pop als kollektive Erinnerungsmaschine". 15. Juli 2021.

m, 67 Jahre. 2021. Interview mit Studierenden des Bachelor-Seminars „‚Das war vor Jahren' – Pop als kollektive Erinnerungsmaschine". 22. Juli 2021.

Larissa Valsamidis

# „Das habe ich anders in Erinnerung“: Zur Exploration eines Citizen Science-Formates zwischen Oralität und Visualität

**Zusammenfassung:** In der finalen Phase des Citizen Science-Forschungsprojektes „#KultOrtDUS – die Medienkulturgeschichte Düsseldorf als urbanes Forschungsfeld“ stand die Involvierung und Abbildung von Vielstimmigkeit – repräsentiert durch die Stimmen der Mitforschenden – im Fokus. Durch die Erprobung eines experimentellen Partizipationsformates wurden Zeitzeug*innen-Gespräche vertieft, zusammengeführt und schließlich in einer Variation des Graphic Recordings kumuliert. Damit sollte erprobt werden, wie die fragmentarische und rekonstruktive Eigenschaft von biografischen Erinnerungen in eine ästhetische Visualisierung übertragen werden kann, um diese als illustrativ-textliche Montage dem Ergebniskomplex der Forschung zur Düsseldorfer (sub- und popkulturellen) Medienkulturgeschichte der 1960er und 1970er Jahre zur Seite zu stellen.

**Schlüsselwörter:** Citizen Science, Graphic Recording, Illustration, Interview, Medienkulturwissenschaft, Oral History, Sketchnotes, Storytelling, Wissenschaftskommunikation, Zeitzeug*innen

https://doi.org/10.1515/9783110982114-006

KUNSTAKADEMIE
ZUR UEL
ZUM goldenen EINHORN
RATINGER HOF
bermuda
RATINGER STRAßE
OHME JUPP
KREUZHERRENECK
AUCH: BOBBY
GALERIE KONRAD FISCHER
NEUBRÜCKSTRAßE
CREAM CHEESE
MUTTER EY PLATZ
MÜHLENSTRAßE
BURGPLATZ
RESTAURANT SPOERRI
MATA HARI PASSAGE
MATCH MOORE

# 1 Im Nebel der Erinnerung: Das Fragmentarische als ästhetisches Motiv

> Leider kann ich mich an viele Details nicht mehr so richtig erinnern. Es ist einfach wirklich so lange her. (w, 60 Jahre, 2021)

Dieser Satz einer teilnehmenden Bürgerin des Forschungsprojektes „#KultOrtDUS – die Medienkulturgeschichte Düsseldorf als urbanes Forschungsfeld" birgt bereits zwei Ebenen in sich, die für die Forschungsarbeit zwischen Citizen Science-Praxis und Oral History-Methodik aufschlussreich sind. Zum einen markiert die Aussage die Flüchtigkeit und die rekonstruktive Eigenschaft von biografischen Erinnerungen, die für die demokratische, geschichtsschreibende Forschungsarbeit und die daraus folgende Wissensproduktion in geisteswissenschaftlichen Citizen Science-Projekten ein unauflösbares Merkmal darstellt. Zum anderen lässt sie die wichtige Voraussetzung und Bereitschaft der Reflexion von biografischen Erinnerungen im Geflecht von Nostalgie und Mythifizierung erkennen. Die im Verlaufe der Zeitzeug*innen-Interviews aufgenommenen, transkribierten und codierten Aussagen der Szenegänger*innen der Ratinger Straße der 1960er und 1970er Jahre erweisen sich somit als gleichzeitig wertvolle Versatzstücke für eine multiperspektivische (sub- und popkulturelle) Medienkulturgeschichte Düsseldorfs. Ebenso bilden sie einen in der Gegenwart konstruierten Rückgriff auf Bruchstücke einer weit zurückliegenden Vergangenheit. Legt die Gedächtnisforschung die Vergangenheit als soziale Konstruktion nahe, die nur dann erinnert – ergo rekonstruiert – wird, wenn ein in der Gegenwart ausgelöster Anlass als Impuls eintritt (vgl. Assmann 2005, S. 65–83), erfordert der Umgang mit im Rahmen von Citizen Science stattfindendem Erinnern und Geschichtenerzählen als Oral History- und Storytelling-Praxis eine umsichtige Einordnung. In dem Ansinnen, sich als Wissenschaftler*innen und Bürger*innen (Zeitzeug*innen, Fans, Prosumer – die Rollen gestalten sich vielfältig und bilden Schnittmengen) auf gleicher Höhe zu begegnen und eine wertschätzende Atmosphäre der Zusammenarbeit zu schaffen, kann das Erfassen von Aussagen als Datenmaterial stets nur mit einem Bewusstsein über dessen Genese stattfinden. Eine wichtige Rolle spielt daher auch die Reflexion über die wechselseitigen Prozesse innerhalb der kollaborativen Citizen Science-Arbeit. Aleida und Jan Assmann verweisen in diesem Zusammenhang auf ein „zwischen", welches das Gedächtnis auszeichnet:

> Das Gedächtnis entsteht nicht nur in, sondern vor allem zwischen den Menschen. Es ist nicht nur ein neuronales und psychisches, sondern auch und vor allem ein soziales Phänomen. Es entfaltet sich in Kommunikation und Gedächtnismedien, die solcher Kommunikation ihre Wiedererkennbarkeit und Kontinuität sichern. Was und wie erinnert wird, darüber entscheiden neben den technischen Möglichkeiten der Aufzeichnung und Speicherung auch die Relevanzrahmen, die in einer Gesellschaft gelten. (Assmann und Assmann 1994, S. 114)

Daraus leiten sie Fragen nach den Medien und Institutionen ab, die dieses „zwischen“ organisieren. Im Falle der Citizen Science obliegen sowohl Techniken, Praktiken als auch Relevanzrahmen der Gruppe der Forschenden, die das Erinnerungs-Setting zur Erforschung einer Medienkulturgeschichte gestalten. Bevor wir uns dem progressiv-ästhetischen Ansatz widmen, der die finale Phase des Forschungsprojektes „#KultOrtDUS“ prägt, soll ebenfalls die Eigenschaft des Fragmentarischen als Sujet des kritischen Denkens für die Gestaltung einer Citizen Science-Praxis produktiv gemacht werden.

In der theoretischen Reflexion über die Ruine und das Fragment wird eine Differenzierung hinsichtlich ihrer Zeitlichkeit und Konnotation vorgenommen. Verweise die Ruine dabei auf eine (bereits zerfallene) vergangene Vollkommenheit, sei das Fragment auf eine (zu kreierende) zukünftige Vollendung angelegt (vgl. Assmann 2002, S. 10). Diese der Romantik zugewiesene zeitliche Gegenläufigkeit aus Verfalls- und Kreationsprozess kehre sich im Zuge der Moderne um. Das Fragment entwickele sich zum Inbegriff einer zerbrochenen Welt, mit Simmel gesprochen sogar zu der einzig möglichen „Form der Annäherung an eine in ihrer Totalität und Substanz unzugänglichen Welt“ (Assmann 2002, S. 10). Dem Fragment, so ließe sich daraus schließen, ist eine ambivalente Konnotation eingeschrieben, die es gleichsam zu einem Sinnbild für das zerstörte Vergangene (und auch Gegenwärtige) sowie das zu kreierende Zukünftige macht. In Rückbindung zur Gedächtnisforschung und im Vorgriff auf die Exploration involvierender Citizen Science-Formate eröffnet das Fragment in seiner Ambivalenz eine umgekehrte Lesart: die als ein Sinnbild für das (noch) zu kreierende Vergangene. Stellt das Erinnern und Gedenken an zurückliegende Ereignisse, Empfindungen und Wahrnehmungen eine gegenwärtige, sich in einer sozialen Situation zwischen Menschen konstituierende Rekonstruktion dar, so lässt sich die aus ihr hervorgehende Aussage als eine Form von performativer Kreation betrachten. Von dieser theoretischen Überlegung ausgehend ist es nur noch ein kurzer Weg von der erinnerten Narration hin zur ästhetischen Produktion.

## 2 Under Construction: Methodologische Exploration zwischen Oralität und Visualität

In der letzten Projektphase von „#KultOrtDUS“ befasste sich die Gruppe forschender (Nachwuchs-) Wissenschaftler*innen und Bürger*innen mit der Aufbereitung der entstandenen Zeitzeug*innen-Interviews und dem kommunikativen Transfer ebendieser an eine sowohl akademische als auch nicht-akademische Öffentlichkeit im Rahmen der vorliegenden Publikation. Gleichzeitig lag das Augenmerk auf der Erprobung weiterer Partizipationsformate, die eine Involvierung der Citizen Scientists mitdenkt und den bisher angewandten, narrativ-interaktiven Methodiken der Oral History und des Storytellings eine weitere Dimension hinzuzufügen vermag. Bei der Sichtung der Interviews und der gemeinsamen Reflexion über die inter- und transdisziplinäre geisteswissenschaftliche Forschungshaltung des Projektes kristallisierte sich der Ansatz heraus, das Bemühen um eine Ausdrucksform über den Prozess der Transformation von Sprache zu Text hinauszudenken. Denn neben der Narration erlebter Ereignisse zeichneten die beschreibenden Aussagen der Zeitzeug*innen nicht nur die Topografie der Ratinger Straße nach, sondern ebenso ein reichhaltiges Spektrum an ästhetischen Codes rund um die ‚Kultorte‘ und ihr Publikum: Interieur, Bekleidung, Sounds, Gerüche, Kulinarik, Substanzen, Texturen, Frisuren, Make-up und mehr. Die Ideenentwicklung zur Erprobung weiterer möglicher Beteiligungsformate sowie der Transfer des daraus entstehenden Materials in die Publikation führte auf dieser Basis unweigerlich zu einer Reflexion über die Ebene der Visualisierung. Wie kann eine Darstellung von Oralität und Visualität aussehen, die, wie sich herausarbeiten ließ, die medienkulturgeschichtliche Forschungsarbeit des Projektes gleichermaßen kennzeichnen? Und auf welche Weise lässt sich hieraus ein Prozess initiieren, der dem Anliegen der Partizipation gerecht werden kann?

Einen produktiven Vorstoß in diese Richtung bildete das Mitdenken kreativer Techniken der Visualisierung von Kommunikation mittels Illustrationen und Grafikdesign. Das vielseitige Spektrum des Graphic Recordings, das sich aus der Graphic Faciliation (Prozessbegleitung) heraus entwickelte (vgl. Kuchenmüller und Stifel 2005), eröffnete einen Möglichkeitsraum, den unterschiedlichen Bedarfen gerecht zu werden. Im Fokus steht bei dieser gruppendynamischen und kollaborativen Praxis die Visualisierung von kommunikativen Situationen und Prozessen. Die Ausgestaltung und die Anwendungsmöglichkeiten dieser Praxis sind so divers wie die Interdisziplinarität der Fachrichtungen, die an ihrer Entstehung beteiligt waren (vgl. Weitbracht 2020). Als Methode kommt sie häufig in der Projekt- und Organisationsentwicklung zum Einsatz. Aber ihre Variabilität ist groß: Überall dort, wo Menschen (Geschichten) erzählen und miteinander in Kommunikation treten, kann sie über das grafische Aufzeichnen und Synthetisieren eine Dimension der gestalteten Visualität hinzufügen. Der „Recorder" ist dabei eine Person, oft mit Illustrationsexpertise, die mittels Papier, Stiften und ggf. weiteren Materialien das Gesagte in Echtzeit in eine Illustration überführt. Dabei kann Graphic Recording nicht nur als visualisiertes Protokoll eines kommunikativen Anlasses, sondern auch und vor allem als eine Art kreatives Arrangement möglichst vieler am Prozess beteiligter Stimmen verstanden und nutzbar gemacht werden. Zusammengenommen bildete dieses Instrumentarium die Basis für das Visualisierungsexperiment der finalen Projektphase: Bürger*innen-Gespräche zur Ästhetik und zum Erlebnischarakter der ‚Kultorte' Düsseldorfs unter Zunahme einer Variation des Graphic Recordings, bei der Aussagen in Form von schnellen Sketchnotes auf einem Tablet „recordet" werden. Das hieraus entstandene Material und die bereits gesammelten und verschriftlichten Daten bildeten die Basis für die visuelle Kontextualisierung der Forschungsarbeit im Rahmen der vorliegenden Publikation.

Diese Vorgehensweise eröffnet das Potenzial einer weiteren Form von Involvierung und Kollaboration innerhalb des Geflechts aus Oralität, Historizität, Schrift, Bild, Gedächtnis und Speicherung in Bezugnahme auf die Organisation, Kommunikation und Zirkulation des aus der Forschungsarbeit resultierenden Ergebniskomplexes. Dabei kann das Format „in the making" verschiedene Funktionen erfüllen: Zum einen eröffnet es die Möglichkeit, mündliche Erinnerungen mittels künstlerischer Praxis in eine weitere Form der Überlieferung zu übertragen. Dies kann die Prozesse von Sammeln und Speichern durch neues Material im Sinne einer Rekonstruktion diversifizieren. Zum anderen stärkt es den Demokratisierungsprozess von Geschichtsschreibung durch die Beteiligung und Sichtbarmachung von heterogenen Zeitzeug*innen-Stimmen durch diskursives Ein-

BOBBY

wirken. Die neu geschöpfte Bildsprache kann eine multi-perspektivische Verbindung zwischen ‚Science' und ‚Citizens' herstellen, die wiederum auch einen weiteren kommunikativen Zugang – neben dem Social Media Kanal und der Website – zur außeruniversitären Öffentlichkeit erschließt (vgl. Hecker et al. 2018). Dabei tritt besonders hervor, dass illustrierte Visualisierungen in der Rezeptionserfahrung das Potenzial besitzen, niedrigschwelliger als reine Schrift erfasst zu werden und der Wissenschaftskommunikation in den Humanities neben der Abbildung von Artefakten wie u. a. Fotografien, Plakaten und Handzetteln eine weitere Darstellungsform hinzufügen. Denn im Rückgriff auf die theoretischen Überlegungen zu der mündlichen (biografischen) Erzählung als gegenwärtig, sozial und performativ rekonstruierte Erinnerung und zum Fragmentarischen als Sinnbild für das (noch) zu kreierende Vergangene liefert gerade ein solches Partizipationsformat eine fruchtbare praktische Entsprechung.

Die Zusammenführung von Bürger*innen-Gespräch und Graphic Recording in einer Sketchnote-Variation erhielt daraufhin den Arbeitstitel „Graphic Convo", eine aus den Komponenten des Grafischen, „Graphic", und der Abkürzung für Gespräch, „Conversation", bestehende Begriffskreation. Parallel zur Skizzierung eines Erprobungsrahmens (Setting, Moderation, Material, usw.) stieß die Illustratorin und Designerin Ruth Zadow zur Forschungsgruppe dazu, um die geplanten Gesprächstermine illustrativ „aufnehmend" zu begleiten. Im Austausch mit den Citizen Scientists des Forschungsprojektes wurde die Idee der Erprobung eines solchen Formates besprochen und reflektiert, um Transparenz und Kollaboration im Prozess zu gewährleisten. Die angesprochenen Bürger*innen zeigten sich dem experimentellen Ansatz sehr aufgeschlossen gegenüber und begrüßten die Idee, ihre mündlichen Erzählungen visuell gestalten zu lassen. Um die Erinnerungen an ästhetische Codes in den Gesprächen gezielt aktivieren zu können, wurden eine reduziert gestaltete Umgebungskarte und mit Schlagworten versehene Kartonagen vorbereitet. Diese sollten das gedankliche Wandern entlang der Ratinger Straße und ihrer ‚Kultorte' sowie die Fokussierung auf Interieur, Bekleidung, Sounds, Gerüche, Habitus usw. erleichtern.

Die „Graphic Convos" wurden auf Wunsch der Bürger*innen wahlweise in ihren privaten Räumen oder an öffentlichen Orten wie Cafés gehalten. Wie die Erfahrung aus den Zeitzeug*innen-Interviews der vorherigen Projektphase gezeigt hat, sorgte die vertrauensvolle, persönliche und auch hier wieder intergenerationelle Begegnung für eine fruchtbare und wertschätzende Kommunikation

20⁰⁰ PLUS ZK

Ceremonies in the Dark

BAUHAUS

Vorgruppe: ZEV

Dienstag, 25. Nov. 20.00 Uhr

Düsseldorf Ratinger Hof, Ratinger Str.

nur Abendkasse

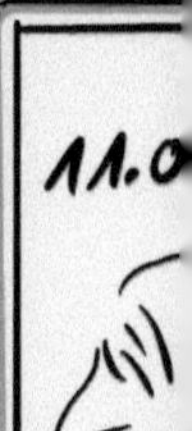


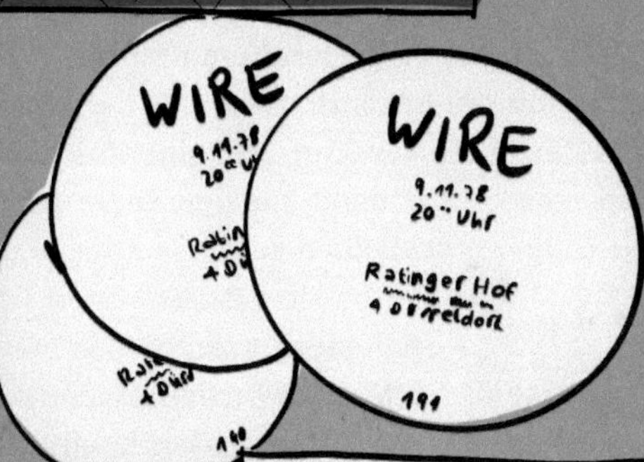


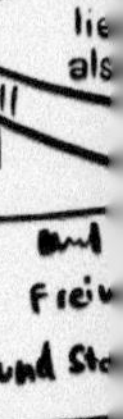

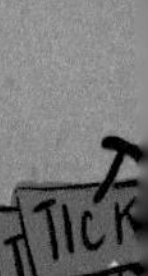

und damit eine wichtige Gelingensbedingung von Citizen Science-Forschung (vgl. Vomberg 2023, S. 179 und Becker in diesem Band). Der zeitliche Rahmen wurde gemeinsam auf 90 bis 120 Minuten festgelegt, da sich das Zeichnen parallel zum Gespräch für die Illustratorin als sehr fordernd darstellte. Während des ersten Termins erwies sich die Konzeption in zwei Punkten als zielführend: Zum einen gelang das grafische „recorden" in Form des Sketchings deutlich besser als in der geläufigeren Form, die am Ende eines Meetings oder anderen kommunikativen Settings bereits vollständige Ergebnisse hinterlässt. Denn sowohl Dichte als auch Tempo der Erzählungen ermöglichten in Echtzeit lediglich das Erfassen von Sketches, die wiederum als grafisch-textliche Gedächtnisstütze aus den Gesprächen mitgenommen werden konnten. Zum anderen erschuf die Entscheidung für das Tablet als „Sketchbook" und gegen die Stellwand bzw. Flipchart eine deutlich persönlichere Gesprächssituation. Im Sinne einer Bürger*innen-Beteiligung auf Augenhöhe und des Bestrebens, eine vertrauensvolle Gesprächsatmosphäre zu erzeugen, ließ sich das Recording somit ganz nah an den Gesprächsbeteiligten ansiedeln und vermied einen Seminarcharakter, den entsprechende Präsentationsmedien möglicherweise hervorgerufen hätten. Daraus schlussfolgerten die beteiligten (Nachwuchs-) Wissenschaftler*innen in der Reflexion mit der Künstlerin, dass die Illustrationen ein Hybrid aus den Sketches der „Graphic Convos" sowie der bereits vorhandenen Zeitzeug*innen-Interviews werden und entsprechend auch erst im Nachgang zu den Gesprächen ihre Form finden würden.

Die Künstlerin entwickelte daraufhin eine Visualisierung, die das Fragmentarische und die Rekonstruktion als theoretische Motive aufgriff und in ästhetische übersetzte. In direkter Montage von flächigen und detaillierten Illustrationen mit einzelnen Zitaten aus den Zeitzeug*innen-Interviews verwob sie die unterschiedlichen Versatzstücke der bisherigen Forschungsarbeit und konstruierte daraus einen Vermittlungs- und Erinnerungsraum, der individuellen Projektionen und Reflexionen offen stehen soll. Dieser ästhetisch-progressive Ansatz verfolgt in seiner theoretischen Herleitung explizit keinen Anspruch dokumentarischer Abbildung; im Gegenteil: der performative Charakter des Vorhabens bringt mit sich, dass jede Abweichung in der Gesprächskonstitution (Wissenschaftler*innen, Bürger*innen, Künstler*in) der „Graphic Convos" ein jeweils anderes Resultat als dasjenige hervorgebracht hätte, welches auf diesen Seiten zu sehen ist. Dies stellt kein defizitäres Merkmal dar, sondern rekurriert stimmig auf das transdisziplinäre medienkulturwissenschaftliche Forschungsfeld von u. a. Diskurs- und Gedächtnistheorie sowie Performance Studies.

Die illustrative (Re)Konstruktion eröffnet in der Bandbreite an stilistischen Variationen, mit denen Graphic Recording zur Anwendung gebracht werden kann, die Möglichkeit, spielerisch, symbolisch und metaphorisch mit den erinnerten Aussagen der Bürger*innen umzugehen. Am Beispiel der „Elefantensuppe“ lässt sich dies anschaulich darstellen: Ein Bürger erzählte: „Mein Vater sachte: Jetzt macht ein ganz Verrückter auf, am Burgplatz. Affen, die kannste da essen.

Und irgendwie Elefantenrüssel und Ameisenröckchen und was weiß ich. Der sachte: Völlig bescheuert. [...] Ich war natürlich ein bisschen fasziniert, dass ich jetzt nen Elefanten essen könnte, theoretisch. Da war ich vielleicht zehn oder elf. [...] Da sind wir dann mal gucken gegangen.“ (m, 67 Jahre, 2021) Aus dieser Erzählung gestaltete die Künstlerin die Illustration eines Suppentellers, in dem ein in der Gemüse-Einlage umgedreht liegender Elefant badet. Diese fiktionale Schöpfung arbeitet in ihrer ästhetischen Kreation sowohl metaphorisch als auch humorvoll und kontextualisiert gleichzeitig auch die kindliche Perspektive eines Ereignisses, das im Erleben einer anderen Person aus einer anderen Perspektive vermutlich zu einer ganz anderen Schilderung geführt hätte. Das ästhetische Motiv des Fragmentarischen verwebt auf diese Weise verschiedene Kontexte und Komponenten zu einem vielschichtigen Komplex.

Die Visualisierung der Orgel im Kreuzherreneck wiederum bildet ein weiteres repräsentatives Beispiel für die Resultatbildung der „Graphic Convos“. Die Beschreibung des Interieurs des „Bobby“, wie das Kreuzherreneck laut Bürger*innen damals schon umgangssprachlich genannt wurde, bezog sich dabei nicht nur auf die Beschaffenheit, sondern auch auf die Wahrnehmung und Wirkung des Raumes. In einem der Oral-History Interviews schilderte ein Bürger: „Über dem Damenklo, wenn man reingeht, ist oben eine Orgel. Die ist 180 Jahre alt. Und die spielt auch noch heute. Da fallen Ihnen die Haare aus, so laut ist das dann da.“ (m, 82 Jahre, 2021) In der Gesprächsrunde zur gemeinsamen Sichtung der Illustrationen tauschten sich drei Bürger*innen ebenfalls über die Orgel im Kreuzherreneck aus, hier konkret über ihre Erinnerungen zu dessen Gestalt: „Die Orgel war rot.“ – „Nein, so gold!“ – „Nein, die war silbern mit so goldenen Schnörkeln und Verzierungen.“ (m, 83 Jahre, m, 68 Jahre und w, 66 Jahre 2023) Diese Bandbreite an fragmentarischen Erinnerungen zeichnet sehr lebendig die Vielstimmigkeit der Zeitzeug*innenschaft innerhalb des Forschungsprozesses sowie die theoretische Betrachtung der Erinnerung als eine sich immer wieder performativ in sozialen Situationen konstituierende Rekonstruktion nach. Der illustrative Umgang hiermit führt somit

zwangsläufig zu neu entstehenden Hybriden mit Raum für Assoziationen und Projektionen. Im gestalteten Resultat besteht die Orgel des Bobby schließlich aus einer geschwungenen Klaviatur, sich in verschiedene Richtungen windenden Orgelpfeifen und tänzelnden Bauteilen, die weniger über den Detailgrad ihrer Verzierungen als über die Vermittlung der Wirkung ihrer Beschaffenheit agiert.

Bei dem gemeinsamen Treffen zur Sichtung der Illustrationen fielen die Reaktionen der Bürger*innen auf die künstlerische Abstraktion und visuelle Rekonstruktion ihrer erinnerten Aussagen insgesamt konstruktiv, aber kritisch aus. Sie merkten an, dass das Ergebnis zwar handwerklich-gestalterisch gelungen sei, aber die Stimmung und die Atmosphäre der Zeit, so wie sie ihnen in Erinnerung geblieben ist, nicht adäquat transportiert werden würde. Unabhängig der fiktiv-rekonstruktiven Gestaltung von Details sei es ihnen sehr wichtig, dass Rezipierende eine für sie stimmige Übermittlung des Lebensgefühls „ihrer“ Zeit erhielten, wenn sie die Visualisierung ihrer Erinnerungen betrachteten. Das sei u. a. durch die Wahl der Farbgebung und der kompositorischen Stringenz nicht gut gelungen, da diese die Stimmung der Zeit nicht wiedergäben. Ihnen sei es ein Anliegen, nachfolgenden Generationen ein Gefühl für die Zeitgeschichte zu vermitteln, die in ihrer Wahrnehmung stark gegenkulturell geprägt, unangepasst, roh, chaotisch und bunt gewesen sei: „Ich verbinde viel mehr Chaos mit der Zeit. Es war rot, orange, bordeaux, pink, lila, Hippie. Da gab es kein Farbkonzept – es war Nacht und dunkel. [...] Schnaps und Kippen“ (w, 66 Jahre alt, 2023). Und auch: „Es ist zu clean – es ist so nice. Nice war damals ein Schimpfwort für uns“ (w, 66 Jahre alt, 2023). Hier zeigt sich deutlich, dass theoretische Konzeption und praktische Realisation keinen linearen Prozess ergeben, sondern von unterschiedlichen Perspektiven und Erwartungshaltungen geprägt sind, die einen diskursiven Austausch- und Aushandlungsprozess erfordern.

Im Verlauf des Gesprächs wurden daraufhin Ideen und Anregungen gesammelt, um die Visualisierung näher an die von den Bürger*innen erinnerte Atmosphäre zu bringen und gleichzeitig den metaphorisch-fiktionalen Charakter des Vorhabens sichtbar zu halten. Eine Bürgerin schlug vor, die Illustrationen nicht in zusammenhängenden und durchkomponierten Layouts anzulegen, sondern mit dem Material eher dekonstruktiv zu arbeiten, um einen stilistischen Bruch zu erzeugen, dem die beschriebene Atmosphäre von Chaos und Unangepasstheit eher entspräche. Ein anderer Bürger brachte den Vorschlag ein, mehr mit dem Kontrast der o.g. Farben, wie orange, bordeaux und violett, und dunklen Hintergründen zu arbeiten. Die Optik dürfe insgesamt „schmutziger" wirken, was zur Anmutung des Nachtlebens auf der Ratinger Straße besser passen würde. Die Künstlerin nahm auf Basis dieser Rückmeldungen eine Überarbeitung der Illustrationen vor, indem sie sie in einzelne Bereiche zerlegte, die als frei kontextualisierbare Bausteine verwendet werden konnten. Dies sollte das Zusammenspiel aus Text und Visualisierung auf eine stärker dekonstruierte – fragmentarische – Weise ermöglichen. Das Ergebnis wurde den Bürger*innen erneut vorgelegt und die Eindrücke in individuellen Gesprächen ausgetauscht. Das Ergebnis rief nun in der Breite deutlich zustimmendere Resonanzen hervor. Flankiert wurden diese von Bemerkungen, die auch noch einmal den Spagat des Unterfangens zwischen theoretischem Konzept und praktischem Ergebnis benannten. Ein Bürger argumentierte, für ihn hätte es auch gereicht, einfach ein paar alte Fotos abzubilden. Diese herausfordernde Brücke zwischen Citizens und Science, zwischen offenem Prozess und geschlossenem System sowie zwischen Konkretisierung und Abstraktion bleibt das prägnanteste Merkmal des „Graphic Convo-Experiments". Bemerkenswert ist in dieser Hinsicht die aufgeschlossene Neugierde, mit der sich die Beteiligten des Vorhabens angenommen haben. Wenn auch die unterschiedlichen Stimmen nicht immer unisono klingen, und dies auch kein zu erwartendes Szenario darstellt, ist der diskursive, intergenerationelle und transdisziplinäre Prozess gleichzeitig die große Stärke des Vorhabens.

Die Erprobung der „Graphic Convos" als progressiv-ästhetischer Ansatz erwirkt die Involvierung unterschiedlicher Beteiligter in einem wertschätzenden und intergenerationellen Kommunikationsprozess. Außerdem sind Bürger*innen auf diese Weise nicht nur Übermittler*innen von Datenmaterial, sondern Teil der Wissensproduktion auf sprachlicher und außersprachlicher Ebene. Die synthetisierte Visualisierung ihrer erzählten Erinnerungen besitzt das Potenzial der Sichtbarmachung von Vielstimmigkeit und eröffnet der nicht-akademischen Öffentlichkeit eine neue Zugangsmöglichkeit zur Rezeption und Zirkulation einer differenziellen Medienkulturgeschichte Düsseldorfs. Die diskursive Aushandlung rund um das Spannungsfeld einer „richtigen" oder „falschen" visuellen Vermittlung einer erinnerten Vergangenheit erfordert allerdings auch ein hohes Maß an Kommunikation und gegenseitigem Verständnis für die unterschiedlichen Warten, auf denen Bürger*innen und Wissenschaftler*innen stehen (können) und auf dessen Basis ihre jeweilige Perspektivbildung stattfindet.

MATA HARI
PASSAGE

IBIZA
häkel bikini
FRISCH VON DER INSEL!
isadora

„Die Ratinger Straße, die war so ein Treffpunkt für alle, die irgendwie auch in Aufbruchstimmung waren. [...] Und man befreite sich auch von diesen Vorstellungen von dem Althergebrachten. Also etwas darstellen zu müssen. Davon ist man in der Zeit völlig abgegangen. Niemand wollte etwas darstellen, alle wollten experimentieren und in den anderen Menschen durch die Betrachtung etwas auslösen."

„Und jetzt musst du dir das vorstellen: Die Leute, die in wabernden Haschischfahnen durch die Gegend gewackelt sind und getanzt, geliebt und gemacht und getan haben und dann das. Das alles auf 50 Metern. Also du bist aus dem ‚Cream' rausgegangen und bist nach hier gelaufen [Ratinger Hof] und warst wie in einer anderen Welt. Völlig anders!"

„Es war ein unglaubliches Flair. [...] Alle waren lustig, gut gelaunt, weil wir hatten alles vor uns. [...] Und auch wir Mädels, wir konnten dann die Pille nehmen, was es früher ja gar nicht gab. Wir konnten entscheiden. Wir konnten alles tun, was wir wollten."

„Bestimmte Zeiten und Umstände implizieren bestimmte Entwicklungen und wenn diese Entwicklung zu Ende ist, ist es einfach vorbei […]. Es gibt im Rheinland so eine Weisheit, die heißt: ‚Watt fott es, es fott'. Das ist auch gut so, weil wenn sich so Sachen ewig und drei Tage halten würden, wäre kein Platz für neue Entwicklungen. […] Und wenn dann bestimmte Entwicklungen einfach ausgereizt und zu Ende sind, dann bilden sich neue Entwicklungen. Wenn du diese alte Entwicklung, die du schön fandest und wo du deine Jugend drin verbracht hast – so wie ich zum Beispiel – du kannst das ja nicht festhalten. Und das ist auch gut so."

„Wenn man da so drin steckt und einfach nur ausgeht, dann denke ich natürlich nicht: ‚Oh wow, das könnte jetzt mal irgendwie eine ganz tolle Zeit werden und ich erinnere mich später daran: Da war ich dabei'. Also so habe ich es nicht empfunden, sondern es war für mich ja normal, so wie jetzt andere Dinge normal sind, wenn ihr ausgeht […] dann überlegt ihr wahrscheinlich auch nicht ‚Ist das jetzt gerade eine historische Zeit oder ist das ein historischer Ort, wo ich hingehe?', sondern ihr trefft da Freundinnen oder Freunde […]. Also ich glaube, man wird sich immer erst hinterher darüber im Klaren sein, ob etwas vielleicht dann doch besonders war."

# Medienverzeichnis

## Literatur

Assmann, Aleida und Assmann, Jan. 1994. Das Gestern im Heute. Medien und soziales Gedächtnis. In Die Wirklichkeit der Medien. Eine Einführung in die Kommunikationswissenschaft, Hrsg. Klaus Merten, Siegfried J. Schmidt und Siegfried Weischenberg, 114–140. Wiesbaden: VS Verlag für Sozialwissenschaften.

Assmann, Aleida et al. 2002. Ruinenbilder. München: Wilhelm Fink Verlag.

Assmann, Jan. 2005. Das kollektive Gedächtnis zwischen Körper und Schrift. Zur Gedächtnistheorie von Maurice Halbwachs. In Erinnerung und Gesellschaft. Mémoire et Société. Hommage à Maurice Halbwachs (1877–1945), Jahrbuch für Soziologiegeschichte, Hrsg. Hermann Krapoth und Denis Laborde, 65–83. Wiesbaden: VS Verlag für Sozialwissenschaften.

Hecker, Susanne et al. 2018. Stories can change the world – Citizen science communication in practice. In Citizen Science – Innovation in Open Science, Society and Policy, Hrsg. Susanne Hecker et al., 445–462. London: UCL Press.

Kuchenmüller, Reinhard und Marianne Stifel. 2005. Quality Without a Name. Darstellung von Visual Facilitation. In The IAF International Handbook of Group Facilitation, Hrsg. Sandy Schuman, 381–420. Hoboken, New Jersey: John Wiley & Sons.

Vomberg, Elfi. 2023. Mythenbeschleuniger Oral History. Die Medienkulturgeschichte Düsseldorfs als Citizen-Science-Projekt. In Citizen Science in den Geschichtswissenschaften. Methodische Perspektive oder perspektivlose Methode? Hrsg. René Smolarski, Hendrikje Carius und Martin Prell, 169–185. Göttingen: V&R unipress.

Weitbrecht, Mathias. 2020. Die Geschichte von Graphic Recording. In Visual Facilitators Blog. https://www.visualfacilitators.com/de/blog/graphicrecording/die-geschichte-von-graphic-recording/. Zugegriffen am 09. März 2023.

## Interviews

m, 67 Jahre. 2021. Interview mit Studierenden des Bachelor-Seminars „‚Das war vor Jahren‘ – Pop als kollektive Erinnerungsmaschine“. 22. Juli 2021.

w, 60 Jahre. 2021. Interview mit Studierenden des Bachelor-Seminars „‚Das war vor Jahren‘ – Pop als kollektive Erinnerungsmaschine“. 22. August 2021.

m, 82 Jahre, 2021. Interview mit Studierenden des Bachelor-Seminars „‚Das war vor Jahren‘ – Pop als kollektive Erinnerungsmaschine“. 18. September 2021.

m, 67 Jahre. 2023. Interview mit der Autorin dieses Beitrages. 12. März 2023.

m, 83 Jahre. 2023. Interview mit der Autorin dieses Beitrages. 12. März 2023.

w, 66 Jahre. 2023. Interview mit der Autorin dieses Beitrages. 12. März 2023.

Elfi Vomberg

# Löschen, überschreiben, revidieren: Citizen Science als Empowerment-Strategie

**Zusammenfassung:** ELA EIS wurde von einer Mitforschenden im Citizen Science-Projekt #KultOrtDUS unerwartet zur anerkannten Künstlerin. Die Methode Oral History brachte in dem Kontext den Rollenwechsel zum Vorschein und stellte die Rezeptions- und Entstehungsgeschichte ihres verloren geglaubten Werkes *Miracle Whip [Befreit]* in ein neues Licht. Dieser Beitrag ist als Annäherung und Spurensuche zwischen feministischer Selbstermächtigung, hegemonialer Männlichkeit und Machtdiskursen im Archiv zu verstehen.

**Schlüsselwörter:** Archiv, Citizen Science, Feminismus, Gedächtnis, Kanon, Oral History, Punk, Sammlung, Videokunst

## 1 Vom zufälligen Archivfund zum spannenden Archivfall

Die Nachbarschaftsverhältnisse im hintersten Regal des unterkühlten Archivraums in der Düsseldorfer Stiftung IMAI sind zwischen Lars von Trier und Trini Trimpop durcheinandergeraten. Das Video mit der Signatur DB0565, das im Œuvre von Trini Trimpop einsortiert ist, hat sich verirrt – bereits vor 16 Jahren. Eigentlich gehört das Digital Beta-Band zwei Regale weiter nach vorne – in die Nachbarschaft von Brian Eno und Valie Export, zu „E" wie „ELA EIS". Eine neue Trennkarte mit der Bezeichnung der Künstlerin müsste her – doch an dieser Stelle hat sich eine Archivlücke aufgetan. ELA EIS ist dem Archiv und damit der Videokunstszene bis zum 20. Dezember 2021[1] gänzlich unbekannt.

Bereits seit 16 Jahren steht das Band mit dem Titel *Mirakel Wip* zwischen Trini Trimpops und Muschas Werken *Blitzkrieg Pop* und *Green turns red.* Und es ist ein Etikettenschwindel in mehrfacher Hinsicht: Eigentlich heißt das Video *Miracle Whip [Befreit]*, und eigentlich ist die Urheberin des Werkes die Ratinger Künstlerin ELA EIS. Sie selbst ist auch Protagonistin ihres Films. Zunächst hinter einer roten Ledermaske verborgen, dann peitschend und maskiert als Domina,

1 Am 20. Dezember 2021 wird der neue Verwertungsvertrag zwischen der Künstlerin und der Stiftung IMAI unterzeichnet.


https://doi.org/10.1515/9783110982114-007

anschließend gefesselt auf dem Boden und schließlich mit großer Befreiungspose und unmaskiert (Abb. 1–3).

**Abb. 1:** *Miracle Whip [Befreit]*. ELA EIS. 1979. Videostill.

Doch was in dem Video nach acht Minuten und acht Sekunden resultiert – der große Befreiungsschlag der Protagonistin – geschieht für die Künstlerin ELA EIS selbst erst 43 Jahre später im Oktober 2021 mit einem Verwertungsvertrag, der auch gleichzeitig die Urheberrechte des Werkes neu regelt und sie als Künstlerin von *Miracle Whip [Befreit]* anerkennt. Damit ist der Film von ELA EIS inzwischen nicht nur zu einem spannenden Archivfall in der Stiftung IMAI geworden. Darüber hinaus zeigt dieses Forschungsbeispiel auch die Potenziale des Forschungsansatzes Citizen Science als Empowerment-Strategie für teilnehmende Mitforschende aus der Gesellschaft auf.

Dieser Beitrag begibt sich auf Spurensuche im Archiv und erzählt die Rezeptions- und Entstehungsgeschichte von *Miracle Whip [Befreit]* (Ela Eis 1979) und der alten Version *Mirakel Wip* (Muscha und Trimpop 1979), die gleichzeitig eine Kulturgeschichte des Löschens ist, geprägt von Umwegen, Machtdiskursen, Fehldeutungen – und einer Reihe von Zufällen. Im Spannungsfeld von feministischer Selbstermächtigung und hegemonialer Männlichkeit wirft dieser Artikel dabei mithilfe von Citizen Science und Oral History das Archiv auf seine basalen Fragen von Autor*innenschaft und Macht zurück. Während das Forschungsbeispiel zunächst in seinem Kontext als Archivfund positioniert wird, werden im weiteren Verlauf die Methoden Oral History und Citizen Science reflektiert und auf ihre medienkulturwissenschaftlichen Potenziale hin analysiert. In einem ersten Schritt soll jedoch an dieser Stelle das diskursive Moment im Zusammenhang mit dem zugrunde liegenden „Archivfall" betrachtet werden.

## 2 Im Aussagengeflecht von Macht, Ordnung und Hierarchie

Jacques Derrida interpretiert das Archiv als System von Machtverhältnissen, als „Ort, von dem her die Ordnung gegeben wird." (Derrida 1997, S. 9) Und somit ist eine Archivgeschichte gleichzeitig auch immer eine Institutionengeschichte, insofern als dass die archivierende Institution diese Machtordnungen kuratiert (vgl. Kramp 2014/2015). Doch zunächst soll die archivarische Analysemethode näher in den Blick rücken, die hier mit Michel Foucaults archäologischem Ansatz verfolgt werden soll. Michel Foucault versteht in seiner Theorie *Archäologie des Wissens* unter dem Archiv weder eine Ansammlung von (historischen) Texten und Dokumenten noch eine Einrichtung, die versucht, Diskurse oder Kultur zu konservieren. Stattdessen denkt er den Archivbegriff vielmehr als ein Gesetz des Denkens, das die grundlegenden Rahmenbedingungen für Aussagen festlegt und dabei ihre „Aussagbarkeit" (Foucault 1981, S. 188) definiert: „Es ist das allgemeine System der Formation und Transformation der Aussagen." (Foucault 1981, S. 188) Um das Archiv zu befragen, führt Foucault eine Untersuchungsmethode ein, die durch Analyse und Beschreibung des jeweils zugrundeliegenden Archivsystems einer Aussage „das Gesagte auf dem Niveau seiner Existenz befragt." (Foucault 1981, S. 188 und S. 190) Es geht also bei diesem „archäologischen" Ansatz nicht vorrangig um die Inhalte der Aussagen oder die Personen, die diese getätigt haben, sondern vielmehr um die Frage nach den Entstehungsbedingungen einer Aussage.

Um den Archivfall rund um das Video *Miracle Whip [Befreit]* von ELA EIS nachvollziehen zu können, soll auch hier im weiteren Verlauf das Aussagengeflecht jenseits des Videomaterials analysiert werden, um diesen Archivfall und die damit einhergehenden Machtstrukturen des Archivs rekonstruieren zu können. Um diese Aussagen zu gewinnen, wurden einerseits Interviews geführt (mit der Künstlerin ELA EIS, mit dem Künstler Trini Trimpop, der zwischendurch ebenfalls als Urheber im Archiv geführt wurde, sowie mit der Archivarin Darija Šimunović des IMAI). Andererseits wurde das Archiv von der Autorin des Beitrages besichtigt, sodass sich daraus ein Aussagengeflecht aus Verwertungsverträgen, Mailkorrespondenzen, Bandbeschriftungen, digitalen Files und Videomaterialitäten ergeben hat. Im Folgenden soll nun das vorliegende Aussagensystem im Fokus stehen – beginnend mit jenem Interview, das den Archivfall im Oktober 2021 erst zum Vorschein brachte.

## 3 Von *Mirakel Wip* zu *Miracle Whip [Befreit]*

Im Rahmen des Citizen Science-Forschungsprojektes *#KultOrtDUS – die Medienkulturgeschichte Düsseldorf als urbanes Forschungsfeld* des Instituts für Medien- und Kulturwissenschaft der Heinrich-Heine-Universität Düsseldorf erfragt die Autorin dieses Beitrages im persönlichen Gespräch am 26. Oktober 2021 mit der am Projekt teilnehmenden ELA EIS ihre Rolle als Künstlerin zur Zeit der Punk-Ära im Düsseldorf der 1970er Jahre. Die Künstlerin berichtet, dass sie sich als Frau in dieser Zeit oftmals benachteiligt fühlte:

> Ich habe mich in den 1970er Jahren sehr intensiv mit Frauenthemen beschäftigt. Das war damals eine Zeit, in der Frauen anfingen, sich zu emanzipieren – in einer von Männern dominierten Kunstwelt. Aber ich wollte damals nicht direkt Teil einer aktiven Frauenbewegung sein, sondern wollte mich als Frau in der Kunst- und Musikwelt etablieren. Aber mein damaliger Lebensgefährte war immer wieder eifersüchtig, weil ich als Frau Ideen hatte und begann, Erfolg zu haben mit meiner Kunst. Und plötzlich war dies oder das weg von meinen Werken. (EIS 2021)

Auf die Nachfrage, welche Art von Kunst und welche Kunstwerke konkret verschwunden seien, beschreibt ELA EIS eines ihrer Werke wie folgt: „Ich habe zum Beispiel ein Video gemacht, in dem ich eine SM-Ledermaske trage. Ich habe eine Peitsche und befreie mich aus meiner mir zugeschriebenen gesellschaftlichen Rolle.“ (EIS 2021)

**Abb. 2:** *Miracle Whip [Befreit]*. ELA EIS. 1979. Videostill.

Als die Interviewerin sich erkundigt, ob sie den Film *Mirakel Wip* kenne, der genau diese Geschichte erzählt, zeigt sich ELA EIS überrascht und gibt sich als eigentliche Urheberin des Films zu erkennen. Während sie selbst 1979 vor der Kamera stand und in die verschiedenen emanzipatorischen Entwicklungsstufen der Protagonistin geschlüpft ist, stand ihr damaliger Lebensgefährte hinter der Kamera.

> Ich habe das Material dann auch geschnitten – also besser gesagt: mit Tesa geklebt. Ich hatte zu der Zeit überhaupt kein Geld. Er wurde vielleicht einmal öffentlich gezeigt und dann war der Film plötzlich verschwunden. Es gab wohl eine Anfrage einer psychiatrischen Klinik in München, die den Film haben wollten, aber das hat alles mein damaliger Lebensgefährte geregelt. Und dann hat er irgendwann gesagt: „Das war so schlecht produziert, das Band fiel fast auseinander, das habe ich in den Müll geschmissen". Das habe ich damals natürlich geglaubt. (EIS 2021)

Im Jahr 2006 gelangte das Material dann in die Stiftung IMAI als Erbfall: Trini Trimpop übernahm den Nachlass seines Künstlerfreundes Muscha und somit wurde das Werk der Düsseldorfer Videosammlung zugeführt.[2] Das Video wurde digitalisiert und unter dem Titel *Mirakel Wip* mit Nennung der Urheber Trini Trimpop und Muscha katalogisiert. Seitdem wurde das Werk einmal öffentlich gezeigt – am 11. Januar 2018 bei einer Gesprächsrunde im Haus der Universität in Düsseldorf im Rahmen der Veranstaltungsreihe „Video Box"[3], begleitet von einem Gespräch mit dem vermeintlichen Urheber, Künstler Trini Trimpop.[4] Auf Nachfrage der Autorin dieses Beitrages bei Trini Trimpop, wie das Werk unter falschem Namen ins Archiv gelangen konnte, erklärt der Künstler:

> Wer sich an die Zeit erinnern kann, der war damals nicht richtig dabei. Muscha hat mir den Film bestimmt gezeigt, aber das war ein Ding zwischen Ela und Muscha. In Muschas Kopf lief das als Stilprobe um zu schauen, wie was auf Leinwand wirkt, so habe ich das in Erinnerung. Für unser Projekt Decoder, das damals noch Bürgerkrieg hieß. Ela war ja dabei, sie weiß es also besser als ich. Mit dem Film, den Ela für sich beansprucht, habe ich eigentlich

---

2 Ein Vertreter des IMAI unterzeichnete den Verwertungsvertrag am 17.1.2006, Trini Trimpop am 27.1.2007. Im Vertrag sind noch sieben weitere Filme aufgeführt.

3 Siehe hierzu die Ankündigungen der Veranstaltung: https://www.zsu.hhu.de/fileadmin/redaktion/Oeffentliche_Medien/ZSU/ZSU_Broschuere_WS_17_18_komplett.pdf, S. 16 und https://www.facebook.com/events/369245600168469/369245723501790/. Zugegriffen am 10. Dezember 2022.

4 „Und er erinnerte sich coram publico an seinen Counterpart in jungen Jahren - Muscha. ‚Wir waren ein bisschen wie Brüder und gleich crazy, interessiert an der Hippie-Bewegung.' Erste Drogenerfahrungen hätten sie gemacht, ‚das gehörte dazu in der Zeit'. Am Ende landeten beide in Düsseldorf, wo auch der Kultfilm ‚Blitzkrieg Bob' entstand, der im Auditorium gezeigt wurde. (...) Zuvor hatten sie schon viel aufgenommen. ‚Meistens unsere Freundinnen mit der Super-8-Kamera. Dann wollten wir was inszenieren.'" (Pavetic 2018).

> überhaupt nichts zu tun. Die Sachen sind damals an 235 Media gegeben worden und als Muscha tot war, war ich der Ansprechpartner. (Trimpop 2022)

Dass es sich bei der feministischen Performance *Miracle Whip [Befreit]* um die Selbstermächtigung und Emanzipation der Frau in einer von Männern dominierten Szene handelt, gibt diesem Archivfall eine besonders bittere Note.

**Abb. 3:** *Mirakel Wip [Befreit].* ELA EIS. 1979. Videostill.

Im Nachgang des Gesprächs mit ELA EIS im Oktober 2021 können dann schließlich die Urheberrechte mit dem IMAI geklärt werden. Nachdem die Künstlerin mit Hilfe eines Zeitungsartikels, der ihre Live-Performance am 16. Oktober 1980 in der Villa Engelhardt an der Homberger Straße in Düsseldorf sowie das Screening ihrer ersten Filmproduktion am 23. Oktober 1980 als „Weltpremiere" ankündigt, ihr geistiges Eigentum nachweisen konnte (vgl. N. N. 1980). Außerdem kann sie mit Fotos ihres Reenactments als Künstlerin des Werkes in Verbindung gebracht werden (vgl. Fagin 1980), sodass ihr das Werk im November 2021 – nach Bestätigung des Künstlers Trini Trimpop – schließlich nachträglich zugeschrieben wird. Wenige Monate später wird das Video dann sogar neben Arbeiten u. a. von Nan Hoover und Marcel Odenbach in der Ausstellung LES DÜSSELDORFS im NRW-Forum Düsseldorf gezeigt (12. Juni – 17. Juli 2022).

Die an #KultOrtDUS teilnehmende Mitforschende ELA EIS hat somit einen Rollenwechsel innerhalb des Citizen Science-Projektes vollzogen: Von der Mitforschenden wurde sie zusätzlich zur anerkannten Künstlerin, die im weiteren Verlauf wiederum ihren eigenen ‚Archivfall' erforschte.

> Das war irre, als ich im NRW-Forum – in diesem wahnsinns Gebäude der Kunst – meinen Film ausgestellt sah. Ihn nach all den Jahren wiederzusehen und dann auch noch in groß. Das hätte ich mir doch nie träumen lassen. Ich falle seitdem von einer Ohnmacht in die nächste. Es ist so viel passiert: Ich tauche in einer großen Ausstellung auf, ich mache wieder Kunst, ich habe ein Stipendium bekommen und habe an einem Filmkunstwettbewerb teilgenommen. (EIS 2022b)

# 4 Empowerment-Strategie Citizen Science

Im Folgenden soll anhand dieses Forschungsbeispiels die Methodik Citizen Science mit ihren Potenzialen, aber auch mit ihren Hürden reflektiert werden. Denn dadurch, dass das Archiv hier in seinen bestehenden Machtstrukturen – auch institutionell – kritisch hinterfragt wurde und damit einhergehend auch Erosionsprozesse am Kanon des Videoarchivs sichtbar wurden, konnte die Forschungsgemeinschaft #KultOrtDUS die Beteiligung der Wissenschaft und die gemeinsame Aufklärungsleistung als problemlösend ansehen.

> Gerade für eine quellenkritische Interpretation einer Fotografie ist die Intention des Urhebers unabdingbar. In einer sich digitalisierenden und vernetzten Welt, die sich seit dem ‚pictural turn' [sic!] zunehmend mit Bildquellen beschäftigt, wachsen die Anforderungen an Archive als Bildungs- und Forschungseinrichtungen, diese Quellengattung angemessen zu verzeichnen und nutzbar zu machen[,] (Becker 2020, S. 31)

erklärt Denny Becker und schlägt Citizen Science als Lösungsansatz vor. Die Beteiligung der Wissenschaft ermöglicht bei #KultOrtDUS nicht nur den direkten Zugang zur Praxis, zur Institution und zum Archiv, sondern ebenfalls die resultierende Intervention in die vorherrschenden Archivstrukturen sowie schließlich auch die Berichtigung des Archivkorpus. Diese Rolle der Wissenschaft als wichtiges Partizipations- und Motivationsmoment für Citizen Science betrachten Kristin Oswald und René Smolarski als grundlegend:

> Wenn die Geisteswissenschaften zu einem ‚Problemlöser', und einer Anlaufstelle für grundlegende Fragen der Gesellschaft werden wollen, bleibt ihnen kein anderer Weg, als neue Strukturen und an die veränderten Umstände angepasste Selbstverständnisse zu entwickeln. (Oswald und Smolarski 2016, S. 14)

Dafür sehen die Autor*innen jedoch den Grad der Partizipation als richtungsweisend für den Erfolg an:

> Grundvoraussetzung [...] ist, dass [Bürgerforscher*innen] nicht nur als ‚Datensammler' eingebunden werden, sondern greifbare Einblicke in die Denkweise und Herangehensweisen akademischer Forschungsarbeit erhalten. Nur dann können sie überzeugend anhand ihrer

eigenen Begeisterung für diese sprechen und helfen, die Kluft zwischen privatem Interesse und institutioneller Forschung zu überwinden. (Oswald und Smolarski 2016, S. 11)

ELA EIS hat im Forschungsprozess rund um #KultOrtDUS ihre eigene „Stimme" gefunden, sie hat sich empowert und einen Rollen- und sogar Identitätswechsel vollzogen, von der interessierten Bürgerin hin zur anerkannten Künstlerin und zur Mitforschenden, die auch über den Fall von *Miracle Whip* hinaus im Nachgang an die Archive herangetreten ist, um ihr Œuvre selbstständig aufzuarbeiten:

Die Arbeit im Projekt hat bei mir sehr viel angestoßen. Ich bin seitdem in eine andere Phase als Künstlerin eingetreten – meine Arbeit wurde nun endlich anerkannt in der Kunst – und habe auch wieder Motivation gefunden, mit dem Filmen weiterzumachen. Auf der anderen Seite stelle ich jetzt aber auch selbst Nachforschungen an und versuche an den Nachlass von Muscha und an sein Archiv ranzukommen, um es aufzuarbeiten. Ich habe Leute ausfindig gemacht, die damals seine Wohnung ausgeräumt haben und werde mich im Filmmuseum, die Teile des Archivs haben, umsehen. Da werden noch viele Dinge sein, die eigentlich ich damals gemacht habe – zum Beispiel Musikplakate. Ich habe vor, das Archiv neu aufzuarbeiten. (EIS 2022b)

Doch an dieser Stelle müssen auch klar die Herausforderungen benannt werden, wenn – wie in diesem Fall – Forschungsobjekt und Forschungssubjekt zusammenfallen und durch die starke Involviertheit der eigenen Person die Distanz zum Gegenstand nicht mehr uneingeschränkt gegeben ist, muss auf die Qualitätssicherung geachtet werden. Die Bürgerin ist zugleich Expertin für ihr eigenes Werk und generiert ihr Wissen und ihre Erfahrung darüber aus ihrer Erinnerung heraus.

Die Forschung hat in diesem Fall das Problem aufgedeckt, allerdings wurden gemeinsam mit der Mitforschenden im Verlauf des Forschungsvorhabens die Archivstrukturen analysiert, anhand von Aktennotizen, Dokumenten, Flyern und Zeitungsartikeln die Fakten zusammengetragen, Interviews mit den Beteiligten geführt, ein Netzwerk aufgebaut und somit am Ende das Archiv und das darin liegende Werk an dieser Stelle neu interpretiert und einem neuen Kontext zugeführt.

Über die wissenschaftlichen Erkenntnisse und Daten hinaus kann Citizen Science einen Mehrwert für die Gesellschaft erzielen: [...] Sie können Daten und Ergebnisse aus der Wissenschaft besser einschätzen und auch die Grenzen wissenschaftlicher Methoden und Erkenntnisse nachvollziehen[,] (Bonn 2016)

heißt es im Grünbuch Citizen Science.

Einerseits haben mich diese Wirkmächte der Wissenschaft total überrascht. Andererseits hat mich total gefreut, dass die Wissenschaft jetzt mal ins Volk geht und nicht nur für sich im Labor bzw. in der Universität ist und sich auch mal für die Leute interessiert, das sind Erfahrungen, die man nicht über Texte lernt, das muss man erleben. Diese Offenheit mit der man uns begegnet ist, war schon toll. Als Normalbürgerin, die nicht studiert hat, bekommt man ja auch sonst nicht den Kontakt zur Universität. (EIS 2022b)

ELA EIS spricht hier an, was eines der erklärten Ziele von Citizen Science beschreibt: Barrieren zwischen Wissenschaft und Gesellschaft sollen durch die partizipative Forschung abgebaut werden. Im konkreten Fall #KultOrtDUS konnten nicht nur Forschungslücken geschlossen werden, sondern auch Machtstrukturen überdacht und neu justiert werden, bis hin zum Empowerment einer – bis dahin – marginalisierten Künstlerin.

# 5 Von Oral History zu Oral HERstory

Die Aufarbeitung rund um *Miracle Whip [Befreit]* zeigt nicht nur, dass der Kanon von Videokunst – auch institutionell – überdacht werden muss, sondern auch, dass insgesamt der methodische Ansatz Oral History einen wichtigen Beitrag zur Archivforschung leisten kann, denn erst in diesem spezifischen Fall konnten Erosionsprozesse von Kanonisierungs- und Kurationsprozessen mithilfe von Zeitzeug*innenaussagen in Gang gesetzt werden. Im nächsten Schritt soll daher die Methode Oral History in den Blick genommen und im Kontext von Kanonfragen im Archiv reflektiert werden. Nicht nur dieses Ausloten von Vormachtstellungen verbindet die Forschungsmethoden Oral History und Citizen Science, ebenfalls der Versuch, gesellschaftliche Hierarchisierungen und Ansprüche auf Deutungshoheiten aufzuheben.

Bei der hermeneutischen Forschungsmethode Oral History geht es primär darum, Menschen mit ihren individuellen Standpunkten, Emotionen und Erinnerungen neben der „offiziellen“ Geschichte als Quelle zu Wort kommen zu lassen – und damit auch Machtstrukturen aufzubrechen und neu zu verteilen:

> Creating a new vision (and version) of history recquires a leap of faith: It means taking narrators' voices and oral history methods seriously. While the self-understood and often unspoken validation of narrator's subjective perspectives does not entail raking every recorded decoration as factual truth, it does require that researchers commit to listening carefully for what narrators' recollections reveal about their time and place in history. (Ramírez und Boyd 2012, S. 5)

Bereits mit Aufkommen der Methode Oral History wurde der Fokus auf marginalisierte Zeitzeug*innen gelegt:

> Eine demokratische Zukunft bedarf einer Vergangenheit, in der nicht nur die Oberen hörbar sind. Viele Bemühungen der neueren Sozialgeschichte sind deshalb darauf gerichtet, auch und gerade diejenigen ins Geschichtsbild zu holen, die nicht im Rampenlicht gestanden haben. (Niethammer 1980, S. 7)

Dabei gerieten auch Frauengeschichten ins Blickfeld, die dann durch die feministische Bewegung und die Anfänge der Genderforschung in die Geschichtsforschung mit ihren Aussagen integriert wurden:

> The topics potentially addressed through oral history; the possibilities of putting women's voices at the centre of history and highlighting gender as a category of analysis; and the prospect that women interviewed will shape the research agenda by articulating what is of importance to them; all offer challenges to the dominant ethos of the discipline. Moreover, oral history not only redirects our gaze to overlooked topics, but it is also a methodology directly informed by interdisciplinary feminist debates about our research objectives, questions, and use of the interview material. (Sangster 1994, S. 5 f.)

Sherna Berger Gluck geht sogar noch einen Schritt weiter und sieht das Potenzial von Oral History darin, dauerhaft einen sozialen Wandel herbeizuführen und Macht- und Autoritätsdynamiken gesellschaftlich neu zu verhandeln:

> Women's oral History, then, is a feminist encounter, even if the interviewee is not herself a feminist. It is the creation of a new type of material on women; it is the validation of women's experiences; it is the communication among women of different generations; it is the discovery of our own roots and the development of a continuity which has been denied us in traditional historical accounts. (Gluck 1977, S. 5)

Während in den Anfängen dabei vor allem die Perspektiven westlicher, weißer Frauen im Fokus standen, spielt in der neueren Oral History-Forschung vor allem Intersektionalität eine bedeutende Rolle für die Rekonstruktion von Erinnerungen marginalisierter Gruppen.[5]

Um dabei von bloßen qualitativen Interviews, die vor allem auf spezifische Ereignisse oder Phänomene fokussiert sind, zur vielschichtigeren Forschungsmethode Oral History zu gelangen, bedarf es eines breiten Netzes aus biografischen Interviews, persönlichen Narrativen und Case Studies, sodass die Vergangenheit der Einzelperson Rückschlüsse auf die Gegebenheiten und Ereignisse des Untersuchungszeitraumes zulassen und zu weiterreichenden Forschungsbefunden führen kann (vgl. Reinharz 1992, S. 130): „When feminist oral histories cover extensive portions of profound experiences in an individual's life, they assist in a fundamental sociological task-illuminating the connections between biography, history, and social structure." (Reinharz 1992, S. 131)

Die Düsseldorfer Künstlerin ELA EIS berichtet etwa im Gespräch, wie sie aus ihrer eigenen Biografie heraus die Themen ihrer Kunst gefunden hat:

5 Siehe hierzu beispielsweise Srigley, Zembrzycki und Iacovetta 2018 sowie Boyd und Ramírez 2012.

> Ich bin mit 18 Jahren schwanger geworden, und das war zu der Zeit in den 1979er Jahren was ganz Schlimmes. Ich war alleinerziehend und habe mich dann mit Frauenthemen beschäftigt. Es war die Zeit der Emanzipation der Frau – und ich wollte auch selbstständig und unabhängig von einem Mann sein. (EIS 2021)

Ihr Empowerment funktionierte auch über ihre künstlerischen Arbeiten – sie entwarf Plattencover, designte Konzertplakate, machte Mode – und experimentierte mit Super-8-Filmen.

> It is important to celebrate the compelling stories that women tell about their lives. But the truth is that those lives are not unusual; we thought they were! Furthermore, we can do much more than simply illuminate neglected lives. We can push ahead to the harder job of analysis and connection. To move from the single story to the whole picture requires that we be systematic and critical – while remaining caring and appreciative. We need to move ahead without losing touch with the personal and meaningful discoveries of women's oral history[,] (Armitage 1983, S. 3)

so Susan H. Armitage. Besonders im Zusammenhang mit der Punkgeschichte fällt immer wieder auf, dass besonders männlich geprägte Erzählungen den Diskurs beherrschen. Mit den Büchern *Verschwende deine Jugend*, *Future Sounds* oder *Electri_City* liegen zwar Oral History-Aufarbeitungen im Diskurs vor, jedoch sind bei den Gesprächspartner*innen, Frauen* eindeutig unterrepräsentiert[6] – obwohl es nicht nur vor der Bühne bei den Fans, sondern auch auf der Bühne weibliche und queere Protagonist*innen gab – beispielsweise The Slits, Östro 430, Liliput, Raincoats oder Hans-A-Plast.

Eine erste Oral History-Aufarbeitung deutscher weiblicher Punkgeschichte ist *M_Dokumente* (Bartel, Gut und Köster 2021) der Musikerinnen Beate Bartel, Gudrun Gut und Bettina Köster, die die explizit weibliche Sichtweise der Bands Mania D., Malaria! und Matador auf die Westberliner Musik- und Kunstszene ab den späten 1970er Jahren in den Blick nehmen:

> Man suchte damals eben nicht einfach nach neuen, besseren Ausdrucksmitteln [...], sondern nach dem Weg, eine andere Mentalität genauso mühelos, selbstverständlich und unangestrengt zu artikulieren wie die Rockgeneration ihr Mindset. Nur wenige der vielen Rock-Überdrüssigen konnten damals benennen, dass es eine Männerkultur war, derer man überdrüssig war: einer heterosexuellen, sich nunmehr seit einem Vierteljahrhundert austobenden Selbstbefreiung von Dudes. Nicht nur Frauen hatten das satt. Aber auch die meisten Frauen, die es satt hatten, wussten zunächst keine Mittel, außer sich inhaltlich abzusetzen. Dieser klassische Feminismus und seine Kultur hatten damals noch wenig Verständnis für die Mittel, die Mania D. gefunden hatte[,] (Bartel, Gut und Köster 2021, S. 11)

---

6 In der Publikation *Verschwende deine Jugend* von Jürgen Teipel (2001) sind von 77 Befragten 12 Frauen* vertreten; in *Future Sounds* von Christoph Dallach (2021) sind von 66 Interviewten insgesamt 5 Frauen*; in *Electri_City* von Rudi Esch (2014) sind von 71 Befragten 7 Frauen* vertreten.

erklärt Diedrich Diederichsen im Prolog „M wie mehr“ von *M_Dokumente*.

Die Herausgeberinnen Bartel, Gut und Köster kommen in ihrer – nach eigener Bezeichnung – „Oral-Herstory-Doku“ meist selber zu Wort und sind mit Gesprächen untereinander vertreten, die wie Interviews anmuten. Doch gerade durch diese Kollektivsituation der Interviews, bei der eine „neutrale“ Interviewer*innen-Instanz als Kommentator*in oder Fragesteller*in (in diesem Fall Anett Scheffel) nicht sichtbar in Erscheinung tritt – und damit die Reflexion des Erinnerungsprozesses nicht transparent gemacht wird –, muss man sich in dem Zusammenhang mit dem „Memory Paradox“ auseinandersetzen, das Historiker Alistair Thomson durch die Reproduktion von Narrativen sieht (vgl. Bartel, Gut und Köster 2021, S. 50). Er befürchtet, dass sich im Umfeld von Oral History Erzählprozesse durch ihre repetitiven Wiederholungen festigen und verselbstständigen (Thomson 2011, S. 87 und S. 90).

Auch wenn die Publikation *M_Dokumente* keinen wissenschaftlichen Ansatz verfolgt, sollen in diesem Beitrag dennoch einige Zitate der Herausgeberinnen in das Netz aus Aussagen hinzugenommen werden, um die feministische Punkgeschichte der 1970er Jahre zu durchdringen – um damit ein komplexeres Aussagensystem für eine kritische Archivreflexion bestehend aus Dokumenten, Protokollen und Zeitzeug*inneninterviews zur Verfügung zu haben und damit bestehende Machtdiskurse im Archiv aufzulösen und neu zu deuten.

Die drei Bands um Bartel, Köster und Gut spielten ab 1979 in unterschiedlicher Zusammensetzung Konzerte, tourten um die ganze Welt – und prägten dabei ein neues Frauenbild in der Popkultur und sind Vorreiterinnen und Vorbild für wichtige emanzipatorische Bewegungen in der Musikbranche.

> Gudrun: Wenn man heute zurückblickt, fällt einem natürlich auf, wie besonders und neu das war, dass wir eine Band waren, die nur aus Frauen bestand und die ihre Songs selber schrieben. [...] Ich fand es toll, dass ab Ende der Siebziger mit den Geschlechtern gespielt wurde, dass man als Mädchen aussehen konnte wie ein Junge und als Junge wie ein Mädchen. Ich dachte: Das ist das neue Normal. Alle sind jetzt so. (Bartel, Gut und Köster 2021, S. 63)

Doch ganz so „normal“ scheint eine Frauenband in der Szene dann eben doch nicht gewesen zu sein und ihre Verbreitungswege liefen über andere Kanäle als über große Labels, die der Meinung waren, Frauenmusik verkaufe sich nicht (vgl. Bartel, Gut und Köster 2021, S. 123):

> Gudrun: Uns ist das damals nicht so aufgefallen, aber ich frage mich heute schon manchmal: „Warum sind wir eigentlich nicht gesignt worden?“ [...] Aber ja, die A&Rs bei den Labels, das waren alles nur Typen. Und ich glaube, mit so einer Frauenband konnten die einfach nichts anfangen. [...] Aber mit der Musik hatte das nichts zu tun. Bettina: Und wir waren denen überhaupt nicht geheuer. Manche hatten richtig Angst vor uns. Wir entsprachen diesem Bild der gehorsamen Frau einfach nicht. Gudrun: Wir hatten schon einen ko-

> mischen Ruf. Wir haben mit irgendeiner Band in Wien gespielt und dann wollten die Typen in der Band unbedingt, dass wir sie auspeitschen. [...] Bettina: und wie lange haben die bei den Konzerten noch gerufen: „Ausziehen, ausziehen!“ (Bartel, Gut und Köster 2021, S. 86 f.)

Kristallisationspunkt für Beate Bartel, Gudrun Gut, Bettina Köster und ELA EIS sind auch die kreativen Räume, in denen sie ihre Kunst ausleben konnten – wie zum Beispiel der Ratinger Hof, bzw. überhaupt die Ratinger Straße in Düsseldorf. Popmusik ist häufig an die Orte gebunden, an denen sie entsteht – aber wer diese Orte mit Mythen und Legenden mitproduziert, sind im Falle Düsseldorfs, und mit Blick auf die Zeitzeug*innen, überwiegend männlich dominierte Erzählungen:

> Ja, man wuchs als junge Frau damals in den 1970ern in eine reine Männergesellschaft rein. Ich habe mir dann immer Orte gesucht, die ich besetzen konnte, an denen die Männer kein Interesse hatten. Zum Beispiel tauchte bei uns im Ratinger Hof damals plötzlich Gabi auf. Gabi hatte ein SM-Studio, das war damals tierisch spannend und überhaupt nicht gesellschaftsfähig zu der Zeit. Von ihr habe ich dann die Accessoires für meinen Film – Leder-Maske, Peitsche, Stiefel – ausgeliehen. (EIS 2021)

Auch die feministische Stadt- und Raumforschung geht davon aus, dass es eine Wechselwirkung von Geschlecht und Raum gibt, dass das gesellschaftliche Geschlechterverhältnis in die räumlichen Strukturen eingeschrieben ist und die Räume vergeschlechtlicht sind.

## 6 Von „DB 0565“ zu „IMAI.D.812_D1, Digital Heritage, EIS_ELA_Miracle_Whip.mp4“

Eine letzte Indizienanalyse im Fall *Miracle Whip [Befreit]* führt zurück ins physische Archiv: Betrachtet man die Stiftung IMAI in Bezug auf den Archivfall im Sinne Michel Foucaults *Archäologie des Wissens* (Foucault 1981) als Aussagesystem, kann ein komplexes Beziehungsgeflecht von verschiedenen Aussagen sichtbar gemacht werden: Aussagen des Materials selbst (eine Videokopie im Archivraum als Digital Beta-Format), treffen auf Aussagen des Dokumentarischen (Verträge, Korrespondenzen, Beschlüsse, Zeitungsartikel, Bilder) und Digitalen (Dateipfade verwalten die Digitalen Migrationen des Werkes) und auf Aussagen und Ereignisse des Archivs selbst (Gerätschaften, Aktenordner, Bücher, Kunstwerke). Alle Komponenten bilden zusammen ein fluides Aussagesystem, dem gewisse Rahmenbedingungen zugrunde liegen (Sperrfristen, Ordnungssysteme von Signaturen, Gesetzmäßigkeiten der Institution, Rechtefragen zum Aufführungsmaterial). Die Fluidität dieses Geflechts vollzieht sich u. a. auch an der Transformation zur Digitalisierung der Bestände. Erst die Digitalisierung des Bestandes und die damit einhergehende Kenntnis über das Werk der Autorin dieses Beitrages hat die Aufdeckung des Archivfalls überhaupt erst möglich gemacht. Doch nur die Signaturen der Digitalisate sind im Pfadverzeichnis des IMAI inzwischen mit dem Namen ELA EIS verknüpft.

Aber was macht das physische Archiv mit den neuen Urheberinformationen? Steht eine Umetikettierung des Bandes und ein Umzug zwei Regalreihen weiter nach vorne, in die Nachbarschaft von Brian Eno und Valie Export bevor? Im Juli 2022 steht im Archivraum des IMAI das Werk *Miracle Whip [Befreit]* immer noch in der Abteilung „Trini Trimpop". Wie die Archivarin im Gespräch erklärt, wird das auch künftig so bleiben:

> Ich habe lange darüber nachgedacht, aber ich denke, ich werde es bei Trimpop stehen lassen. Im digitalen Archiv ist es korrigiert. Aber als der Datenträger im Format ‚Digital Beta' mit der Signatur DB 0565 angefertigt wurde, ist es in dem Wissen geschehen, dass Trini Trimpop der Urheber ist[,] (Šimunović 2022)

so Darija Šimunović. Nimmt man an dieser Stelle den Löschprozess, der inzwischen eng mit dem Werk verknüpft ist, in den Blick, hat man es vor allem mit einem Überschreibungsprozess zu tun. ELA EIS wurde als Urheberin im Laufe der Geschichte aus ihrem eigenen Werk getilgt – ob dies bewusst oder unbewusst, aktiv oder passiv geschah, spielt für das Archiv hier erst einmal eine untergeordnete Rolle. Für Jacques Derrida ist das Archiv nicht nur ein Ort des Bewahrens, sondern auch Ort der Zerstörung und des Vergessens, der stets auf der Dualität von Erhaltung und Dekonstruktion beruhe („Mal d'Archive"): „Mit Sicherheit gäbe es ohne die radikale Endlichkeit, ohne die Möglichkeit eines Vergessens, das sich nicht auf die Verdrängung beschränkte, kein Begehren nach einem Archiv." (Derrida 1997, S. 40) Im Anschluss daran konstatiert Sven Spieker: „Es kann [...] kein Archiv ohne Abfall geben, kein Speichern ohne Verdrängung, kein Erinnern ohne Vergessen." (Spieker 2004, S. 21)

Dadurch, dass ELA EIS die Protagonistin in *Miracle Whip [Befreit]* ist, blieb sie stets in ihr Werk eingeschrieben. Betrachtet man Löschprozesse überwiegend als Vorgänge des Veränderns und Überschreibens bzw. des Nicht-mehr-zugänglich-Machens, ist also auch Wiederherstellung möglich. Zunächst soll also die Performativität des Löschaktes untersucht werden, um den Prozess des Überschreibens als komplexes Zeichensystem zu analysieren. Dafür sollen erneut die Dokumentationen des Werkes im Archiv des IMAI in den Blick genommen werden. Im digitalen Archivverwaltungssystem der Stiftung taucht das 1-Kanal-Video in vier Varianten auf: als mp4-, mxf-, avi- und mpeg-Datei. Bis auf die mpeg-Datei sind alle Dateitypen 2017 im Zusammenhang mit einer Langzeitarchivierungs-Initiative des IMAI entstanden und wurden inzwischen umbenannt und mit der Urheberin ELA EIS beschriftet. Doch auch hier im Dateipfad „Migrationen" finden sich in der Ordnerstruktur noch Spuren vom Zwischenstadium des Videos – so deutet die mpeg-Datei von 2014 mit dem Archivkürzel „trim“ nach wie vor noch auf Künstler Trini Trimpop hin. Macht man sich an dieser Stelle bewusst, dass Löschen grundsätzlich den Vorgang des Veränderns beschreibt (Datensätze werden verändert und unzugänglich gemacht, um sie neu zu nutzen [=Deletion]), muss man sich aber auch gleichzeitig bewusst machen, dass diese Überschreibungstechnik Ablagerungen bildet, die sich über das Werk legen und damit langfristig in sein Gedächtnis eingeschrieben bleiben. Im IMAI steht derzeit also die „traditionelle“ Archivtechnik der Aufbewahrung im Regal als physisches Material der „aktuellen“ Archivtechnik der Aufbewahrung im digitalen Raum als Cloud und auf Festplatten gegenüber. Wolfgang Ernst formuliert über das Nebeneinander der Formen des Aufbewahrens:

> So verwandeln sich Gedächtnistechnik, Kulturmüll und kulturelle Datennetze. [...] eine alte Welt ästhetischer Kohärenz von ‚Werken‘ wird damit nicht nur zerstückelt, sondern eine neue, bislang ungekannte virtuelle Klang- und Bildwelt daraus generiert. Aus Eingedenken wird *memory of waste*. (Ernst 2007, S. 268)

Daraus resultiert nicht nur die Frage, mit welchem Werkbegriff im Archiv gearbeitet wird, sondern auch welche Hierarchisierungen zwischen den Versionen und Materialien vorgenommen und wie die genannten Ablagerungen dokumentiert werden. Die Dokumentation rund um *Miracle Whip [Befreit]* ist in den vergangenen Monaten stark angewachsen und hat viele Ablagerungsspuren und Schichten erhalten: Dem Werk sind nun zwei Verwertungsverträge und unterschiedliche Etikettierungen eingeschrieben. Dieses Nebeneinander wird bleiben und ab sofort zur Werkgeschichte dazugehören. Das orale Gedächtnis von ELA EIS konnte zwar die Autorschaft des Werkes neu deuten und damit den Löschprozess ein stückweit revidieren, doch der Überschreibungsprozess, der mit der Änderung der Urheberschaft einhergeht, ist wieder nur eine weitere Ablagerung. Trini Trimpop und Muscha bleiben mit dem Werk verbunden, sie sind Teil der Archivgeschichte geworden. Dennoch hat sich das Video *Miracle Whip [Befreit]* 43 Jahre nach seiner Entstehung endlich zum Akt des Empowerments entwickelt – und konnte gleichsam auch die kanonischen Prozesse im Archiv hinterfragen – damit hat die „Wunderpeitsche“ ihr Ziel erreicht: „Der Titel Miracle Whip steht für die Dynamik die entsteht, wenn etwas in Gang gesetzt wird. Die Peitsche steht als Symbol für Antrieb, Power und Wucht.“ (EIS 2022a)

## Bemerkung

Die Forschung zur Videoarbeit von ELA EIS ist noch lange nicht abgeschlossen. Wie das Video unter falschem Urheber ins Archiv gelangen konnte, ist noch nicht vollständig geklärt. Zuletzt führte eine weitere Spur ins Düsseldorfer Filmmuseum. Eine handschriftliche Notiz deutete auf ELA EIS hin sowie ein Programmheft von „fett film", indem sie als Schöpferin von *Mirakel Wip* genannt wird. Bis März 2023 galt das originale Super-8-Band als verschollen – bis es plötzlich im Depot des Filmmuseums zufällig auftauchte. Dieses Beispiel zeigt einmal mehr, dass Archive ständig neue Zeugnisse produzieren, die eine gemeinschaftliche Bewertung durch Archivar*innen, Historiker*innen, Künstler*innen sowie Bürger*innen erfordert.[7]

# Medienverzeichnis

## Abbildungen

Abb. 1: Miracle Whip [Befreit]. ELA EIS. 1979. Videostill. *Stiftung IMAI Video Katalog*. https://stiftung-imai.de/videos/katalog/medium/0812. Zugegriffen am 10. Dezember 2022.

Abb. 2: Miracle Whip [Befreit]. ELA EIS. 1979. Videostill. *Stiftung IMAI Video Katalog*. https://stiftung-imai.de/videos/katalog/medium/0812. Zugegriffen am 10. Dezember 2022.

Abb. 3: Mirakel Wip [Befreit]. ELA EIS. 1979. Videostill. *Stiftung IMAI Video Katalog*. https://stiftungimai.de/videos/katalog/medium/0812. Zugegriffen am 10. Dezember 2022.

## Literatur


Armitage, Susan H. 1983. The Next Step. In *Frontiers. A Journal of Women Studies Women's Oral History Two*, 7(1): 3–8.

Bartel, Beate, Gudrun Gut und Bettina Köster. 2021. *M_Dokumente*. Mainz: Ventil.

Becker, Denny. 2020. Citizen Science in Archiven. Möglichkeiten und Grenzen von Crowdsourcing bei der archivischen Erschließung von Fotografien. In *ABI Technik*, 40(1): 30–39.

Bonn, Aletta. 2016. *Grünbuch: Citizen Science Strategie 2020 für Deutschland*. Leipzig: o. A.

Boyd, Nan Alamilla und Horacio N. Roque Ramírez. 2012. *Bodies of Evidence. The Practice of Queer Oral History*. New York: Oxford University Press.

Dallach, Christoph. 2001. *Future Sounds*. Frankfurt am Main: Suhrkamp.

Derrida, Jacques. 1997 [1997]. *Dem Archiv verschrieben. Eine Freudsche Impression*. Berlin: Brinkmann u. Bose.

Esch, Rudi. 2014. *Electri_City*. Frankfurt am Main: Suhrkamp.

Ernst, Wolfgang. 2007. *Das Gesetz des Gedächtnisses. Medien und Archive am Ende (des 20. Jahrhunderts)*. Berlin: Kadmos.

Fagin, F. o. D. „Miracle Whip" Live Show Düsseldorf 1980 Muscha, Ela Eis u.a. *Pinterest*. https://www.pinterest.se/pin/377739487478643321/. Zugegriffen am 27. Juli 2022.


7 Der Aufsatz ist zu Teilen bereits in englischer Sprache in der Publikation *Fringe of the Fringe Queering Punk Media History* (2023) erschienen. Siehe hierzu Vomberg 2023.

Foucault, Michel. 1981 [1969]. *Archäologie des Wissens*. Frankfurt am Main: Suhrkamp.
Gluck, Sherna. 1977. What's so Special about Women? Women's Oral History. In *Frontiers: A Journal of Women Studies*, 2(2) Women's Oral History: 3–17.
Kamp, Leif. 2015. Zur Situation der Rundfunkarchivierung in Deutschland. *In Rundfunk und Geschichte*, 3(4):11–24.
N.N. 1980. Ela Eiselein in ‚Mixed Picles'. In *Überblick*.
Niethammer, Lutz. 1980. Einführung. In *Lebenserfahrung und kollektives Gedächtnis. Die Praxis der ‚Oral History'*, Hrsg. Lutz Niethammer, 7–26. Frankfurt am Main: Suhrkamp.
Oswald, Kristin und René Smolarski. 2016. Einführung. Citizen Science in Kultur und Geisteswissenschaften. In *Bürger Künste Wissenschaft. Citizen Science in Kultur und Geisteswissenschaften*, Hrsg. Kristin Oswald und Ren Smolarski, 9–27. Guttenberg: Computus Druck Satz & Verlag.
o. Verf. 2017. VIDEO BOX Sonderveranstaltung. *Wintersemester 2017/18. Das Studium Universale an der Heinrich-Heine-Universität Düsseldorf*. https://www.zsu.hhu.de/fileadmin/redaktion/Oeffentliche_Medien/ZSU/ZSU_Broschuere_WS_17_18_komplett.pdf. Zugegriffen am 10. Dezember 2022.
o. Verf. 2018. VIDEO BOX 5.3 – Trini Trimpop. *Facebook*. https://www.facebook.com/events/369245600168469/369245723501790/. Zugegriffen am 10. Dezember 2022.
Pavetic, Brigitte. 2018. Trini Trimpop ist ein ganz freundlicher Punk. *In Rheinische Post*. https://rp-online.de/nrw/staedte/duesseldorf/duesseldorf-trini-trimpop-ist-ein-ganz-freundlicher-punk_aid-17675107. Zugegriffen am 10. Dezember 2022.
Ramírez, Horacio N. Roque und Nan Amilla Boyd. 2012. Introduction: Close Encounters. The Body and Knowledge in Queer Oral History. In *Bodies of Evidence. The Practice of Queer Oral History*, Hrsg. Nan Alamilla Boyd und Horacio N. Roque Ramírez, 1–22. New York: Oxford University Press.
Reinharz, Shulamit. 1992. *Feminist Methods in Social Research*. New York: Oxford University Press.
Sangster, Joan. 1994. Telling Our Stories: Feminist Debates and the Use of Oral History. In *Women's History Review*, 3(1): 5–28.
Spieker, Sven. 2004. Einleitung: Die Ver-Ortung des Archivs. In *Bürokratische Leidenschaften. Kultur- und Mediengeschichte im Archiv*, Hrsg. Sven Spieker, 7–28. Berlin: Kulturverlag Kadmos.
Srigley, Katrina, Stacey Zembrzycki und Franca Iacovetta. 2018. *Beyond Women's Words. Feminisms and the Practices of Oral History in the Twenty-First Century*. Oxon und New York: Routledge.
Teipel, Jürgen. 2001. *Verschwende deine Jugend*. Frankfurt am Main: Suhrkamp.
Thomson, Alastair. 2011. Memory and Remembering in Oral History. In *The Oxford Handbook or Oral History*, Hrsg. Donald A. Ritchie, 77–95. New York: Oxford University Press.
Vomberg, Elfi. 2023. Delete, Overwrite, Revise–How *Mirakel Wip* Became *Miracle Whip [Befreit]*: A Trace Hunt in the Archive. In *Fringe of the Fringe. Queering Punk Media History*, Hrsg. Kathrin Dreckmann, Elfi Vomberg und Linnea Semmerling, 190–206. Berlin: Hatje Cantz.

## Interviews

EIS, ELA. 2021. Persönliches Interview mit der Autorin dieses Beitrages. 26. Oktober 2021.
EIS, ELA, 2022a. Telefonisches Interview mit der Autorin dieses Beitrages. 1. Juli 2022.
EIS, ELA. 2022b. Telefonisches Interview mit der Autorin dieses Beitrages. 15. November 2022.

Šimunović, Darija. 2022. Persönliches Interview mit der Autorin dieses Beitrages. 6. Juli 2022.
Trimpop, Trini. 2022. Telefonisches Interview mit der Autorin dieses Beitrages. 15. Juli 2022.

## Videos

Muscha und Trimpop, Trini. 1979. Mirakel Wip. *Stiftung IMAI Video Katalog*. Videostream, 8:07. https://stiftung-imai.de/videos/katalog/medium/0812. Zugegriffen am 10. Dezember 2022.
EIS, ELA. 1979. Miracle Whip [Befreit]. *Stiftung IMAI Video Katalog*. Videostream, 8:07. https://stiftung-imai.de/videos/katalog/medium/0812. Zugegriffen am 10. Dezember 2022.

Anna Luise Kiss

# Theater-Fans als Forschungsverbündete von Theaterarchiven

**Zusammenfassung:** In diesem Kapitel wird der Frage, wie und mit welchem Zugewinn Fans als Citizen Scientists involviert werden können, aus der Perspektive einer Hochschule der darstellenden Künste nachgegangen, die gerade dabei ist, ein Inszenierungsarchiv aufzubauen. Die Hochschule für Schauspielkunst Ernst Busch in Berlin (HfS) verfügt seit der Zusammenlegung ihrer verschiedenen Abteilungen an einem zentralen Standort über einen Archivbestand, der potenziell mithilfe von Theater-Fans aufgearbeitet und der Öffentlichkeit zugänglich gemacht werden kann. Die hierzu vorgestellten Überlegungen sind als eine erste explorative Skizze zu einem solchen Vorhaben zu verstehen. Sie beruht auf den Erfahrungen der Autorin mit Film-Fans in einem Citizen Science-Projekt und mit einer ersten partizipativen Ausstellung, die an der HfS mit dem Archivbestand realisiert wurde. Die Inhalte dieses Kapitels sind aus dem kollegialen Austausch mit Kolleg*innen aus verschiedenen (Theater-)Archiven sowie einem einschlägigen Projektbeispiel hervorgegangen. Es bietet Einblicke in einen laufenden institutionellen Findungsprozess, an dessen Ende eine Zusammenarbeit mit Theater-Fans als Forschungsverbündete in der gemeinsamen Etablierung eines neuen Theaterarchivs stehen könnte.

**Schlüsselwörter:** Archiv, Citizen Science, Film, Partizipation, Schauspiel, Theater, Theater-Fans

## 1 Zusammenarbeit mit Film-Fans als Citizen Scientists

Meine ersten Erfahrungen mit Citizen Scientists konnte ich im Rahmen einer filmwissenschaftlichen Arbeit an der Filmuniversität Babelsberg Konrad Wolf sammeln. Von Dezember 2019 bis September 2021 leitete ich dort das Projekt „Das filmische Gesicht der Städte“, ein vom Bundesministerium für Bildung und Forschung (BMBF) gefördertes Postdoc-Forschungsprojekt, in dem ich, gemeinsam mit Bürger*innen, die Stadt Potsdam als Filmstadt untersucht habe. Ziel war es, die Prozesse zu verstehen, die hinter der Formierung von Filmstädten und ihren je spezifischen filmgeschichtlichen Profilen liegen. Dabei rückten vor allem filmische Artefakte und Straßennamen im urbanen Raum in den Fokus unseres Interesses, verbunden mit


https://doi.org/10.1515/9783110982114-008

der Frage, wie diese zur Herausbildung filmisch-affizierter Stadträume beitragen. Als Forschungsverbündete haben Bürger*innen, meine studentische Hilfskraft und ich filmische Artefakte in der Stadtlandschaft gemeinsam kartografiert, filmische Straßennamen ausfindig gemacht und die Artefaktstrukturen im öffentlichen Raum analysiert. Die Aufgaben der Theoretisierung, Sichtbarmachung und Publikation lagen bei mir und zwei wissenschaftlichen Mitarbeiter*innen, die das Projekt in seiner finalen Phase begleitet haben. Der Forschungsprozess wurde in einem Podcast[1] sowie in Blog-Beiträgen (vgl. Kiss 2020a)[2] transparent gemacht und die Ergebnisse unserer Arbeit in zwei Ausstellungen im Stadtraum[3] und als Open-Access-Publikation[4] veröffentlicht. Den kleinen Kreis der nicht nur sporadisch, sondern durchgängig mitwirkenden Menschen verband eine bereits länger andauernde emotionale Beziehung zum Film, die Begeisterung für Produktionsgeschichten und Biografien von Filmschaffenden sowie die Lust am Austausch zu diesen Themen. Was uns als Forschende zusammengebracht hat, war das spezielle Interesse an der Geschichte des Potsdamer Studiogeländes im Ortsteil Babelsberg, auf dem seit 1911 Filme produziert werden, sowie an der Filmgeschichte der DDR, die hier seit Mitte der 1940er Jahre bis einige Jahre nach der Wiedervereinigung mit dem DEFA-Spielfilmstudio ihr Zentrum hatte. Genau genommen waren wir ein kleiner, aber engagierter Kreis von Film-Fans mit einem besonderen lokalgeschichtlichen Interesse an der filmischen Entwicklung der Stadt Potsdam. Das Projekt baute auf unseren alltäglichen Praktiken der Kommunikation über Film, dem Besuch von Filmveranstaltungen bis hin zum Sammeln von filmbegleitenden Materialien und der Organisation von eigenen filmspezifischen Formaten auf und stellte einen weiteren speziellen – weil nun institutionalisierten und wissenschaftlichen Parametern folgenden – Rahmen bereit, um über unser „Fanobjekt“ (Roose, Schäfer und Schmidt-Lux 2010, S. 10) kommunizieren und mit ihm interagieren zu können.[5] Diese Kombination stellte sicher, dass wir trotz der Corona-Pandemie intrinsisch motiviert durchgehalten und das Projekt zusammen professionell zu einem erfolg-

1 Der Podcast kann auf der folgenden Webseite aufgerufen werden: https://indiefilmtalk.de/episodes/filmwissenschaft-mehr-als-nur-theorie/. Zugegriffen am 9. Januar 2023.

2 Siehe hierzu auch die etwas ausführlichere englische Übersetzung in Kiss 2020b.

3 Siehe hierzu die Webseite des Forschungsprojekts: https://filmische-stadt.projekte-filmuni.de. Zugegriffen am 8. Januar 2023.

4 Siehe hierzu Kiss 2022.

5 Aus dieser Ausführung spricht eine Definition von „Fantum“, die der von Thomas Schmidt-Lux entspricht. Danach besteht bei Fans eine länger anhaltende emotionale Beziehung zu einem Fanobjekt, die sich in sehr verschiedenen Praktiken der Kommunikation über und der Interaktion mit dem Fanobjekt beobachten lässt (vgl. Schmidt-Lux 2022, S. 23 f.).

reichen Ende gebracht haben.[6] Mehr noch: Einige meiner Kolleg*innen haben ein weiteres, gänzlich eigenständiges und kontinuierlich fortlaufendes Forschungsprojekt zu Filmschaffenden im Ortsteil Groß Glienicke aufgesetzt, das auf einer Internetseite verfolgt werden kann.[7]

## 2 Das potenzielle Inszenierungsarchiv an der Hochschule für Schauspielkunst Ernst Busch

Ende 2021 bin ich von der medienwissenschaftlichen Forschungs- und Lehrtätigkeit in das hauptberufliche Hochschulmanagement gewechselt und damit – scheinbar – weit weg von Forschungskooperationen mit Citizen Scientists. An der Hochschule für Schauspielkunst Ernst Busch in Berlin (HfS) habe ich das Amt der Rektorin übernommen. Die Geschichte der HfS reicht zurück in das Jahr 1905, in dem Max Reinhardt eine Schauspielschule am Deutschen Theater Berlin gründete. 2018 bezog die geschichtsträchtige Hochschule mit sechs ihrer sieben verschiedenen Studiengänge, die bis dahin an unterschiedlichen Standorten in Berlin zu finden waren, einen gemeinsamen Standort in Berlin-Mitte. Mit dem Umzug wurden Teile der Abteilungsarchive erstmals zusammengeführt. Der Archivbestand, der nun am neuen Standort vorliegt, ist äußerst heterogen: Er umfasst hunderte Fotoabzüge des renommierten Fotografen Roger Melis, der die Hochschule und ihre Studioinszenierungen über viele Jahre fotografisch begleitet hat. Zu finden sind auch Inszenierungsfotos der herausragenden Fotografin Helga Paris. Des Weiteren wurden Programme, Handzettel, Plakate und Kritiken zu den hauseigenen Theaterproduktionen gesammelt. Diese Materialien wurden zum Teil in Hängeregistern archiviert, die jeweils einzelnen Inszenierungen gewidmet waren. Werden sie geöffnet, begegnet einem das „Who's who" der deutschen Theater- und Filmlandschaft, das sich zu der Zeit der Fotoaufnahmen und der Produktion der sonstigen Materialien noch im Studium befand. Neben Flachware sind im Archiv unter anderem auch wenige Modellbücher

6 Auch das Citizen Science-Projekt „Kino in der DDR" an der Universität Erfurt, das parallel von Ende 2019 bis Ende 2022 lief (vgl. Rückblick des Projektes unter https://projekte.uni-erfurt.de/ddr-kino/nach-dreijaehriger-laufzeit-forschungsprojekt-kino-in-der-ddr-erfolgreich-beendet/. Zugegriffen am 7. Januar 2023) und ebenfalls von der Corona-Pandemie betroffen war, lebte davon, dass Kino-Fans ihr Wissen zum Kino in der DDR in das Projekt eingebracht haben (vgl. dpa 2021). Siehe hierzu auch den Beitrag von Patrick Rössler, Emily Paatz und Marcus Plaul in diesem Band.

7 Siehe hierzu die Webseite des Projektes „AK Filme und ihre Zeit: Filmschaffende in Groß Glienicke": https://www.filmschaffende-in-gross-glienicke.de. Zugegriffen am 7. Januar 2023.

zu finden. Dabei handelt es sich um Alben mit Fotos und Textauszügen, mit denen ganze Inszenierungen dokumentiert wurden. Ebenfalls zum Bestand gehören zahlreiche Mitschnitte von Inszenierungen und Tonaufnahmen. Aufbewahrt wurden ferner Auszeichnungen und Preise, die der Hochschule über Jahrzehnte verliehen wurden, Holzplatten und Stoffbahnen mit Fotodrucken und einiges mehr. Viele, die den Bestand bislang kennengelernt haben, bekamen leuchtende Augen, denn wer sich mit Theater- und Filmgeschichte auskennt, entdeckt schnell, dass hier die Anfänge bedeutender Schauspieler*innen, Regisseur*innen und Puppenspieler*innen dokumentiert sind, die die deutsche Kunst- und Kulturlandschaft geprägt haben. Andere wiederum sind begeistert, weil aus dem Material die Geschichte der Hochschule und ihrer sie prägenden Pädagog*innen spricht: Spuren künstlerischer Entwicklung, der Auseinandersetzung mit der Theaterpraxis und der methodischen Arbeit in der Lehre der Theaterkünste.

Da der Bestand zu Beginn meiner Amtszeit noch kaum erschlossen war, stellte sich die grundlegende Frage, ob es überhaupt die Aufgabe der HfS sein kann, ein überaus anspruchsvolles Projekt wie den Aufbau eines eigenen Inszenierungsarchivs anzugehen. Ist die sukzessive Einrichtung personell, räumlich und finanziell zu leisten? Wäre es nicht sinnvoller, nur eine grobe Erschließung vorzunehmen und die Übernahme des Bestandes durch ein etabliertes Archiv herbeizuführen? Welchen Zugewinn hätte das Archiv für die Hochschule selbst und vor allem: Würde ein solches Vorhaben von den Hochschulangehörigen mitgetragen werden?

## 3 Ein potenzielles Inszenierungsarchiv erfahrbar machen: die partizipative Ausstellung „Frauen mit Namen, aber unbekannt"

Von der Zusammenarbeit mit den Film-Fans des Citizen Science-Projekts in Potsdam inspiriert, entwickelten die Frauen- und Gleichstellungsbeauftragte der HfS und ich die Idee zu einem partizipativen Ausstellungsprojekt anlässlich des Internationalen Frauentags 2022. Im Archiv hatten wir einen Umschlag gefunden mit der Aufschrift „Frauen mit Namen, aber unbekannt", darin waren zahlreiche Fotos von Frauen vor allem aus den 1920er und 1930er Jahren zu finden. Dabei handelte es sich um in Ateliers gefertigte Künstler*innen-Portraits zur Bewerbung bei Theater und Film. Anhand von weiteren ausgewählten Fotos von bekannten Pädagog*innen aus der Geschichte der Hochschule luden wir die Frauen der HfS ein, sich assoziativ, spekulativ, künstlerisch oder historisch rekonstruierend mit den Fotos auseinanderzusetzen und jeweils ein Plakat für eine Ausstellung zu gestalten. So sind zwölf Ausstellungsplakate entstanden: Das Foto von Dana Herman, auf dessen Rückseite ihre ehemaligen Wohnadressen zu lesen waren, veranlasste uns zu einer biografischen Recherche, die die Vermutung nahelegte, dass es sich um eine von den Nationalsozialisten verfolgte Schauspielerin handeln könnte. Das Foto von Martha Koysela aus dem Jahr 1918, das sie mit einem auffälligen Hut zeigt, inspirierte zu dem Projekt „Martha's Hut" (Abb. 1): Eine fiktionale Geschichte über die Entdeckung von Marthas Leuchtfasern-Hut im Requisitenfundus der HfS, deren „Wahrheitsgehalt" sich durch die Ausstellung eben jenes besonderen Hutes untermauern ließ (vgl. Perner-Wilson 2022). Das Bild einer bekannten Bewegungslehrerin der Hochschule bewegte eine Kollegin dazu, deren Geschichte und pädagogischen Leistungen herauszuarbeiten, und die Fotografie der Regisseurin Brigitte Soubeyran brachte eine Studentin dazu, ein Zeitzeugengespräch mit einem Verwandten der Regisseurin über ihre Arbeit an der HfS zu führen und es in Auszügen in der Ausstellung zu präsentieren. Die Ausstellungseröffnung war gut besucht. Die Plakate waren der Auslöser für einen intensiven Austausch über die Frauen, die die Hochschule geprägt haben, und die vielen Spuren von unbekannten Schicksalen und Biografien, die – über die reine Hochschulgeschichte hinaus – offenbar im Archiv zu finden sind. Eine emotionale Veranstaltung. Die Ausstellung war mehrere Wochen zu sehen. Dabei wurde sie unter anderem einigen Kolleg*innen aus theatergeschichtlichen Sammlungen aus Berlin vorgestellt, die wir eingeladen hatten, um das potenzielle neue Archiv kennenzulernen und uns eine Einschätzung zum weiteren Umgang mit dem Archivmaterial zu geben.

Der positive Verlauf und die Reaktionen auf die Ausstellung sowie die Rückmeldungen der Archiv-Kolleg*innen bestärkten uns darin, dass es durchaus Aufgabe der HfS sein kann, den Aufbau eines eigenen Inszenierungsarchivs anzugehen. Ein öffentlich zugängliches Archiv könnte nicht nur für externe Theaterwissenschaftler*innen, sondern auch für die Hochschulangehörigen selbst einen Zugewinn darstellen: Als inspirierende Materialressource für die Lehre und künstlerische Forschung sowie als künstlerische Inspiration, als Erinnerungsressource und -ort, der einer identitätsstiftenden (Neu-)Verwurzelung dient. Besonders dieser letzte Aspekt ist für die Hochschule nach dem Bezug des neuen Standortes von großer Relevanz. Die partizipative Ausstellungsarbeit machte das potenzielle Archiv für die Hochschulangehörigen auf besondere Weise erfahrbar und ließ erahnen, dass sie das Vorhaben des Archivaufbaus mittragen würden. Mehr noch: Durch ihre Mitwirkung und den Umgang mit dem Archivmaterial wurde deutlich, dass die Unterstützung durch Nicht-Archiv-Expert*innen bei der Erfassung und Kontextualisierung von überschaubaren Teilbeständen des Archivs sowie bei der öffentlichen Präsentation für eine Kunsthochschule mit geringen Ressourcen eine Option darstellt.

**Abb. 1:** Künstlerinnenportrait aus dem Inszenierungsarchiv der HfS Ernst Busch. Es zeigt Martha Koysela im Jahr 1918 und inspirierte zum künstlerischen Projekt „Martha's Hut".

Der archivarische Zugewinn, der geschaffen wurde, und die Begeisterung, die die Arbeit mit dem Archivmaterial und die Präsentation ausgelöst haben, geben Anlass, explorative Überlegungen darüber anzustellen, wie Theater-Fans als Forschungsverbündete für den Aufbau des Inszenierungsarchivs der HfS gewonnen werden und welcher Mehrwert daraus entstehen könnte.

# 4 Theater-Fans als Forschungsverbündete beim Aufbau des Inszenierungsarchivs der Hochschule für Schauspielkunst Ernst Busch

Ohne eine tiefergehende Analyse der Berliner Theater-Fan-Szene vorlegen zu können, aber mit Rückgriff auf die Erfahrungen mit den Film-Fans im Potsdamer Filmstadt-Projekt, darf von verschiedenen Eigenschaften ausgegangen werden, die Theater-Fans als Forschungsverbündete eines Theaterarchivs als besonders geeignet auszeichnen: Aufgrund ihrer Fan-Praktik des „Ins-Theater-Gehens“ sind sie voraussichtlich bereit, einen weiteren spannenden Theaterort aktiv aufzusuchen, mit den Institutionsangehörigen zu interagieren und sich für den Ort und seine Menschen über einen bestimmten Zeitraum regelmäßig zu engagieren. Kommunikation über das Fanobjekt Theater gehört wesentlich zum Theaterbesuch, sei es in der Pause oder nach der Vorstellung in der Theaterkantine oder der Stammkneipe. Die gemeinschaftliche Bewertung und der Vergleich von zurückliegenden Inszenierungen, Besetzungen und schauspielerischen Leistungen sind eine zentrale Fan-Praktik, wodurch nicht nur von einem grundsätzlich hohen Kommunikationsinteresse über das Theater ausgegangen werden kann, sondern von der Fähigkeit, Informationen aus dem Archiv im Team und vernetzt denkend auszuwerten und einordnen zu können. Theater-Fans haben sich etwa durch das Abonnement einer Theaterzeitschrift oder das Lesen von Rezensionen und Hintergrundtexten in einem Online-Medium ein erweitertes Theaterwissen angeeignet, das für diese kontextualisierende Arbeit im Archiv fruchtbar gemacht werden kann. Sie haben einschlägige Erfahrungen mit den Paratexten des Theaters wie Handzetteln, Programmheften und Plakaten oder sammeln diese sogar, wodurch eine Nähe zum Umgang mit Archivmaterial gegeben ist.

Theaterarchive verfügen schon lange über Erfahrungen in der Zusammenarbeit mit Ehrenamtlichen. So arbeitet das Deutsche Theatermuseum in München kontinuierlich mit Ehrenamtlichen zusammen (vgl. Volz 2022) und auch in Düsseldorf im Theatermuseum und im Dumont-Lindemann-Archiv wird das „Lebenswissen“ von Ehrenamtlichen als „theaterhistorisches Wissen“ genutzt (vgl. Förster 2023). Am Archiv Darstellende Kunst der Akademie der Künste in Berlin wird aktuell diskutiert, ob z. B. die Theaterzettel-Sammlung oder der DokFonds (Programmhefte und Kritiken) durch Citizen Scientists bearbeitet werden können (vgl. Dörschel 2022). Das Deutsche Theatermuseum ist gerade im „Aufbau und der Erweiterung des Workflows im Bereich der Digitalisierung und der Zugänglichkeit der Sammlung“, um Citizen Science-Projekte zu ermöglichen (vgl. Volz 2022). Auch im Fachbereich Theater und Tanz der Universitätsbibliothek der Universität der Künste wird ein „Umbruch im Umgang mit Beständen“ gesehen, der „Möglichkeiten zur Einbindung von Citizen

Scientists“ mit sich bringen wird (Kramer 2023). Hier finden aktuell Überlegungen für ein Erfassungsprojekt zu Videoinhalten im Bereich Theater und Tanz mit Hilfe von Institutsmitgliedern statt. Dabei handelt es sich zwar (noch) nicht um ein Citizen Science-Projekt, aber die Erfahrungen, die gesammelt werden, um einen „bestmöglichen Kompromiss zwischen bibliothekarischen Standards und einer auch für Laien zu realisierenden Erfassung“ herzustellen, sind wichtig, um Projekte mit Bürger*innen perspektivisch realisieren zu können (Kramer 2023). Für den Fachinformationsdienst für Darstellende Kunst können zwei zurückliegende Projekte retrospektiv in der Nähe des Citizen Science-Ansatzes verortet werden. Sie wurden allerdings zum Zeitpunkt ihrer Durchführung nicht als solche benannt.[8] Eine Blaupause für das Gewinnen von und die Zusammenarbeit mit dezidierten Theater-Fans als Citizen Scientists gibt es demnach in den Theaterarchiven noch nicht.

## 5 Das Zettelschwärmer-Projekt

Jenseits der Theaterarchive gibt es allerdings ein Projekt, das für den Fokus auf Theater-Fans als Vorbild herangezogen werden kann: Das Zettelschwärmer-Projekt, das im MARCHIVUM in Mannheim angesiedelt ist.[9] Das MARCHIVUM ist nicht nur das Stadtarchiv von Mannheim, sondern fungiert zugleich als Haus der Stadtgeschichte und Erinnerung.[10] Während der Corona-Pandemie konnten die Ehrenamtlichen, mit denen das MARCHIVUM bis dahin zusammengearbeitet hatte, nicht mehr ins Archiv kommen, sodass die Idee entstand, einen bereits digitalisierten Bestand von 299 Theaterzettelbänden, die das Repertoire des Nationaltheaters ab 1779 dokumentieren, über eine browserbasierte Eingabemaske durch Crowdsourcing erschließen zu lassen (vgl. Throckmorton 2022, S. 79–81). Im Februar 2022 startete das Projekt. Das MARCHIVUM konnte das Nationaltheater Mannheim als Kooperationspartner gewinnen, sodass in der „Wunderkammer“ des Theaters – hierbei handelt es sich um ein altes Requisitenlager – mit Unterstützung des Schauspielers László Branko Breiding ein Werbeclip für das Projekt produziert wurde. Des Weiteren wurden Flyer verteilt, eine Anzeige im Magazin des Nationaltheaters geschaltet (vgl. Throckmorton 2023)

---

**8** Dabei handelt es sich um eine Masterarbeit, die Musikbestände der Sammlung erfasste sowie die Arbeit von Paul S. Ulrich, der Personen der Theateralmanache und -journale erfasst hat (vgl. Voß 2023).

**9** Vgl. die Webseite des Projektes: https://www.marchivum.de/de/zettelschwaermer. Zugegriffen am 7. Januar 2023.

**10** Vgl. die Webseite des MARCHIVUM: https://www.marchivum.de/de/ueber-uns. Zugegriffen am 7. Januar 2023.

und im Newsletter des Fördervereins des Nationaltheaters[11] darauf verwiesen sowie Netzwerkpartner*innen auf vielfältige Weise in die Bewerbung einbezogen (vgl. Throckmorton 2022, S. 81 f.). So konnten bis heute über 50 Mitwirkende gewonnen werden. Im Januar 2023 sind 57 Theaterzettelbände von ihnen erschlossen worden. Die Inhalte von sechs Spielzeiten sind, nachdem sie eine Prüfung der Erfassung durchlaufen haben, online zu finden.[12] Die Projektverantwortlichen waren selbst über den Erfolg des Projektes überrascht und betonen, dass Menschen gewonnen werden konnten, die sich zuvor nicht für das Stadtarchiv interessiert haben (vgl. Throckmorton 2023 und Throckmorton 2022, S. 83). Unter den Citizen Scientists befinden sich Hobby-Historiker*innen, ehemalige Theatertechniker*innen, Verwandte von Schauspieler*innen und auch eine ganze Reihe von „High Performern", also besonders fleißigen Mitwirkenden, die, so Thomas Throckmorton (Abteilungsleiter des Historischen Archivs des MARCHIVUM), als Theater-Fans bezeichnet werden können (vgl. Throckmorton 2023). Sie ziehen ihre Motivation aus einer langanhaltenden Identifikation mit dem Nationaltheater Mannheim und aus der lustvollen „Detektivarbeit" z. B. mit Bezug auf heute nicht mehr bekannte Regisseur*innen (vgl. Throckmorton 2023). Throckmorton verweist darauf, dass neben der wertvollen Erschließungsarbeit die Zusammenarbeit auch einen wichtigen Lernprozess für das Archiv mit sich gebracht hat. So seien sie im Stadtarchiv als Historiker*innen und Archivar*innen an die Theaterzettel herangegangen, während die Theater-Fans die Perspektive der Theaterpraxis eingebracht hätten. Durch die Orientierung nicht allein an der Quelle, sondern an der Inszenierungspraxis, die durch die Theater-Fans eingebracht wurde, konnten in der Erfassung Korrekturen vorgenommen werden, die die Auffindbarkeit potenziell verbessern werden. Das Projekt wird voraussichtlich noch drei Jahre fortgeführt, bis alle Bände erfasst worden sind.

Aus dem Zettelschwärmer-Projekt kann die HfS lernen, dass für die Gewinnung von Theater-Fans auf die Knotenpunkte der Szene gezielt zugegriffen und Kooperationen geschlossen werden müssen. Dazu gehören die Theater selbst, die Fördervereine und Freundeskreise der Theater sowie der Einbezug des eigenen Fördervereins[13] und weiterer theaterbezogener Vereine wie etwa die Initiative

---

11 Vgl. den Newsletter des Vereins Freunde und Förderer des Nationaltheaters Mannheim: https://www.freunde-nationaltheater.de/index.php/aktuelles/newsletter/456-newsletter-februar-2022. Zugegriffen am 7. Januar 2023.

12 Vgl. die Sammlung der Theaterzettel: https://druckschriften-digital.marchivum.de/theaterzettel/nav/index/all. Zugegriffen am 7. Januar 2023.

13 Wobei anzumerken ist, dass es Museen gibt, die die Erfahrung gemacht haben, dass die eigenen Fördervereine keineswegs der direkte Weg zu einer gemeinsamen Gestaltung von Gedächtnisorten darstellen, weil die Mitglieder bereits engagiert sind und sich nur schwer für zusätzliche Archiv-

TheaterMuseumBerlin e.V. oder die Gesellschaft für Theatergeschichte e.V. Auch eine aktive Ansprache von ehemaligen Mitarbeitenden und Lehrenden sowie Alumni auch von theaterwissenschaftlichen Studiengängen ist ein Weg, um Mitwirkende zu gewinnen.[14] Hilfreich wird eine Medienpartnerschaft mit einem Theatermagazin sein, um unter deren Abonnent*innen Mitwirkende zu finden sowie das Engagement von prominenten ehemaligen Studierenden, die das Projekt in einer Patenschaft aktiv bewerben und begleiten. Das Zettelschwärmer-Projekt, das auch die Begegnung der Mitwirkenden ermöglicht hat (vgl. Throckmorton 2023), zeigt auch, dass selbst bei einem onlinebasierten Crowdsourcing-Projekt ein Austausch vor Ort organisiert werden muss, damit die Fan-Praktik des Pausenaustausches gelebt werden kann. Ferner soll in Anbetracht der geringen Ressourcen der Hochschule in der Zusammenarbeit mit Theater-Fans ein deutlich abgegrenzter, überschaubarer Archivbestand herangezogen werden, aus dem ein zeitlich beherrschbares und erfolgreich abzuschließendes Projekt für alle Beteiligten abgeleitet werden kann.[15] Auf diese Weise kann, trotz des zusätzlichen Aufwands, ein zu rechtfertigender archivarischer Zugewinn gemeinsam erarbeitet werden. Was den zu bearbeitenden Archivbestand anbelangt, zeigen die Zettelschwärmer, dass gerade die Befassung mit Künstler*innen für Theater-Fans attraktiv ist. Auch ein Citizen Science-Projekt des Historischen Archivs des Bayerischen Rundfunks zur Erschließung rundfunkhistorischer Fotobestände verweist darauf (vgl. Leibner 2021, S. 34). Hier waren es insbesondere Fotos aus dem Themenbereich Schauspieler*innen und Künstler*innen, die besonders häufig von den Citizen Scientists für die Erschließung herangezogen wurden. Infrage kommt demnach Archivgut – wie etwa Fotos, Theaterzettel oder Inszenierungsmitschnitte sowie die einzelnen Inszenierungs-Hängeregister –, das insbesondere in Bezug auf die erwähnten und abgebildeten Künstler*innen hin untersucht wird. In Ergänzung zu den Hinweisen, die aus dem Zettelschwärmer-Projekt gezogen werden können, sollte ein Weg gefunden werden, wie neben der rein archivarischen und wissenschaftlichen auch eine künstlerisch forschende, assoziative oder spekulative und präsentierende Zusammenarbeit mit Theater-Fans ermöglicht werden kann. Gerade die kreative, künstlerische und auf Präsentationen ausgerichtete Auseinandersetzung ist etwas, das ein Archiv an einer Hochschule der Theaterkünste den Theater-Fans und Hochschulangehörigen als einzigartige Bereicherung bieten kann.

---

vorhaben motivieren ließen. Vgl. zu den Fördervereinen von Museen und partizipativer Mitgestaltung Hartinger 2016, S. 190 f.

**14** Die Ansprache von Ehemaligen wird auch von Sandra Leibner empfohlen (vgl. Leibner 2021, S. 32 und S. 34).

**15** Vgl. zur Empfehlung thematisch abgesteckter und überschaubarer Quellenkorpora z. B. Huber, Kansy und Lüpold 2020, S. 148.

# 6 Ausblick

Bis wir so weit sind, Theater-Fans als Forschungsverbündete für den Aufbau des Inszenierungsarchivs der HfS einzubeziehen, ist noch einiges zu tun. Aktuell laufen zwei Projekte: Gefördert durch die „Koordinierungsstelle für die Erhaltung des schriftlichen Kulturguts“ wird durch einen externen Dienstleister ein Bestandserhaltungskonzept erstellt und stark beschädigtes Archivgut konservatorisch behandelt. Gefördert durch das „Forschungs- und Kompetenzzentrum Digitalisierung Berlin“ wird ein grundlegender Workflow für die Erschließung des Archivs (inklusive Digitalisierung) definiert und erprobt. Eine weitere Ausstellung im Foyer der Hochschule ist in Planung. Im Juli 2023 startet ein Forschungsprojekt in Kooperation mit der Humboldt-Universität, in dessen Rahmen insbesondere die Inszenierungs-Hängeregister archivarisch aufbereitet werden. Dies alles sind wichtige und grundlegende Schritte auf dem Weg zu einer guten Arbeitsumgebung für Theater-Fans.

Zugleich sollte noch nicht alles vorab festgelegt und entschieden sein, wenn die Theater-Fans angefragt werden. Gerade das Mitgestalten eines Archivs im Aufbau stellt sicherlich einen weiteren wichtigen Motivationsgrund für Theater-Fans dar. Vor allem aber bietet die mittelfristige Integration der Theater-Fans die besondere Chance, ein Archiv zu gestalten, das Partizipation von Anfang an vorsieht. Es zeigt sich immer wieder, dass gerade dort, wo Strukturen bereits sehr ausdefiniert sind, eine Öffnung hin zu mehr bürgerschaftlichem Engagement schwierig ist.[16] Deswegen sollte hier der Versuch unternommen werden, geschlossene Strukturen gar nicht erst entstehen zu lassen, sondern von Anfang an Strukturen zu gestalten,[17] die die Mitwirkung von Studierenden, Lehrenden, Mitarbeiter*innen, Theater-Fans als Citizen Scientists und Forscher*innen gleichermaßen vorsehen und ein archivarisches, wissenschaftliches, kreatives, künstlerisches und künstlerisch-forschendes Arbeiten fördern.

---

16 Vgl. zu den Schwierigkeiten von Museen, sich auf andere Formen der Museumsarbeit mit Bürger*innen einzulassen, Hartinger 2016, S. 198.

17 So wäre z. B. die gemeinsame Entwicklung eines Fortbildungskonzepts für die Forschungsarbeit ein Beispiel für neu geschaffene Strukturen. Andere archivbasierte Citizen Science-Projekte haben gezeigt, dass für die wissenschaftliche Qualität der Forschungsarbeit ausgiebige gemeinsame Schulungen notwendig sind. Diese werden bislang vorwiegend von Forscher*innen für die Bürger*innen konzipiert und könnten hier zu einem ersten gemeinsamen Projekt werden. Vgl. zum Thema der Archivfortbildungen z. B. Schneider und Quell 2016.

# Medienverzeichnis

## Abbildungen

Abb. 1: Künstlerinnenportrait aus dem Inszenierungsarchiv der HfS Ernst Busch. Es zeigt Martha Koysela im Jahr 1918 und inspirierte zum künstlerischen Projekt „Martha's Hut". © 1918 Fotoatelier Pollo H:fors.

## Literatur


dpa. 2021. Uni Erfurt erforscht DDR-Kinoalltag. In *Zeit.* https://www.zeit.de/news/2021-07/11/uni-erfurt-erforscht-ddr-kinoalltag?utm_referrer=https%3A%2F%2Fwww.google.com%2F. Zugegriffen am 9. Januar 2023.

Freunde und Förderer des Nationaltheaters Mannheim e.V. 2022. Newsletter Februar 2022. *Freunde und Förderer des Nationaltheaters Mannheim e.V.* https://www.freunde-nationaltheater.de/index.php/aktuelles/newsletter/456-newsletter-februar-2022. Zugegriffen am 9. Januar 2023.

Hartinger, Anselm. 2016. Bürgerwissenschaft und Stadtmuseum. Anmerkungen aus der Museumspraxis. In *Bürger Künste Wissenschaft: Citizen Science in Kultur und Geisteswissenschaften*, Hrsg. Kristin Oswald und René Smolarski. 183–198. Gutenberg: Computus Druck Satz & Verlag.

Huber, Christian J., Lambert Kansy und Martin Lüpold. 2020. Crowdsourcing in Archiven. Ein Werkstattbericht. In *Archivar. Zeitschrift für Archivwesen*, 73(2): 145–149.

Kiss, Anna Luise. 2020a. Citizen Science: Vom Gewinnen im Scheitern (Teil 1–3). In *Open Media Studies*. https://mediastudies.hypotheses.org/2280. Zugegriffen am 9. Januar 2023.

Kiss, Anna Luise. 2020b. Citizen Science: „Try Again. Fail Again. Fail better" (Part 1–3). *iamhist.* https://iamhist.net/2020/09/citizen-science-try-again-fail-again-fail-better-part-1/. Zugegriffen am 9. Januar 2023.

Kiss, Anna Luise. 2022. *Die filmische Straßenlandschaft in Potsdam. Palimpsest – Kulturelle Arena – Performativer Raum. Mit Beiträgen von Johann Pibert*. Hamburg: AVINUS. https://produkte.avinus.de/produkt/kiss-die-filmische-strassenlandschaft-in-potsdam-pdf. Zugegriffen am 9. Januar 2023.

Leibner, Sandra. 2021. Citizen Science-Projekt des Historischen Archivs des Bayerischen Rundfunks zur Erschließung rundfunkhistorischer Fotobestände. Ein Erfahrungsbericht. In *Archivar. Zeitschrift für Archivwesen*, 74(1): 31–34.

o. Verf. 2021. AK Filme und ihre Zeit: Filmschaffende in Groß Glienicke. Leben und Wirken zwischen Babelsberg und Berlin. *Filmschaffende in Groß Glienicke*. https://www.filmschaffende-in-gross-glienicke.de. Zugegriffen am 9. Januar 2023.

o. Verf. 2022. Indiefilmtalk: Filmwissenschaft: Mehr als nur Theorie. Mit Dr. Anna Luise Kiss. *Indiefilmtalk*. https://indiefilmtalk.de/episodes/filmwissenschaft-mehr-als-nur-theorie/. Zugegriffen am 9. Januar 2023.

o. Verf. 2022. Rückblick auf drei Jahre „Kino in der DDR". Mitmach-Projekt zur Kinogeschichte der DDR erfolgreich beendet. *Kino in der DDR*. https://projekte.uni-erfurt.de/ddr-kino/nach-dreijaehriger-laufzeit-forschungsprojekt-kino-in-der-ddr-erfolgreich-beendet/. Zugegriffen am 9. Januar 2023.

o. Verf. o. D. Willkommen auf der Seite des filmwissenschaftlichen Forschungsprojekts. Das filmische Gesicht der Städte. *Das filmische Gesicht der Städte*. https://filmische-stadt.projekte-filmuni.de. Zugegriffen am 9. Januar 2023.

o. Verf. o. D. Marchivum: Druckschriften Digital, Alle Aufführungen. *Marchivum. Druckschriften digital*. https://druckschriften-digital.marchivum.de/theaterzettel/nav/index/all. Zugegriffen am 9. Januar 2023.

o. Verf. o. D. Marchivum: Über uns. *Marchivum*. https://www.marchivum.de/de/ueber-uns. Zugegriffen am 9. Januar 2023.

o. Verf. o. D. Marchivum: Zettelschwärmer – Crowdsourcing für Mannheims Theaterzettel. *Marchivum*. https://www.marchivum.de/de/zettelschwaermer. Zugegriffen am 9. Januar 2023.

Roose, Jochen, Mike S. Schäfer und Thomas Schmidt-Lux. 2010. Einleitung. Fans als Gegenstand soziologischer Forschung. In *Fans. Soziologische Perspektiven*, Hrsg. Jochen Roose, Mike S. Schäfer und Thomas Schmidt-Lux, 9–25. Wiesbaden: Springer VS.

Schmidt-Lux, Thomas. 2022. „One more cup of coffee 'fore I go". Anmerkungen zum Stand der Fanforschung. In *Fankulturen und Fankommunikation*, Hrsg. Stefan Hauser und Simon Meier-Vieracker, 15–28. Berlin: Peter Lang.

Schneider, Karl H. und Anna Quell. 2016. 30 Jahre Heimatforscherfortbildung in Niedersachen. Bilanz und Ausblick. In *Bürger Künste Wissenschaft: Citizen Science in Kultur und Geisteswissenschaften*, Hrsg. Kristin Oswald und René Smolarski, 103–117. Gutenberg: Computus Druck Satz & Verlag.

Throckmorton, Thomas. 2022. Zettelschwärmer. Ein Crowdsourcingprojekt zu den Theaterzetteln des Mannheimer Nationaltheaters. In *Mannheimer Geschichtsblätter*, 43: 79–83.

Perner-Wilson, Hannah. 2022. Martha's Hat. *Plusea*. https://www.plusea.at/?p=7237. Zugegriffen am 9. Januar 2023.

## Interviews

Dörschel, Stephan (Abteilungsleiter Archiv Darstellende Kunst – Akademie der Künste). 2022. E-Mail an die Autorin. 28. Dezember 2022.

Förster, Sascha (Institutsleitung Theatermuseum & Dumont-Lindemann-Archiv). 2023. E-Mail an die Autorin. 2. Januar 2023.

Kramer, Friederike (Fachreferentin Theater und Tanz, Universitätsbibliothek der Universität der Künste Berlin). 2023. E-Mail an die Autorin. 3. Januar 2023.

Throckmorton, Thomas (Abteilungsleitung Historisches Archiv, Marchivum). 2023. Telefonat mit der Autorin. 3. Januar 2023.

Volz, Dorothea (Direktorin Deutsches Theatermuseum). 2022. E-Mail an die Autorin. 27. Dezember 2022.

Voß, Franziska (Projektleitung und Koordination Fachinformationsdienst für Darstellende Kunst). 2023. E-Mail an die Autorin. 4. Januar 2023.

Patrick Rössler, Emily Paatz und Marcus Plaul

# Wenn *Go Digital!* versagt: Hindernisse für die Beteiligung von Fans an Citizen Science – eine Evaluation

**Zusammenfassung:** Da das Kino in der DDR stets Teil einer staatlich gelenkten Film- und Kulturpolitik war, die keinerlei unabhängiger Studien zur Wahrnehmung und Rezeption des Films durch sein Publikum bedurfte, ist heute wenig über die Rolle des Kinos im Alltag der DDR-Bürger*innen bekannt. An dieser Stelle setzte das im Herbst 2022 abgeschlossene Forschungsprojekt „Kino in der DDR – Rezeptionsgeschichte ‚von unten'" an, das ab 2019 an der Interdisziplinären Forschungsstelle für historische Medien (IFhM) der Universität Erfurt angesiedelt war und die Forschungsbereiche der Geschichts-, Informations- und Kommunikationswissenschaft verband.[1] Ziel des Projektes war es, die Kinogeschichtsforschung auf Grundlage eines Citizen Science-Ansatzes um die Sichtweise der DDR-Kinobesucher*innen zu erweitern.

**Schlüsselwörter:** Citizen Science, DDR, Digitalisierung, Digital Natives, Kino, Kinogeschichtsforschung, Nutzungsverhalten, Silver Surfer, Zeitzeug*innnen

## 1 Die Citizen Science-Plattform „Kino in der DDR"

Seit seiner massenhaften Verbreitung zu Beginn des vorigen Jahrhunderts stellte der (Kino-)Film ein reichhaltiges Potenzial zur Ausbildung von Fankulturen bereit. Rund um einzelne Filme (z. B. *Casablanca* [1942]), komplette Filmreihen (z. B. *Star Wars* [1977–heute]), einzelne Kunstfiguren (z. B. James Bond) bis hin zu ganzen Genres (z. B. Western-Filme) oder Stiltypen (z. B. Bollywood-Kino) finden sich Fans zusammen – und insbesondere natürlich in der Identifikation mit einzelnen populären Schauspieler*innen: von Asta Nielsen, die als weltweit erster Filmstar gilt, über Marilyn Monroe und Brigitte Bardot bis zu Johnny Depp und den Stars unserer Tage.[2] Auch über 30 Jahre nach der Wiedervereinigung der deutschen Staaten existiert bis heute eine große Gruppe von Anhänger*innen des Films in der DDR, der

---

1 Das Projekt wurde von der Thüringer Aufbaubank gefördert. Für weitere Informationen siehe https://projekte.uni-erfurt.de/ddr-kino/. Zugegriffen am 7. Januar 2023.

2 Vgl. am Beispiel von Spanien Pujol Ozonas 2011.


https://doi.org/10.1515/9783110982114-009

sich sowohl technisch als auch künstlerisch von vielen Bewegungen in den westlichen Nationen (Hollywood-Mainstream-Kino, Nouvelle Vague etc.) abhob.[3] Diese Personen, die zumeist noch persönlich auf Kinoerlebnisse in der DDR zurückgreifen können, werden regelmäßig von den Kommunikationsangeboten der DEFA-Stiftung (Berlin)[4] angesprochen; deren Erfahrungshorizont deckt nicht nur die eigentlichen DEFA-Eigenproduktionen ab, sondern meint zumeist auch die über den staatlichen Filmverleih Progress vertriebenen, internationalen Produktionen mit.

Um die Kinogeschichtsforschung um die Sichtweise dieser DDR-Kinobesucher*innen zu erweitern, sollte im Citizen Science-Projekt „Kino in der DDR – Rezeptionsgeschichte ‚von unten'" Quellenmaterial (wie Zeitzeug*innenberichte, Fotografien oder auch andere private Zeugnisse) zum Kinobesuch in der DDR auf einer digitalen Plattform gesammelt werden.[5] Gerade angesichts des absehbaren Generationenwechsels erschien diese Aufgabe dringlich, da auskunftsfähige Fans des DDR-Kinos, die dieses noch über einen längeren Zeitraum erlebt haben, in den nächsten Jahren zunehmend versterben werden. Somit stellt sich die Frage, ob zeitgenössische Citizen Science-Ansätze, die auf der Anwendung digitaler Werkzeuge beruhen, auch geeignet sind, um historisches Bürger*innenwissen zu bündeln und diese kulturellen Erlebnisse und Ausdrucksformen weitergehender Forschung zu erschließen. Der vorliegende Beitrag widmet sich dieser Fragestellung, indem zunächst die Citizen Science-Plattform „Kino in der DDR" kursorisch mit ihren Funktionalitäten vorgestellt wird, bevor anschließend anhand der Befunde zweier systematischer Evaluationen ein kritisches Resümee gezogen wird. Im Gesamtergebnis ist festzuhalten, dass sich digitale Citizen Science-Initiativen zu alltagshistorischen Themen offenbar in einem Generationendilemma befinden, wenn die langjährigen Fans des DDR-Kinos inzwischen häufig bereits zu alt sind, um noch gut mit digitalen Plattformen zurechtzukommen; während umgekehrt diejenigen „Digital Natives", die die technologischen Grundlagen leicht beherrschen, zu meist zu jung sind, um noch tatsächlich Fan gewesen zu sein oder es nachträglich werden zu können.

3 Siehe hierzu zuletzt etwa Wagner und Schütt 2021.

4 Siehe hierzu die Webseite der DEFA-Stiftung: https://www.defa-stiftung.de/; u. a. mit Newsletter, Blog, Hinweisen auf Veranstaltungen, Jubiläen, Neuerscheinungen etc. und weiteren Offline-Angeboten wie Broschüren, Büchern, Filmeditionen usw. Zugegriffen am 7. Januar 2023.

5 Zur Notwendigkeit einer Erweiterung der DDR-Kinogeschichtsforschung um die Perspektive des Publikums siehe auch Carius et al. 2020.

## 2 Die Citizen Science-Plattform „Kino in der DDR"

Zum Verständnis der Nutzerevaluationen ist es unerlässlich, die Citizen Science-Plattform „Kino in der DDR" zumindest in ihren Grundzügen kennenzulernen.[6] Sie besteht im Wesentlichen aus zwei mittels einer Anwendungsschnittstelle (kurz: API, Application Programming Interface) miteinander verbundenen Komponenten: (1) der virtuellen Forschungsumgebung „Kino in der DDR", die als kartenbasiertes Kinomodul für alle Online-Nutzer*innen sichtbar ist und mit der Bürger*innen ihre Erinnerung an das Kino in der DDR teilen können; und (2) der im Hintergrund arbeitenden Plattform COSE (Citizen Open Science Erfurt) mit grundlegenden Funktionen zum Verwalten von Nutzerdaten, die grundsätzlich auch die Adaption auf andere Themengebiete als das Kino in der DDR ermöglicht.[7]

(1) Für das für alle Nutzer*innen des Internets aufrufbare Kinomodul wurde als primärer, intuitiver Zugang eine interaktive Karte gewählt (Abb. 1), anhand derer geografische Punkte markiert, als Kinostandorte definiert und anschließend mit Zusatzinformationen versehen werden können. Gerade mit Blick auf Fankulturen wären auch andere Zugänge denkbar gewesen, etwa über „Kultfilme" der Epoche (z. B. *Die Legende von Paul und Paula* [1973], *Drei Haselnüsse für Aschenbrödel* [1973]) oder über die populären Schauspieler*innen (z. B. Annekathrin Bürger, Gojko Mitić). Diese hätten allerdings den Nachteil, dass den Nutzer*innen keine übersichtliche, sofort erkennbare Gesamtstruktur angeboten werden kann. Umgekehrt ist der Film als Aufführungsmedium zwingend an einen Rezeptionsort gebunden, weshalb die Erschließung über die Kinostandorte in einem abgeschlossenen Territorium für eine alltagsgeschichtliche Sammlung von filmbezogenem Material naheliegt.

Zu jedem Kino lässt sich dann zunächst ein vorgegebener Satz an Basisdaten eintragen, soweit diese bekannt sind (Abb. 2a/b). Hierunter fallen der aktuelle Name, die Adresse, die geografischen Koordinaten, der Betriebszeitraum, ein Bild des Kinos, der Typ des Kinos und dessen Geschichte. Darüber hinaus können zusätzliche Informationen hinterlegt werden – insbesondere die im Zeitverlauf variierenden Daten wie die (öfters wechselnden) historischen Namen und Adressen, die Anzahl der Säle und deren Sitzplätze sowie Erfahrungsberichte und weitere Bilder zum jeweiligen Kino. All diese in der Datenbank abgespeicherten Informationen rund um ein Kino werden durch einen eindeutigen Identifikator miteinander verknüpft.

6 Vgl. hier und im Folgenden ausführlich Haumann et al. 2022.

7 Der Quellcode der virtuellen Forschungsplattform „Kino in der DDR" ist auf der GitHub-Webseite verfügbar: https://github.com/cos-ue. Zugegriffen am 7. Januar 2023.

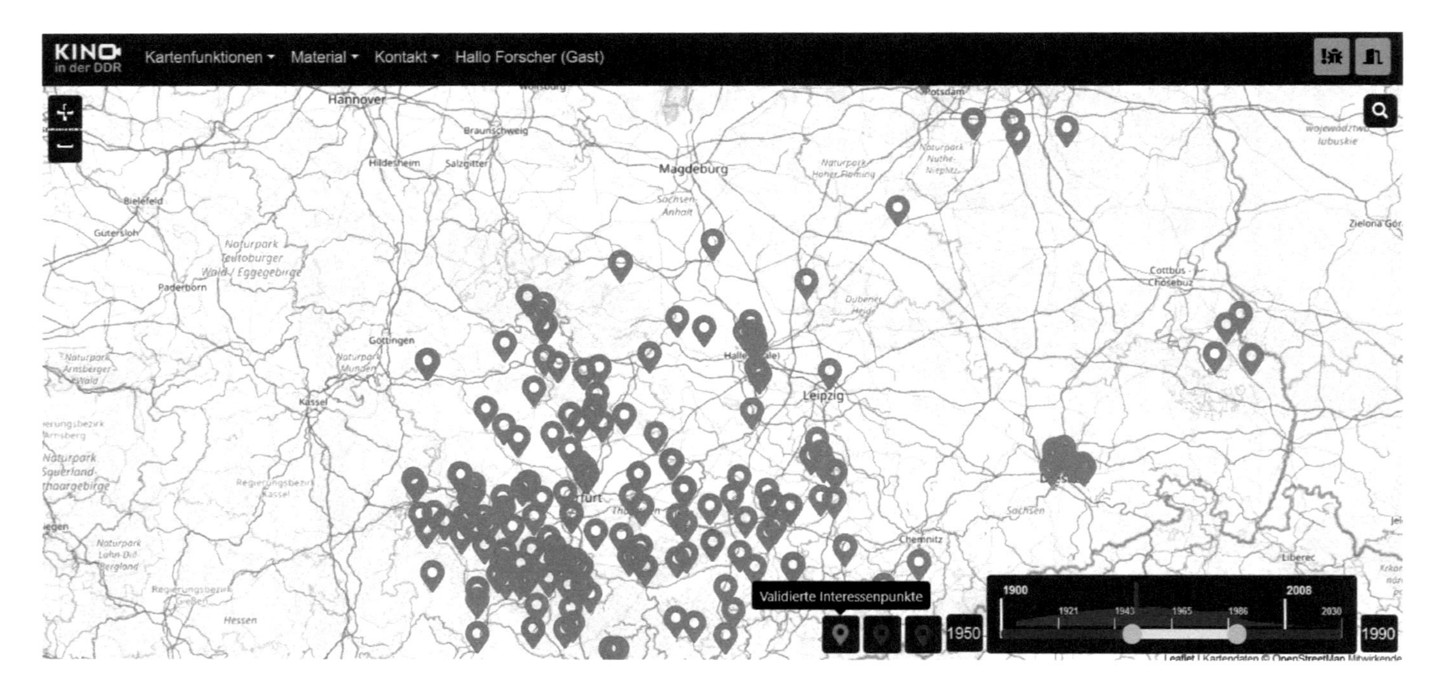


**Abb. 1:** Interaktiver Kartenausschnitt (Mitteldeutschland) mit validierten Interessenpunkten (jeder grüne Reiter entspricht einem hinterlegten Kino).

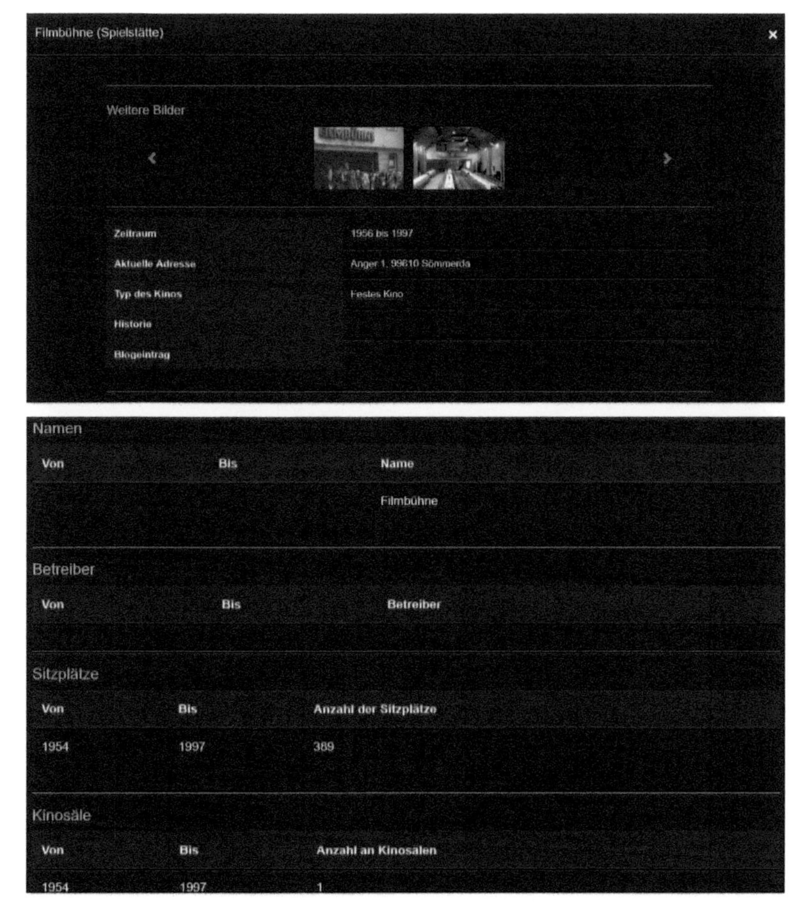


**Abb. 2a/b:** Abrufbarer Datenbankeintrag zu einem Kino (Filmbühne Sömmerda) mit Bild- und Textinformationen.

(2) Die Plattform COSE dient primär dem Community Management und wird von der Projektkoordination genutzt, um die Nutzerdaten zu verwalten und – falls erforderlich – die Einträge der Nutzer*innen zu korrigieren; d. h. das Anlegen, Ändern und Löschen von Texten, Bildern oder Bildinformationen (Abb. 3). Weitere Auswahloptionen eröffnen den Zugang zu einem Gamification-Element (Statuspunkte für aktive Nutzer*innen) und zur API-Schnittstelle, neben der Administration der persönlichen Angaben. Der Zugang zu diesem Herzstück der digitalen Anwendung ist dementsprechend restriktiv zu gestalten.

Ein wesentliches Element des Citizen Science-Prozesses ist die Selbststeuerung des Wissensaufbaus durch die Community. Aus diesem Grund muss jeder

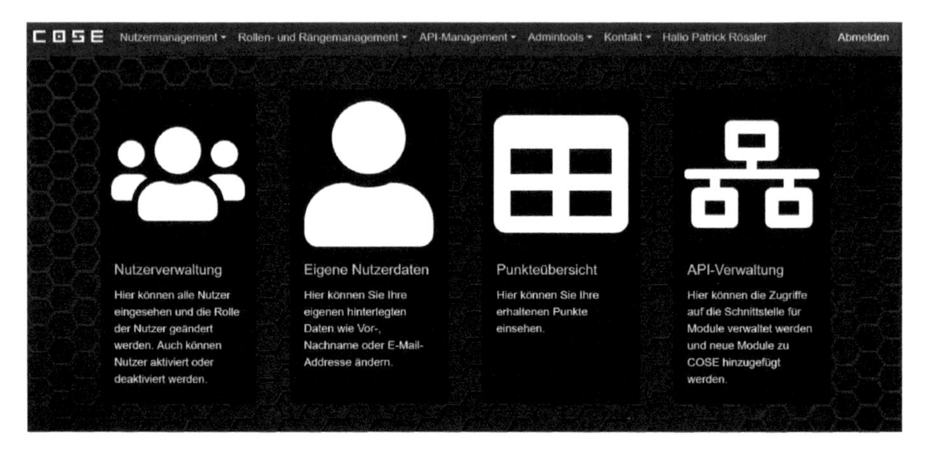


**Abb. 3:** Benutzeroberfläche der Administrations-Plattform COSE mit verschiedenen Funktionselementen.

neu angelegte Datenpunkt, bevor er als bestätigter Kinostandort in den Sammlungskorpus aufgenommen wird, durch mindestens eine/n andere/n Nutzer*in validiert werden, der/die die Richtigkeit der dort gemachten Angaben überprüft und bestätigt. Dieses selbstregulatorische Element reduziert die Gefahr reiner Spaßeinträge und entlastet die Projektleitung, denn Ziel der meisten Citizen Science-Initiativen ist die verteilte Verantwortung für den gemeinschaftlich erzeugten Datenbestand. Für die Koordinator*innen ist über die COSE-Plattform dabei jederzeit der Stand der Einträge und deren Status erkennbar (Abb. 4).

**Abb. 4:** Eintragsverwaltung (Ausschnitt) auf der Administrations-Plattform COSE mit Statusanzeige und Eingriffsoptionen.

Zurück zum Kinomodul (1) als Frontend für die Benutzer*innen: Neben der Datenstrukturierung durch die interaktive Karte kann über das Einstiegsmenü (Abb. 5) noch auf weitere Elemente der digitalen Plattform zugegriffen werden: Zunächst stellt der Projektblog ein wichtiges Pull-Element der Plattform dar, denn hier bereitet die Projektkoordination in kurzen Beiträgen die Erkenntnisse aus dem alltagshistorischen Forschungsprozess für alle Nutzer*innen auf: etwa Geschichten zu kuriosen Spielstätten, Kinojubiläen oder bislang unbekannte Bilddokumente. Diese Form des Feedbacks erscheint wichtig, um das Interesse der Bürgerwissenschaftler*innen dauerhaft aufrechtzuerhalten, Wertschätzung für die Beteiligung zu zeigen und gleichzeitig einen Eindruck davon zu vermitteln, welche Art von Informationen interessant und relevant sein können, um weiteres Engagement zu stimulieren. Ein eigener Plattformbereich für „Erfahrungsberichte" erlaubt außerdem die Bereitstellung beliebiger Informationen unabhängig von einem vordefinierten Eingabeformat – im Freitext lassen sich alle Arten von Anekdoten, Erinnerungen und Erzählungen festhalten und auch zusätzliche Materialien hochladen.

**Abb. 5:** Zugangsoptionen zum Kinomodul mit unterschiedlichen Funktionsbereichen.

Von besonderer Bedeutung ist deswegen ein separat ausgewiesener Zugriff auf den Dokumenten-Upload unter dem Menüpunkt „Material": Dieser ermöglicht es, „quer" zur Logik via einzelner Kinos einen Überblick über alle derzeit zur Verfügung gestellten Materialien zu gewinnen, unabhängig vom jeweiligen Standort (Abb. 6). Hier eröffnet sich den Nutzer*innen ein Potpourri an Fotos, Drucksachen, Eintrittskarten, Dokumenten, Autogrammen, Bildern von Projektoren und anderen Filmmemorabilia – angesichts der Sammelfunktion der Plattform eine wichtige Funktion, die auch aufgrund ihrer visuellen Orientierung attraktiv und niederschwellig für die Befassung mit dem Forschungsgegenstand wirbt. Das Einstiegsmenü könnte darüber hinaus künftig durch weitere Zugriffsperspektiven ergänzt werden – angesichts der Konstitution von Fankulturen könnte sich beispielsweise ein „Filmmodul“ (zu einzelnen Produktionen, unabhängig vom Vorführort) oder ein „Personenmodul“ anbieten, in dem nicht nur Schauspieler*innen, sondern genauso Regisseur*innen, Kinobesitzer*innen oder andere Akteur*innen aus der Filmbranche hinterlegt und unabhängig von der Kartenfunktion miteinander verknüpft werden können.

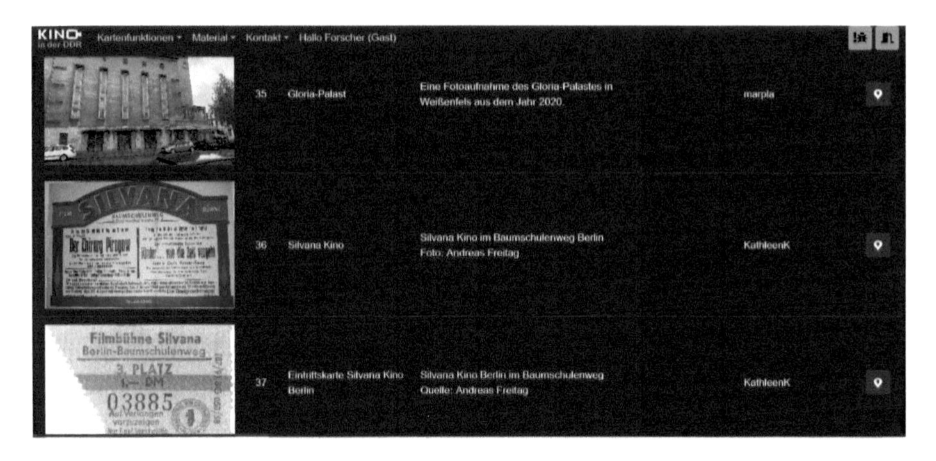


**Abb. 6:** Liste des hochgeladenen Materials (Ausschnitt) mit beispielhaften Dokumenten (Kinoansicht, Plakataushang, Eintrittskarte) zu unterschiedlichen Kinos.

## 3 Nutzungserfahrungen verschiedener Zielgruppen

Nach Abschluss der Plattformentwicklung wurde das digitale Werkzeug auf seine Nutzungs- und Bedienungsfreundlichkeit getestet. Da das Projekt darauf abzielte, die Plattform mit persönlichen Erfahrungen von Zeitzeug*innen zu füllen, erschien es sinnvoll, zunächst diese in die Evaluation einzubeziehen. Damit setzt sich die angesprochene Primärzielgruppe aus Personen im Alter von 50 Jahren und mehr zusammen, die folglich zum Zeitpunkt der Wiedervereinigung mindestens volljährig waren. Mit Blick auf deren Internet-Nutzung werden diese Personen in der Konsumforschung heute auch als „Silver Surfer“ bezeichnet.[8] Daneben

8 Siehe hierzu beispielsweise Richter 2020, besonders Kap. 1.2.

bot es sich an, ebenso „Digital Natives“, also jüngere Personen im Alter von 20 bis 30 Jahren, als Kontrollgruppe in die Untersuchung zu integrieren, da diese erwartungsgemäß affiner zu aktuellen Softwareanwendungen sind (vgl. Bürger und Grau 2021).

Durch den Vergleich der verschiedenen Personengruppen sollte ermittelt werden, inwiefern Schwierigkeiten bei der Bedienung der Plattform auf tatsächliche Nutzungshürden der entwickelten Software oder eher auf die jeweiligen Online-Kompetenzen der Proband*innen zurückzuführen sind. Dafür wurde eine standardisierte Erhebung durchgeführt, die zwei Komponenten umfasst – eine Verhaltensbeobachtung und eine daran anschließende Befragung. Aufgrund der pandemischen Situation sollte die Evaluation ursprünglich digital durchgeführt werden; das heißt, das Konzept sah vor, dass die Teilnehmenden dafür den Link zu einem Online-Meeting-Programm („Webex“) erhalten und der Ablauf der jeweiligen Sitzung aufgezeichnet wird. Für die jüngeren Digital Natives, denen sowohl diese Programme als auch das Setting aus „Home Schooling“, digitaler Hochschullehre und Home Office vertraut war, funktionierte diese Vorgehensweise ohne größere Probleme. Ein Pretest mit der Zielgruppe der Silver Surfer offenbarte jedoch Schwierigkeiten bei der Bedienung von Webex, weshalb die Evaluation durch diese Personen letztlich gänzlich in Präsenz erfolgen musste.[9] Für eine bessere Vergleichbarkeit der Befunde nutzten diese Proband*innen alle dasselbe bereitgestellte Endgerät. Damit wurde über die Funktion der Bildschirmaufzeichnung ebenso die Bearbeitung der Aufgaben festgehalten.[10] Der anschließende Online-Fragebogen wurde in beiden Gruppen gleichermaßen von den Versuchspersonen jeweils alleine ausgefüllt, um ein Antwortverhalten nach dem Prinzip der sozialen Erwünschtheit zu vermeiden.[11] Ziel dessen war es, eine möglichst realistische Einschätzung der Proband*innen zu erhalten, ohne dass diesen nahegelegt wird, die Aufgaben als einfacher zu beurteilen, um gegebenenfalls mangelnde eigene technische Kompetenzen zu kaschieren.

---

9 Dabei wurde selbstverständlich auf das Einhalten entsprechender Hygiene und Schutzmaßnahmen geachtet. Aufgrund dieser unterschiedlichen Erhebungssituationen ist bei der Betrachtung der Vergleichsergebnisse zu berücksichtigen, dass mögliche Unterschiede auch auf dem jeweils unterschiedlichen Setting beruhen könnten.

10 Diese Verhaltensbeobachtung konnte aufgrund der vorherigen Aufklärung über das Aufzeichnen des Bildschirmes offen gestaltet werden. Ein verdecktes Vorgehen war aus Gründen des Datenschutzes nicht möglich, da die Teilnehmenden der Kontrollgruppe die Bildschirminhalte ihres persönlichen Gerätes aufzeichneten. Die Beobachtung selbst unterlag weder einem strengen Ablauf noch einer stringenten Protokollierung. Sie diente lediglich dem Ziel, die Ergebnisse der Selbstauskunft der Teilnehmenden innerhalb des Fragebogens nochmals genauer betrachten zu können.

11 Siehe hierzu ausführlich Brosius, Haas und Unkel 2022.

Um die Nutzerfreundlichkeit zu untersuchen, wurden den Proband*innen jeweils identische Aufgaben vorgelegt, zu deren Bewältigung die verschiedenen Tools der Plattform bedient werden mussten. Diese gliederten sich in fünf Hauptelemente: (1) Registrierung auf der Plattform; (2) Bedienen des Kartentools; (3) Bedienen des Bildarchivtools; (4) Bedienen des Erfahrungsberichttools; (5) Schreiben einer Kontaktmail. Zu den Aufgaben (2) bis (4) wurden zusätzliche Unteraufgaben definiert, welche die Funktionen der einzelnen Tools adressierten. Die Bearbeitung begann nach einer kurzen Einführung mit einer Erklärung zum Ablauf der Evaluation.[12] Um die Schwierigkeiten beim Erfüllen der Aufgaben möglichst genau zu erfassen, unterlag die Bearbeitungsdauer keiner zeitlichen Begrenzung. Dennoch bekamen die Proband*innen Hilfestellungen, sobald eine Funktion für sie besonders schwierig zu bedienen war. Grundsätzlich war jedoch das eigenständige Erfüllen der einzelnen Aufgaben vorgesehen. Der kurz gehaltene Online-Fragebogen erfasste anhand einheitlicher, vierstufiger Skalen die Schwierigkeiten bei der Bearbeitung, gegliedert nach den einzelnen Funktionen.

Um gut vergleichbare Untersuchungs- und Kontrollgruppen zu erhalten, wurde keine Zufallsstichprobe gezogen, sondern auf eine bewusste, kontrollierte Stichprobenziehung gesetzt.[13] Angedacht war eine Stichprobengröße von rund 20 Proband*innen, die noch nie in Berührung mit der zu evaluierenden Plattform gekommen waren, mit jeweils zehn Personen in den jeweiligen Gruppen.[14] Da sich bereits nach 16 Personen eine empirische Sättigung abzeichnete, wurde auf die Rekrutierung weiterer Personen verzichtet. Davon waren acht Personen Digital Natives unter 30 (20–27 Jahre) und sieben Personen Silver Surver ab 50 und älter (50–70 Jahre).[15] Da mehr Frauen als Männer rekrutiert wurden, ergab sich innerhalb der Geschlechterverteilung eine deutliche Schieflage (w = 11, m = 4). Sieben der Probandinnen gehörten der Kontrollgruppe an, vier der Probandinnen der Untersuchungsgruppe. Drei Viertel der Kontrollgruppe unter 30 Jahren hatte im Jahr 2022 ein Kino besucht, aber nur eine Person der über 50-jährigen.

12 Die Aufgaben wurden den Proband*innen der Kontrollgruppe vorab per Mail zugesendet, sodass sie diese parallel öffnen konnten. Die Untersuchungsgruppe bekam die Aufgaben nach Einführung und Erklärung auf dem Gerät präsentiert, auf welchem sie die Aufgaben bearbeiten sollten.

13 Die Rekrutierung der Teilnehmenden erfolgte innerhalb des Freundes- und Bekanntenkreises der Projektbeteiligten; daneben wurden für die Kontrollgruppe Studierende der Kommunikationswissenschaft der Universität Erfurt angesprochen.

14 Als zusätzlicher Anreiz für die Teilnahme an der Studie konnten die Proband*innen zwischen einem Amazon-Gutschein im Wert von 20 Euro und einem Konvolut historischer Kinoplakate als Incentive wählen.

15 Ein Fragebogen musste aufgrund fehlerhafter Angaben im Nachhinein bereinigt werden, womit sich eine schlussendliche Stichprobengröße (N) von 15 Personen ergab.

Die Proband*innen wurden innerhalb des Fragebogens zunächst gebeten, die einzelnen Aufgaben entlang der fünf Haupttools nach ihrer Schwierigkeit zu sortieren (Abb. 7). Insgesamt elf der Teilnehmenden stuften die erste Aufgabe (Registrierung auf der Webseite) als am einfachsten ein. Besonders auffällig war das Ergebnis der Kontrollgruppe, welche diese Aufgabe fast ausschließlich als am einfachsten einstufte. Lediglich eine Person ordnete dieser Aufgabe Platz zwei zu. Das zweite Tool (Kartenfunktion) wurde von zwei Personen dieser Gruppe als am einfachsten zu bedienen eingestuft, zwei weitere platzierten es auf dem vierten Platz und eine Person auf Platz zwei. Innerhalb der Kontrollgruppe hingegen setzte die Hälfte der Teilnehmenden dieses Tool auf den vierten Platz. Schließlich wurde das Bildarchiv-Tool in beiden Gruppen eher auf den Plätzen vier und fünf eingestuft. Das Tool der Erfahrungsberichte wurde von beiden Gruppen als mittelschwer eingeschätzt (Platz eins und fünf waren innerhalb beider Gruppen

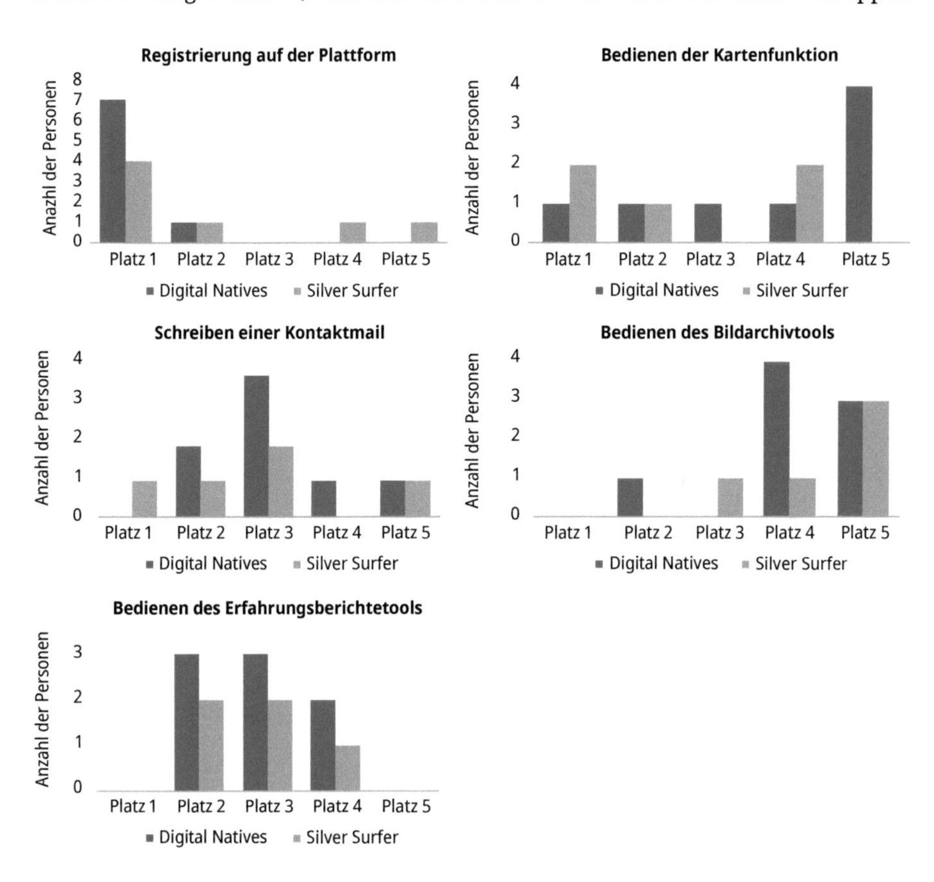


**Abb. 7:** Evaluation – Schwierigkeit der Hauptaufgaben nach Probandengruppen.

nicht vertreten). Auch das Schreiben einer Kontaktmail als letzte der Aufgaben wurde eher einem mittleren Platz zugeordnet.

Die Ordnung dieser fünf Hauptaufgaben, nach ihrer Schwierigkeit absteigend, zeigt grundsätzlich ein einheitliches Muster im Vergleich der beiden Gruppen, weswegen die als besonders schwierig eingestuften Aufgaben (z. B. zum Kartentool) vermutlich auf Nutzungshürden der Plattform hindeuten. Lediglich die Aufgabe des Registrierens zeitigte Unterschiede zwischen den Gruppen und verwies so auf fehlende technische Kompetenzen bei den älteren Teilnehmenden. Insgesamt zeigte allerdings die Verhaltensbeobachtung recht eindeutig, dass innerhalb beider Gruppen die Versuchspersonen zunächst Hilfestellungen benötigten, um verschiedene Aufgaben zu bearbeiten. Die Untersuchungsgruppe beanspruchte häufiger die Unterstützung oder Hinweise durch die Versuchsleiterin. Die als am schwierigsten eingestufte Hauptaufgabe war dabei jene zum Bildarchiv; die Verhaltensbeobachtung verdeutlichte auch den Grund für diese Probleme: Die entsprechenden Kinos mussten zunächst eigenständig innerhalb einer Liste gesucht werden und konnten – anders als in der Kartenfunktion – nicht durch ein Suchfeld gefunden werden. Zudem ließ sich, ebenfalls abweichend, das Material nicht einfach durch das Anklicken eines entsprechenden Kinos verändern. Ungeachtet der Altersgruppe schien dies die Teilnehmenden zunächst zu irritieren, woraus eine längere Bearbeitungszeit resultierte. In der weiteren Abfrage der einzelnen Funktionen, welche teilweise in mehreren Tools wiederzufinden waren, zeigte sich ein weitgehend einheitliches Bild: Keine der Funktionen konnte sich dadurch auszeichnen, dass ihre Bearbeitung als besonders einfach wahrgenommen wurde. Zwar tendierten die Silver Surfer der Untersuchungsgruppe bei einzelnen Funktionen zu einer längeren Bearbeitungsdauer, was insbesondere die Verhaltensbeobachtung bestätigte, jedoch bereiteten einzelne Aufgaben beiden Gruppen gleichermaßen Schwierigkeiten. Daher lässt sich aus dieser Evaluation konkret ableiten, dass etwaige Symbole für die einzelnen Funktionen möglicherweise besser gekennzeichnet oder genauer beschriftet werden sollten. Außerdem sollten einzelne Funktionen wie die des Bearbeitens von bestehendem Material innerhalb der verschiedenen Tools identisch aufgebaut sein, um die Bedienung der Plattform zu erleichtern. Insgesamt zeigte die Verhaltensbeobachtung trotz der Nutzungshürden mit dem Alter zunehmende Schwierigkeiten bei der Bearbeitung der gestellten Aufgaben. Allgemein erscheint es deswegen fraglich, ob eine primär auf einer digitalen Oberfläche basierende Citizen Science-Plattform ein sinnvolles Angebot für eine wenig online-affine Zielgruppe darstellt.[16] Auch diese finale Nutzungsevaluation bestätigt, dass bei bürgerwissenschaftlichen Projekten, die auf die Beteiligung älterer Personen abzielen, trotz des hohen Aufwandes zumindest eine hybride Strategie eingesetzt werden sollte, die zusätzlich auf Präsenzworkshops (die in unserem Fall wegen der Einschränkungen durch die Corona-Pandemie nur bedingt möglich waren) und klassische analoge Medien (wie Broschüren oder anderes gedrucktes Informationsmaterial) vertraut. Inwieweit sich dieses ernüchternde Fazit auch jenseits der Laborsituation bestätigt, in der diese Evaluation stattfand, zeigt eine Befragung der tatsächlichen Nutzer*innen der Kinoplattform.

## 4 Was die Fans mit der Plattform tun

Das Projektteam hat mithilfe einer Online-Umfrage sowohl soziodemografische Merkmale der auf der Plattform aktiven Bürgerforscher*innen als auch deren Beteiligungsbereitschaft und die Nutzung der unterschiedlichen Kommunikationsangebote erhoben (vgl. Haumann et al. 2022, S. 299–306). Da das Projekt digital ausgerichtet war und die Nutzung der Plattform nur über das Internet möglich ist, wurde auch die Befragung online konzipiert und durchgeführt. Die Aufforderung zur Teilnahme erfolgte dabei im Befragungszeitraum vom 30. November 2021 bis zum 7. Januar 2022 über den projektbegleitenden Forschungsblog sowie die dazugehörigen Social Media-Kanäle auf Twitter und Facebook. Insgesamt lagen am Ende der Befragungszeit 96 vollständig ausgefüllte Fragebögen von Besucher*innen der Website vor, die nachfolgend ausgewertet werden (Tab. 1). Die erhobenen Daten sind zwar aufgrund der geringen Teilnehmendenzahl und der gewählten Online-Methode nicht repräsentativ für die gesamte Gruppe der am Projekt interessierten Personen, bilden aber wichtige Erkenntnisse über die Struktur und das Nutzungs- und Informationsverhalten der digitalen Community des Forschungsformats ab.

Die Befragungsteilnehmenden sind, wie bei Online-Umfragen häufig anzutreffen, eher männlich mit einem Altersschwerpunkt zwischen 40 und 49 bzw. 50 und 64 Jahren (jeweils etwa ein Drittel des Samples). Letztere Personen waren zum Zeitpunkt der Wiedervereinigung zumindest volljährig und dürften über Primärerfahrungen mit dem Kino in der DDR verfügen. Allerdings zählten nur drei Teil-

16 Es sei erneut darauf hingewiesen, dass selbst für die vorliegende Evaluation die Untersuchungsgruppe nicht online erreichbar war, was die gefundenen Gruppenunterschiede nochmals unterstreicht.

**Tab. 1:** Befragung der Besucher*innen der Forschungsplattform „Kino in der DDR“ (n = 96) – soziodemografische Angaben. © 2023, Projekt „Kino in der DDR“.

| | Häufigkeit | Prozent |
|---|---|---|
| **Geschlecht** | | |
| weiblich | 38 | 39,6 % |
| männlich | 58 | 60,4 % |
| **Altersgruppen** | | |
| 18–29 Jahre | 8 | 8,3 % |
| 30–39 Jahre | 17 | 17,7 % |
| 40–49 Jahre | 32 | 33,3 % |
| 50–64 Jahre | 36 | 37,5 % |
| 65 Jahre und älter | 3 | 3,1 % |
| **Beruflicher Status** | | |
| Student/in, Auszubildende/r | 6 | 6,2 % |
| Angestellte/r, Beamt/er/in im wissenschaftlichen Bereich | 19 | 19,8 % |
| Angestellte/r, Beamt/er/in im nicht-wissenschaftlichen Bereich | 50 | 52,1 % |
| Rentner/in, Pensionär/in | 8 | 8,3 % |
| Selbstständige/r | 9 | 9,4 % |
| Derzeit ohne berufliche Tätigkeit | 1 | 1,0 % |
| Sonstiges | 3 | 3,1 % |
| **Ost-Herkunft*** | | |
| Ja | 77 | 80,2 % |
| Nein | 19 | 19,8 % |
| **Stichprobe gesamt** | **96** | **100 %** |

*Die ursprüngliche Formulierung im Fragebogen lautete: „Wurden Sie in der DDR bzw. in den neuen Bundesländern geboren?“

nehmende über 65 Jahre (3,1 %) und lagen damit innerhalb der eigentlichen Kernzielgruppe des Projekts. Im Ergebnis war die Klientel im Rentenalter ab 65 Jahren nur schwer über das geschaffene Online-Angebot zu erreichen. Dieser Befund legt nahe, dass diese Personengruppe ihre Erinnerungen an das (insbesondere frühe) DDR-Kino kaum einer Online-Plattform anvertraut, weshalb im Rahmen eines Citizen Science-Kommunikationskonzepts mit einer solchen zeithistorischen Ausrichtung zwingend auch klassische Medien zu bespielen sind.

Mit Blick auf ihren beruflichen Status dominieren Angestellte oder Beamt*innen, kein/e einzige Teilnehmer*in stammte aus der Gruppe der (Fach-)Arbeiter*innen. Ein Großteil der Befragten verortete sich in einem nicht-wissenschaftlichen Berufsumfeld (52,3 %) und entspricht somit auch der klassischen Rolle der

Bürgerwissenschaftler*innen als akademische Laien.[17] Jede/r Fünfte allerdings übt eine insgesamt wissenschaftsaffine Tätigkeit aus, weshalb auch diese Klientel ein Potenzial für Citizen Science-Initiativen eröffnet. Die Frage, ob man in der DDR bzw. in den neuen Bundesländern geboren wurde, bejahten rund 80 Prozent der Teilnehmenden, was kaum überraschen kann, da die thematische Ausrichtung ein überwiegendes Interesse der ehemals ostdeutschen Bevölkerung unterstellt und auch der vom Forschungsteam vorab definierten Zielgruppe entspricht.

Eher ernüchternd fällt allerdings die tatsächliche Beteiligungsbereitschaft aus: 84 Prozent der Befragten nahmen eigenen Angaben zufolge gar nicht aktiv am Projekt teil, d. h. sie nutzen die Informationsangebote von Website und Blog, (noch) ohne selbst dazu beizutragen. Fast alle gaben zwar (erwartungsgemäß) an, sich für das Thema DDR-Kino (69 %) oder zumindest Bürgerwissenschaften im Allgemeinen (13 %) zu interessieren – sie sehen aber dennoch von einer tatsächlichen Mitwirkung ab. Dem steht eine kleine Gruppe von Befragten (16 %) gegenüber, die sich als Laienforschende oder Zeitzeug*innen in das Projekt eingebracht haben. Nur folgerichtig fällt auch die Nutzungsbereitschaft der zum Projekt zugehörigen virtuellen Forschungsumgebung mit einem Anteil von 16 Prozent der User eher gering aus. Immerhin weitere neun Prozent gaben an, die Forschungsplattform ohne Anmeldung zu nutzen, um sich die Zwischenergebnisse anzusehen, aber drei Viertel der Befragten haben sich nicht weiter damit auseinandergesetzt: Knapp 40 Prozent konnten schon mit dem Begriff der virtuellen Forschungsumgebung nichts anfangen und gaben an, diese nicht zu kennen; weitere 35 Prozent kannten die Anwendung zwar, jedoch ohne darauf zuzugreifen. Anscheinend ist nicht allen Nutzer*innen der bürgerwissenschaftliche Charakter der Plattform hinreichend bekannt gewesen, oder es wären zusätzliche Anreize zu schaffen (z. B. durch Gamification oder Incentivierung), um den Kreis der Nutzenden weiter zu vergrößern. Schließlich konnte nur etwa die Hälfte der Befragten der Aussage „Ich weiß, wie ich mich als Interessent*in in den Forschungsprozess einbringen kann“ überwiegend oder vollständig zustimmen.

17 Zur Definition von Bürgerwissenschaften bzw. Citizen Science siehe auch Bonn et al. 2021, S. 12.

# 5 Schlussfolgerungen: Mögliche Alternativen zu einer digitalen Plattform

Zwar verzeichnete die digitale Forschungsplattform zum „Kino in der DDR“ insgesamt einen erfreulichen Zuspruch, der im Verlauf der Projektarbeit seit Ende 2019 auch anstieg, wie etwa die kontinuierlich wachsende Zahl von Followern des Projektes auf Facebook und Twitter belegt. Bei Twitter beispielsweise hatten seit Oktober 2019 bereits mehr als 530 Personen und offizielle institutionelle Accounts die Projektseite abonniert. Darunter sind neben den Zeitzeug*innen und Bürgerwissenschaftler*innen auch zahlreiche Wissenschaftler*innen aus Informatik und Geschichte, Hochschulen, andere Drittmittelprojekte und Medienarbeitende, die mit dem Thema „Kino in der DDR“ erreicht werden. Insbesondere ein Beitrag über das digitale Forschungsprojekt bei der Deutschen Presseagentur (dpa) im dritten Quartal 2021, der von zahlreichen Medienanbietern aufgegriffen wurde,[18] weckte das Interesse an der Plattform. Parallel zu den Followerzahlen auf den Social Media-Kanälen des Projektes war auch eine Zunahme der Besucher*innen auf dem projektbegleitenden Blog beobachtbar, mit einem Höchstwert von rund 3.000 Unique-Usern und 12.000 Seitenaufrufen (erneut im dritten Quartal 2021), und seither konstant über 2.000 Besuchenden pro Quartal.[19]

Unbestritten präferiert allerdings ein Teil der Community rund um das Thema dieses Projektes analoge Austauschformate. Das Projektteam hat zahlreichen Zuschriften und persönlichen Gesprächen entnommen, dass große Teile der gewünschten Zielgruppe zwar kooperationsbereit wären, aber nicht über die digitale Plattform erreicht werden. Selbst der niederschwellige Projektblog oder die Social Media-Auftritte sind für weniger internetaffine Menschen mit erheblichen Einstiegshürden verbunden. Um dem offensichtlichen Generationendilemma zu entrinnen, wurden deswegen flankierend klassische Printmedien oder andere analoge Formate wie Präsenzveranstaltungen in die Citizen Science-Aktivitäten eingebunden. Dies bekräftigt die Resonanz aus mehr als 90 registrierten Anfragen von Bürger*innen per E-Mail und Telefon, die sich außerhalb der Online-Plattform als Zeitzeug*innen dem Projekt zur Verfügung stellen wollten. Darunter befand sich nicht nur ehemaliges Kinopublikum, sondern ebenso Filmvorführer*innen, Kinobesitzer*innen oder Filmschaffende aus der ehemaligen DDR. Eine wesentliche Erkenntnis des durchgeführten Projektes liegt somit in den teilweise erheblichen Diskrepanzen, die sich zwischen der anfänglichen Pro-

---

18 Die dpa-Meldung „Uni Erfurt erforscht Kinoalltag“ erschien unter anderem in *Berliner Zeitung, Main-Echo, Münstersche Zeitung*, aber auch auf den Internetseiten *t-online.de* und *zeit.de*: https://www.zeit.de/news/2021-07/11/uni-erfurt-erforscht-ddr-kinoalltag. Zugegriffen am 7. Januar 2023.

19 Für detailliertere Kennzahlen vgl. im Folgenden Haumann et al. 2022, S. 307–309.

jekterwartung an ein mehrheitlich digital ausgerichtetes Citizen Science-Projekt und der realen Interaktion mit den adressierten Fankulturen ergaben. „Go Digital!“ scheint also nicht bei allen Themen der Königsweg für jede Citizen Science-Initiative zu sein, denn schon kurz nach Projektstart wurde deutlich, dass die potenzielle Reichweite einer digitalen Plattform zwar groß ist, die gewünschte Zielgruppe mit ihrer geteilten Kinoerfahrung in der DDR jedoch nur ansatzweise erreicht werden konnte. Trotz der phasenweise drastisch erschwerten Situation durch die COVID-19-Pandemie gelang es mittels einer hybriden Strategie besser, zahlreiche Kinoeinträge auf der digitalen Projekt-Plattform zu generieren, mit den am Projekt Interessierten in den Dialog zu treten, Veranstaltungen durchzuführen, mit Kinoexpert*innen neue Perspektiven zu eröffnen und spannende Geschichten über vielfältige Kinoerlebnisse festzuhalten. Die auf der Plattform versammelten Materialien und Ergebnisse zum „Kino in der DDR“ verdanken sich einer interessierten Öffentlichkeit, die meist mit großer Begeisterung aus ihrer Vergangenheit berichtet hat. Auch wenn diese gemischt analog-digitale Vorgehensweise für die Projektkoordination einen deutlichen Mehraufwand bedeutet als eine sich selbst regulierende Online-Community, so lohnt der multiperspektivische Ertrag ansonsten verschütteter Alltagserinnerungen den Aufwand allemal.

# Medienverzeichnis

## Abbildungen

Abb. 1–7: © 2023, Projekt „Kino in der DDR“.

## Literatur

Bonn, Aletta et al. 2022. *Weißbuch Citizen-Science-Strategie 2030 für Deutschland.* https://osf.io/preprints/socarxiv/ew4uk/.

Brosius, Hans-Bernd, Alexander Haas und Julian Unkel. 2022. *Methoden der empirischen Kommunikationsforschung: Eine Einführung*. Wiesbaden: Springer VS.

Bürger, Tobias und Andreas Grau. 2021. *Digital Souverän 2021: Aufbruch in die digitale Post-Coronawelt?* LebensWerte Kommune, Ausgabe 7. Gütersloh: Bertelsmann Stiftung.

Carius, Hendrikje et al. 2020. Development of a Cross-Project Citizen Science Plattform for the Humanities. In *Digital Humanities Austria 2018. Empowering Researchers*, Hrsg. Zeppezauer, Katharina et al., 79–82. Wien: Austrian Academy of Sciences Press. https://epub.oeaw.ac.at/?arp=0x003b3d14.

Haumann, Anna-Rosa et al. 2022. Kinogeschichte miteinander erforschen und (be-)schreiben. Das Citizen-Science-Projekt „Kino in der DDR“ in seiner Umsetzung und Evaluation. In *Kino in der*

*DDR. Perspektiven auf ein alltagsgeschichtliches Phänomen*, Hrsg. Marcus Plaul, Anna-Rosa Haumann und Kathleen Kröger, 275–315. Baden-Baden: Nomos.
Pujol Ozonas, Cristina. 2011. *Fans, cinefilos y cinéfagos. Una aproximación a las culturas y los gustos cinematográficos*. Barcelona: UOC.
Richter Emanuel. 2020. *Die Überalterung der Gesellschaft und ihre Folgen für die Politik*. Berlin: Suhrkamp.
Wagner, Paul Werner und Hans-Dieter Schütt. 2021. *Lebens Licht und Lebens Schatten: Filmkunst der DDR im Gespräch*. Berlin: Quintus 2021.

## Filme und Serien

*Die Legende von Paul und Paula*. Regie: Heiner Carow. DDR: 1973.
*Drei Haselnüsse für Aschenbrödel*. Regie: Václav Vorlíček. ČSSR, DDR: 1973.
*Star Wars*. Regie: George Lucas. USA: 1977–heute.
*Casablanca*. Regie: Michael Curtiz. USA: 1942.

René Smolarski

# Mit Lupe und Pinzette: Die Philatelie zwischen Fankultur und Wissenschaft

**Zusammenfassung:** Die Briefmarkenkunde, auch als Philatelie bezeichnet, beschäftigt sich mit dem systematischen Sammeln und Erforschen von Postwertzeichen sowie postgeschichtlichen Dokumenten. Der Beitrag gibt einerseits einen Überblick über das Verhältnis der meist außeruniversitär forschenden Philatelie zur universitären Geschichtswissenschaft und fragt andererseits danach, welchen Beitrag Philatelist*innen als Fans für die historische Forschung leisten können.

**Schlüsselwörter:** Briefmarkenkunde, Citizen Science, Fanforschung, Geschichtswissenschaft, Philatelie, Postgeschichte, Sammeln

## 1 Einleitung

Wenn man an die Philatelie denkt, sofern man mit diesem Begriff überhaupt schon einmal in Berührung gekommen ist, drängt sich nicht selten eine bestimmte Assoziation auf: ältere Herren, die sich pinzetten- und lupenbewehrt über ihre Sammelalben beugen und, abgeschottet von anderen, die Zacken ihrer Briefmarken zählen oder deren Farben bestimmen. Der Philatelist oder die wenigen Philatelistinnen entsprechen damit sehr wohl dem klassischen Bild des ‚Fans' als begeisterter Anhänger bzw. begeisterte Anhängerin von etwas: in diesem Fall der Briefmarke und Postgeschichte (vgl. Mikos 2010, S. 108).

Das Bild der Philatelie, die es trotz verschiedentlicher Versuche aus dem akademischen und philatelistischen Umfeld nie vermocht hat, in die Familie der historischen Grundwissenschaften aufgenommen zu werden,[1] ist damit jedoch sehr verzerrt und unsauber gezeichnet. Und dies gleich aus zwei Gründen:

1 Hier sei vor allem auf die Arbeiten Walter Benjamins und Aby Warburgs verwiesen, die zwar nicht direkt auf die Aufnahme der Philatelie in den Kreis der historischen Grundwissenschaften gerichtet waren, gleichwohl aber den Wert der Philatelie und ihrer Quellen für die historische Standortbestimmung einer Gesellschaft betonten. Siehe hierzu unter anderem Zöllner, Haug und Schöttker 2019. Aus Sicht der außeruniversitären Philatelie siehe vor allem Helbig 2000. Siehe hierzu auch Smolarski und Smolarski 2020.


https://doi.org/10.1515/9783110982114-010

Zum einen umfasst die Philatelie mehr als Briefmarken.[2] Diese Feststellung muss einer Auseinandersetzung mit der Frage, welchen Beitrag die (außeruniversitäre) historische Arbeit mit philatelistischen Quellen für die historische Forschung und damit die Einbindung von Fans in die Wissenschaft leisten kann, zwangsläufig vorangestellt werden, da der Blick auf die philatelistische Forschung häufig auf ihre Primärquelle – also die Briefmarke – reduziert wird. Zwar sind Briefmarken, wie Gerhard Paul konstatiert, gerade für die historisch-politische Kulturforschung eine ausgesprochen lohnenswerte Quelle,[3] der bereits Aby Warburg[4] und Walter Benjamin[5] ihre Aufmerksamkeit schenkten und die darüber hinaus auch ein „beachtliches didaktisches Potential" (Onken 2013, S. 61) besitzt, doch geht die Philatelie als solche weit über das Markenbild und eine ikonografische Analyse desselben hinaus (vgl. Paul 2017, S. 32 f.). Einerseits wären an dieser Stelle klassische Archivquellen zu nennen, die mit der Entstehungsgeschichte der einzelnen Marken verbunden sind. Die Rekonstruktion dieser Entstehungsgeschichte erlaubt einen tieferen Einblick in die damit verbundenen Beweggründe und Argumentationslinien für die Auswahl des letztlich verausgabten Markenbildes. Andererseits kommen eine Reihe zusätzliche philatelistische Quellen hinzu. Neben Ganzsachen[6] und Ansichtskarten[7] sind

2 Siehe hierzu vor allem Smolarski und Smolarski 2020.

3 Siehe hierzu auch Gabriel 2009.

4 Siehe hierzu vor allem Aby Warburgs Vortrag über „Die Funktion des Briefmarkenbildes im Geistesverkehr der Welt", den er am 13. August 1927 in der Kulturwissenschaftlichen Bibliothek Warburg in Hamburg hielt. Siehe dazu unter anderem Zöllner 2016, S. 14–21 und Gabriel 2019, S. 24.

5 Hier vor allem der von Benjamin verfasste Essay „Briefmarken-Handlung", der 1927 erst in der *Frankfurter Zeitung* erschien und ein Jahr später in Benjamins Aufsatzsammlung *Einbahnstraße* nachgedruckt worden war (vgl. Benjamin 2009, S. 62–65). Siehe dazu auch Gabriel 2009, S. 184 f.

6 Hierbei handelt es sich um Briefumschläge, Postkarten oder Kartenbriefe mit eingedrucktem Wertstempel in Höhe des jeweils erforderlichen Portos. Diese Wertstempel können sowohl die Form aktueller Dauer- oder Sondermarken als auch eine gänzlich andere Bildgestaltung aufweisen. Ganzsachen durchlaufen, sofern postamtlich verausgabt, einen mit der Briefmarke vergleichbaren Entstehungsprozess, bieten jedoch einen größeren Raum für die Bild- und Textdarstellungen, sodass gerade sie eine exponierte Position im Hinblick auf die propagandistische Nutzung von Postwertzeichen einnehmen.

7 Seit dem ausgehenden 19. und beginnenden 20. Jahrhundert wurden Ansichtskarten in unüberschaubar großer Zahl und Vielgestaltigkeit im Hinblick auf Motiv und Herausgeberschaft produziert. Ihrer Erforschung widmet sich mit der Philokartie eine eigene, ebenfalls stark durch außeruniversitäre Akteur*innen und damit ‚Fans' geprägte Subdisziplin der Geschichtswissenschaft (vgl. Kaden 2020, S. 2–5).

hier auch die aufgetragenen Stempel[8] sowie eine ganze Reihe offizieller, wie inoffizieller philatelistischer Presseerzeugnisse aufzuführen.[9]

Zum anderen befasst sich die Philatelie über die reine Briefmarkenbestimmung hinaus auch mit Fragen der Post- und Kommunikationsgeschichte und bietet zudem methodische Zugänge zu bislang i. d. R. nahezu unbeachtet gebliebenen Quellenbeständen.[10] Diese erlauben nicht nur die Erweiterung des Horizontes für bereits bestehende historische Fragestellungen, insbesondere der Alltags- und Mentalitäts- aber auch der Wirtschafts- und Mediengeschichte, sondern auch eigenständige Themensetzungen, die die spezifischen Rahmenbedingungen der Entstehung wie Verwendung von Postwertzeichen als Mittel der Massenkommunikation in den Blick nehmen.

Hinsichtlich beider Punkte lässt sich konstatieren, dass für die Einbeziehung philatelistischer Quellen in die Analyse historischer Kontexte der Blick allein auf die Briefmarke fehlgeht, da Kartenbild, Postwertzeichen und Sonderstempel nicht selten mit dem Inhalt der Sendung eine Einheit bilden. Gerade – aber nicht nur – bei Belegen, die aufgrund eines früher weit verbreiteten philatelistischen Interesses als Sammlerbelege entstanden sind, sind diese Bestandteile nicht zufällig ausgewählt, sondern eng miteinander verbunden. Der intendierten propagandistischen Wirkung dieser Medien tat die Versendung von solchen eindeutig identifizierbaren Sammlerbelegen freilich mitnichten einen Abbruch, da sich damit ja dennoch die Zahl der mit entsprechenden Postwertzeichen und Sonderstempeln versehenen Postsendungen erhöhte. Auf diese Weise der philatelistischen Bemühungen wurde die politische Botschaft weiter verstärkt.

---

8 Neben den obligatorischen Tagestempeln, die Auskunft über den Zeitpunkt und Weg der Postsendung geben, sind hier vor allem die sogenannten Beistempel gemeint. Bei diesen handelt es sich um Aufstempelungen und Aufdrucke, die in der Regel von der Absenderpostanstalt aufgebracht worden und die für zahllose Ereignisse und Themen – vor allem aus den Bereichen Werbung und „Volkserziehung" – existieren. Darüber hinaus gibt es aber auch Stempel, die von der Postverwaltung des Adressatenlandes als Reaktion auf inhaltliche Aussagen des postalischen Erzeugnisses, wie das Marken- oder Postkartenbild oder die vom Absenderland verwendeten Stempel, aufgebracht wurden. Auf diese Weise entstand nicht selten der kuriose Umstand, dass sich über die eigentliche Kommunikationsebene der Postsendung hinaus und von dieser bisweilen vollkommen unabhängig eine zweite Kommunikationsebene zwischen den beiden miteinander im Konflikt stehenden Postverwaltungen des Absender- und Adressatenlandes eröffnete, die eine vom ursprünglichen Inhalt der Postsendung unabhängige Einsicht in die politischen Rahmenbedingungen des Kommunikationsprozesses erlaubt.

9 Im digitalen Zeitalter sind hier auch vermehrt digitale Quellen, wie Blogs, Online-Foren und Auktionskataloge einzubeziehen.

10 Zu methodischen Aspekten der Philatelie siehe Smolarski und Smolarski 2020, S. 104–118.

Für eine philatelistisch-historische Analyse sind somit nicht Briefmarken, Ganzsachen oder Ansichtskarten allein, sondern vor allem die überlieferten gelaufenen Belege und die in diesen enthaltenen Informationen zum Beweggrund sowohl des Postversandes als auch der Frankaturauswahl von Interesse. Unter dem Schlagwort der „Social Philately“, die sich auf der Basis der vom postalischen Dokument preisgegebenen Informationen der Analyse geschichtlicher, wirtschaftlicher, kultureller und sozialer Zusammenhänge widmet,[11] rücken die vollständigen Postsendungen zunehmend in den Blick der philatelistisch-historischen Forschung. Die Philatelie ist eben mehr als die Briefmarke.

Diese Feststellung beinhaltet zudem, dass neben den eigentlich philatelistischen Quellen auch Zeitschriften der Sammlerverbände sowie das philatelistische Ausstellungswesen Berücksichtigung finden müssen, da sie nicht nur einen Einblick in die politischen und gesellschaftlichen Rahmenbedingungen, sondern auch in die Entwicklung der Philatelie als Sammlungsdisziplin und damit des Sammelns als wissenschaftliche Kulturtechnik geben.[12] Dies umso mehr als sich, wie Denise Wilde in ihrer Arbeit über das Sammeln von Dingen auch mit Bezug auf die Philatelie feststellt, nicht nur die Geisteswissenschaften generell des Sammelns bedienen, „um Wissen zu generieren“ (Wilde 2015, S. 15). Somit gehören auch die Quellen des philatelistischen Sammelns, also Kataloge, Ausstellungsexponate und andere Ordnungsobjekte zu den Quellen einer historischen Philatelie, die sich nicht allein als Briefmarkenkunde begreift.

# 2 Fans in der Forschung? – Zur Rolle der Philatelie in der universitären Geschichtswissenschaft

In seinem Portrait der Deutschen Bundespost, das 1982 unter dem Titel *Damit wir in Verbindung bleiben* erschien, stellte der damalige Bundespostminister Kurt Gscheidle (SPD) in Bezug auf eine der zentralen seinem Ressort unterstellten Institutionen, die Deutsche Bundespost, allgemeingültig fest:

> Die Post ist für die meisten Menschen unersetzlich, ja, lebensnotwendig. Dennoch ist sie kein Thema, das Menschen in ihrer Freizeit beschäftigt, wenn wir einmal von einigen Lieb-

11 Siehe hierzu unter anderem Louis 2017 und Krüger 2018.

12 Zum Aspekt des Sammelns als Kulturtechnik siehe unter anderem Heesen und Spary 2001 sowie Sommer 2002.

habern und, natürlich, von den Philatelisten absehen, die in der Tat weit über die Briefmarken hinaus an der Post interessiert sind. (Gscheidle 1982, S. 11 f.)

Ähnlich wie Gscheidle hier das Interesse der Gesellschaft an der Institution Post und ihren Aufgaben beschreibt, ließe sich auch das Interesse der Geschichtswissenschaft an postgeschichtlichen Fragestellungen zusammenfassen.

Zu diesem Schluss kam 1984 auch der Nahost-Historiker Donald M. Reid, als er in einem Beitrag über den Symbolismus von Briefmarken als Quelle historischer Forschung konstatierte, dass es zwar historische Untersuchungen zu einzelnen nationalen Postinstitutionen gäbe, diese jedoch innerhalb der universitären Geschichtswissenschaft nur wenig Resonanz fänden. Zudem würde in den wenigen allgemeinen Übersichtswerken,[13] die überhaupt auf diese Themen Bezug nähmen, lediglich die Bedeutung von Dampfschiffen, Lokomotiven und Telegraphen für die Postrevolution im 19. Jahrhundert hervorgehoben. Reid gestand zwar zu, dass die Telegraphenleitung spätestens seit etwa 1872 eine erheblich schnellere Übermittlung diplomatischer Depeschen, Neuigkeiten und Börsenkurse von London nach New York, Bombay, Tokyo oder Adelaide erlaubten, in diesem Zusammenhang jedoch zumeist unerwähnt bliebe, dass auch der einfache und für nahezu jeden Menschen verfügbare Postverkehr zeitgleich eine erhebliche Beschleunigung erfuhr. Diese Entwicklung erlaubte bereits zu dieser Zeit, Nachrichten in Form von Briefen, Postkarten und Telegrammen an beinahe jeden Ort in der Welt binnen weniger Tage oder Wochen zu übermitteln (vgl. Reid 1984, S. 225). Ein Informationsfluss, der kurze Zeit zuvor mancherorts noch ein oder gar mehrere Monate in Anspruch nahm.

Insbesondere die Einführung eines einheitlichen Portos und damit verbunden einer geeigneten Gebührenquittung für die nunmehr bereits vom Absender bzw. der Absenderin erfolgten Bezahlung dieser Gebühren – also die Briefmarke – war für diese Beschleunigung der postalischen Kommunikation von enormer Bedeutung. Die Einführung dieser Postwertzeichen als sammelbare und -würdige Objekte bedingte wiederum die Entstehung einer sich allmählich organisierenden Philatelie, die sich zunehmend auch historisch-wissenschaftlich mit ihren Sammelobjekten und deren Entstehungskontexten auseinandersetzte.[14]

Eine signifikante Intensivierung der Postgeschichtsforschung innerhalb der akademischen Geschichtswissenschaft setzte jedoch trotz dieses Aufrufs nicht ein. Vielmehr entstammt ein Großteil der historischen Analysen zur Post und Postge-

13 Reid führt hier beispielhaft die folgenden an: Hobsbawm 1976 (deutsche Ausgabe: Hobsbawm 1979) und Bury 1967.

14 Siehe hierzu u. a. Brühl 1985, S. 13–15 und S. 1049–1051.

schichte bis heute, wenn auch nicht ausschließlich,[15] postgeschichtlich interessierten bürgerwissenschaftlichen Kreisen oder dem Umfeld der organisierten nichtakademischen Philatelie, die in der Regel außeruniversitär engagiert ist und sich in Form verschiedener Arbeitsgruppen den Fragen der postalischen Kommunikation angenommen hat.[16] In der universitären Geschichtswissenschaft sind sowohl die Philatelie als auch die Postgeschichte hingegen eher randständige Themen.[17]

Dies ist umso erstaunlicher, als der Post in der Kommunikationsgeschichte und damit auch in vielen Bereichen der Gesellschaftsgeschichte eine besondere Bedeutung zukommt. Dies hatte schon der eingangs erwähnte Postminister festgestellt, als er diesbezüglich anmerkte, dass „[a]lle erwachsenen Bürger [...] nahezu täglich mit der Post zu tun [hätten]", die damit einhergehende „Wechselbeziehung [jedoch] in der Regel nur dann [registrieren], wenn sie gestört ist und nicht funktioniert." (Gscheidle 1982, S. 12) Wenn die Störung aber beseitigt und die Lage wieder normalisiert wäre, würde das Interesse sofort wieder absinken. Die Post sei eben, so Gscheidle, etwas Selbstverständliches.

## 3 Fans in der Wissenschaft! – Was kann die außeruniversitäre Philatelie für die Geschichtswissenschaft leisten?

Das Spektrum der Fragestellungen historischer, aber auch bildwissenschaftlicher Forschung, für die philatelistische Quellen interessant sein können, ist, wie bei anderen ubiquitären Bildquellen auch, sehr breit und soll hier nur ausschnittsweise angedeutet werden. Ähnlich wie Plakate spielen philatelistische Quellen und hier vor allem die Briefmarken besonders in der Politik- und Mentalitätsgeschichte eine zentrale Rolle (vgl. Weissbach 2017, S. 201). So geben sie nicht zuletzt einen Einblick

15 Für das späte 19. und frühe 20. Jahrhundert sei hier unter anderem auf das entsprechende Kapitel Siegfried Weichleins Habilitationsschrift verwiesen (vgl. Weichlein 2006, S. 105–190). Zu verschiedenen Aspekten der Postgeschichte siehe auch Foschepoth 2013, Behringer 2013, ders. 1990, Lotz und Ueberschär 1999 und Amtmann 2006.

16 Neben unzähligen heimatgeschichtlich motivierten „Postgeschichten" seien hier wenige Publikationen beispielhaft angeführt. So unter anderem Ruszkowski 2019, Reifferscheid 2018, Diederichs 2016 und Mozdzan 2010.

17 Ein Blick in die Publikationen des vergangenen Jahres zeigt jedoch, dass die Wissenschaft zumindest die Philatelie selbst stärker in den Blick genommen hat. Genannt seien hier beispielhaft die bereits genannten Sammelbände: Naguschewski und Schöttker 2019, Hack und Ries 2020, Smolarski, Smolarski und Vetter Schultheiß 2019 sowie Smolarski 2021 sowie Plate 2021.

in gesellschaftspolitische Normen und zeitgenössische Wertvorstellungen, wie etwa das jeweils propagierte Verhältnis der Geschlechter,[18] das Verständnis von Arbeit in einer Arbeitsgesellschaft[19] oder viele andere Aspekte des gesellschaftlichen Lebens. Darüber hinaus gibt die Entstehungsgeschichte einzelner Postwertzeichen auch Auskunft über wirtschaftspolitische Zusammenhänge, wie den rasanten Wertverfall in Zeiten der Inflation oder die großen Auflagenhöhen und Sperrwertkonstruktionen zur Devisenbeschaffung in der DDR (vgl. Ansorge und Mittelstedt 2001, S. 82).

Aus politischer Sicht sind philatelistische Erzeugnisse und hier neben der Briefmarke eben auch Ganzsachen, Stempel und tatsächlich im Umlauf gewesene postalische Belege jedoch vor allem für die Rekonstruktion außen- und innenpolitischer Verhältnisse und deren zeitgenössische Rezeption von besonderem Aussagewert. So geben sie Einblicke in die alltäglich erleb- und spürbaren Beziehungen zweier Staaten, wenn diese die untereinander bestehenden Konflikte in sogenannten Postkriegen[20] auch auf die Ebene der an sich (mehr oder weniger) unpolitischen, grenzüberschreitenden zwischenmenschlichen Kommunikation verlagerten, wie dies beispielsweise in jüngster Zeit im Streit um den Landesnamen Nordmazedoniens zwischen diesem und Griechenland[21] oder etwas länger zurückliegend in den verschiedenen Sanktionsmaßnahmen Ost- und Westdeutschlands im Kontext des Kalten Krieges erfolgte.[22]

Gerade die bewusste und zielgerichtete Themensetzung bei der Auswahl der Briefmarken- und Stempelmotive zeigt sich – insbesondere in Verbindung mit den nicht selten auch öffentlich geführten Debatten darüber – jedoch nicht allein auf der außenpolitischen Ebene, sondern auch und gerade auf der Ebene der Innenpolitik.[23] Michael Sauer stellt in Bezug auf die Briefmarke diesbezüglich fest, dass Postwertzeichen gerade aufgrund ihrer staats- und parteiabhängigen Themensetzung „als Quelle für das Selbstverständnis und die Selbstlegitimation von Herrschenden und Staaten" und hierbei vor allem „für den Versuch, diese auf eingängige Art zu popularisieren" (Sauer 2002, S. 161), dienen können. Philatelistische Quellen legen somit auch Zeugnis darüber ab, „wie eine Regierung versucht, Geschichtsbilder und

**18** Siehe hierzu unter anderem Smolarski 2019, S. 369–397.

**19** Siehe hierzu Smolarski 2019, S. 341–368.

**20** Zum Begriff „Postkrieg" im Allgemeinen sowie zu den jeweils sanktionierten Ausgaben im internationalen Postverkehr siehe unter anderem Hejs 2011.

**21** Siehe hierzu unter anderem Müller 2019.

**22** Siehe hierzu unter anderem Smolarski 2020.

**23** Als besonders herausragendes Beispiel für die politische Themensetzung, die sich sowohl nach innen als auch nach außen richtete, kann die Herausgabe der sogenannten „Kriegsgefangenenmarke" angesehen werden, die im Kontext der Verhandlungen um die Entlassung der letzten deutschen Kriegsgefangenen im Mai 1953 von der Deutschen Bundespost herausgegeben wurde. Siehe hierzu Krüger 2017 und Boddenberg 2019.

damit die kollektive Erinnerung und Identität der Bevölkerung mittels einer speziellen ‚Geschichtspolitik' in ihrem Sinne zu beeinflussen." (Onken 2013, S. 61) Vor diesem Hintergrund rücken auch Fragen der Erinnerungskultur in das Blickfeld philatelistischer Untersuchungen (vgl. Schneider 2000, S. 262).

Die Berücksichtigung philatelistischer Quellen und Fragstellungen sowie die Einbeziehung der damit beschäftigten Personen und Vereine in die historische Forschung unter dem Schlagwort *Citizen Science* erlaubt jedoch nicht allein einen erweiterten Blick und neue Fragstellungen zu historisch relevanten Themen, sondern vor allem auch zwei wesentliche Aspekte:[24]

Einerseits bietet die umfassende Einbindung engagierter außerakademischer Kreise in die philatelistisch-historische Forschung Zugang zu bisher unerschlossenen Quellenbeständen, die in den privaten Sammlungen seit mehr als 150 Jahren aufgebaut, kontextualisiert und systematisiert wurden und die nun – dank digitaler Technologien – auch ohne deren physische Einbindung in institutionelle Strukturen in die Forschung integriert werden können.[25] Andererseits ermöglicht die Einbeziehung bereits vorhandenen Wissens der Expert*innen sowohl zu posthistorischen und philatelistischen Detailfragen auf der einen als auch zu ganz praktischen Informationen zur Einordnung und Identifikation postalischer Belege auf der anderen Seite auch einen methodischen Perspektivwechsel. Besonders erwähnt seien in diesem Zusammenhang neben zahlreichen – oftmals privaten – Veröffentlichungen auch entsprechende Datenbanken zu Stempeln, Katalogen, historischen Ortsverzeichnissen und zeitgenössischen wie modernen Fälschungen.[26]

Gerade der Bereich der Philatelie und die darin angesiedelten gemeinsamen Projekte zwischen universitärer und außeruniversitärer Forschung der letzten Jahre im Rahmen der Initiative *Gezähnte Geschichte* zeigen, dass die Einbeziehung der ‚Fans' und der persönliche Austausch mit ihnen von beiderseitigem Nutzen sein kann. Gleichzeitig ist es gerade bei Projekten, die innerhalb des universitären ‚Elfenbeinturms' konzipiert werden, von besonderer Bedeutung, sich die Frage zu stellen, warum sich außeruniversitäre Akteure und Akteurinnen überhaupt daran beteiligen sollten. Die wissenschaftlichen Fragestellungen selbst stehen hierbei nicht selten weniger im Fokus als die Möglichkeiten aktiver und geselliger Teilhabe. Letztlich bleibt der ‚Fan' ein ‚Fan', für den der direkte und persönliche Bezug zum eigentlichen Gegenstand auch der Antrieb für eine aktive wissenschaftliche Ausein-

---

24 Siehe hierzu unter anderem Smolarski 2023. Zu Citizen Science in der Geschichtswissenschaft siehe unter anderem Smolarski, Carius und Prell 2023.

25 Zur Bedeutung digitaler Schnittstellen für Citizen-Science-Projekte siehe Smolarski und Kröger 2023.

26 Beispielhaft sei hier auf die Plattform stampsx verwiesen: https://www.stampsx.com. Zugegriffen am 20. Januar 2023.

andersetzung mit diesem darstellt. Die nicht-akademische Philatelie steht somit stets im Spannungsfeld zwischen Fankultur und Wissenschaft.

# 4 Fazit

Ausgehend von dem Gesagten lässt sich abschließend feststellen, dass die universitäre Geschichtswissenschaft durch die Berücksichtigung philatelistischer Quellen sowie der durch die Einbeziehung der seit vielen Jahrzehnten außeruniversitär forschenden Sammlergemeinschaft und damit der ‚Fans' eine Bereicherung sowohl in methodischer als auch thematischer Sicht erhalten kann. Dabei ist es jedoch von enormer Bedeutung, den besonderen Bezug einer Fangemeinschaft zu ihrem spezifischen Gegenstand stets zu berücksichtigen. Die Einführung einer akademischen philatelistischen Forschung unter anderem Namen, wie beispielweise dem der „Timbrologie", wie dies Achim Hack vorschlägt,[27] muss dabei kritisch betrachtet werden. Dies folgt daraus, dass ein solcher Schritt nicht nur im Hinblick auf die Herleitung und inhaltliche Neuausrichtung, die den Bezug zum Aspekt des Sammelns und der Sammlungspräsentation und damit einen großen Teilbereich der Philatelie preisgibt, einerseits inhaltlich fragwürdig und andererseits hinsichtlich einer Intensivierung der Zusammenarbeit zwischen akademischer und nicht-akademischer philatelistisch-historischer Forschung sogar kontraproduktiv erscheint. Zudem werden auf diese Weise bestehende Anschlussmöglichkeiten kaschiert und die inhaltliche Beschäftigung mit den zugrundeliegenden Objekten zumindest nominell ausschließlich in den Raum der universitären Geschichtswissenschaft verlagert. So verlöre der ‚Fan' den Bezug zu seinem Gegenstand und damit wohl auch den Antrieb für seine wissenschaftliche Kontextualisierung.

Das vorhandene Wissen der außeruniversitären Expertinnen und Experten, das seit Bestehen der organisierten Philatelie aufgebaut wird, kann für die historische Forschung genauso fruchtbar gemacht werden wie die unzähligen Sammlerbestände, die durch ihren zeitgenössischen Entstehungszusammenhang und ihre zeitgenössische Rezeption neue Einblicke in die Alltags- und Mentalitätsgeschichte erlauben. Der Zeitpunkt dafür scheint mehr als geboten, da die außeruniversitäre Philatelie durch eine stetige Überalterung und den Bedeutungsverlust des Mediums Briefmarke in den vergangenen Jahrzehnten zunehmend an Interessierten verliert und die seit über 150 Jahren aufgebauten Wissens- und Quellenbestände ins Vergessen zu geraten drohen.

27 Siehe hierzu Hack 2020.

# Medienverzeichnis

## Literatur

Amtmann, Karin. 2006. *Post und Politik in Bayern von 1808–1850. Der Weg der königlich-bayrischen Staatspost in den Deutsch-Österreichischen Postverein*. München: Herbert Utz.
Ansorge, Horst und Manfred Mittelstedt. 2001. Staatlich gesteuertes Hobby – Philatelie in der ehemaligen DDR. In *Post- und Telekommunikationsgeschichte*, 2: 81–87.
Behringer, Wolfgang. 2013. *Im Zeichen des Merkur, Reichspost und Kommunikationsrevolution in der Frühen Neuzeit*. Göttingen: Vandenhoeck & Ruprecht.
Behringer, Wolfgang. 1990. *Thurn und Taxis. Die Geschichte ihrer Post und ihrer Unternehmen*. München: Piper.
Benjamin, Walter: Briefmarken-Handlung. In *Werke und Nachlass. Kritische Gesamtausgabe*, Hrsg. Detlev Schöttker, Band VIII, 62–65. Frankfurt am Main: Suhrkamp.
Boddenberg, Werner. 2019. Das Bild des Kriegsgefangenen als Mittel der Propaganda und Gegenpropaganda. Die Kriegsgefangenen-Gedenkmarke der Bundesrepublik Deutschland von 1953. In *Gezähnte Geschichte. Die Briefmarke als historische Quelle*, Hrsg. Pierre Smolarski, René Smolarski und Silke Vetter-Schultheiß, 423–452. Göttingen: V&R unipress.
Brühl, Carlrichard. 1985. *Geschichte der Philatelie*. 2 Bände. Hildesheim: G. Olms.
Bury, John Patrick Tuer. 1967. *New Cambridge Modern History. The Zenith of European Power 1830–70*. Cambridge: Cambridge University Press.
Diederichs, Horst. 2016. *Die Umgestaltung des deutschen Postwesens zwischen der Französischen Revolution (1792) und dem Wiener Kongreß (1814/15)*. Bietigheim-Bissingen: Auktionshaus Christoph Gärtner.
Foschepoth, Josef. 2013. *Überwachtes Deutschland. Post- und Telefonüberwachung in der alten Bundesrepublik*. Göttingen: Vandenhoeck + Ruprecht.
Gabriel, Gottfried. 2009. Ästhetik und Politische Ikonographie der Briefmarke. In *Zeitschrift für Ästhetik und allgemeine Kunstwissenschaft*, 54(2): 183–201.
Gabriel, Gottfried. 2019. Die politische Bildersprache der Briefmarke. Beispiel aus der deutschen Geschichte. In *Gezähnte Geschichte. Die Briefmarke als historische Quelle*, Hrsg. Pierre Smolarski, René Smolarski und Silke Vetter-Schultheiß, 21–36. Göttingen: V&R unipress.
Gscheidle, Kurt. 1982. *Damit wir in Verbindung bleiben. Portrait der Deutschen Bundespost*. Stuttgart: Seewald.
Hack, Achim Thomas. 2020. Timbrologie. Eine historische Grundwissenschaft? In G*eschichte zum Aufkleben. Historische Ereignisse im Spiegel deutscher Briefmarken*, Hrsg. Achim Thomas Hack und Klaus Ries, 11–27. Stuttgart: Franz Steiner.
Hack, Achim Thomas und Klaus Ries (Hrsg.). 2020. *Geschichte zum Aufkleben. Historische Ereignisse im Spiegel deutscher Briefmarken*. Stuttgart: Franz Steiner.
Heesen, Anke te und Emma C. Spary. 2001. *Sammeln als Wissen: Das Sammeln und seine wissenschaftsgeschichtliche Bedeutung*. Göttingen: Wallstein.
Hejs, Jan. 2011. *„Postkrieg". Spezialkatalog Postkrieg 1870–2008*. 7. Auflage. Amsterdam: Selbstverlag.
Helbig, Joachim. 2000. Ist Philatelie eine Hilfswissenschaft? In *Postgeschichte – Historie Postale – Storia*, 82: 19–28.
Hobsbawm, Eric J. 1976. *Age of Capital 1848–1875*. New York: Charles Scribner's Sons.
Hobsbawm, Eric J. 1979. *Die Blütezeit des Kapitals. Eine Kulturgeschichte der Jahre 1848–1875*. Zürich: Kindler.

Kaden, Ben. 2020. Was ist Philokartie? In *Karten zur Ostmoderne*. Hrsg. Ben Kaden, 2–5. Leipzig: Sphere.

Krüger, Reinhard. 2018. Social Philately in der Diskussion. In *Philatelie*, 70(487): 24 und 70(488): 34.

Krüger, Reinhard. 2017. *Die Kriegsgefangenen-Gedenkmarke der Bundesrepublik Deutschland 1953*. Soest: Poststempelgilde e.V.

Lotz, Wolfgang und Gerd R. Ueberschär. 1999. *Die Deutsche Reichspost 1933–1945. Eine politische Verwaltungsgeschichte. 2 Bände.* Berlin: Nicolai.

Louis, Karl. 2017. Im Trend: „Social Philately" – Gesellschaftsgeschichtliche Philatelie. In *Philatelie*, 69(477): 34 und 69(478): 26.

Mikos, Lothar. 2010. „Der Fan". In *Diven Hacker, Spekulanten. Sozialfiguren der Gegenwart*, Hrsg. Stephan Moebius und Markus Schroer, 108–118. Berlin: Suhrkamp.

Mozdzan, Janusz. 2010. *Postgeschichte des Konzentrationslagers Lublin – Majdanek: über das Lager, Briefe und Menschen*. Manching: Poststempelgilde e.V.

Müller, Florian Martin. 2019. Archäologische Funde als Motive auf Briefmarken zur Begründung nationaler Identität und staatlicher Souveränität am Beispiel des Konfliktes zwischen Mazedonien und Griechenland. In *Gezähnte Geschichte. Die Briefmarke als historische Quelle*, Hrsg. Pierre Smolarski, René Smolarski und Silke Vetter-Schultheiß, 279–312. Göttingen: V&R unipress.

Naguschewski, Dirk und Detlev Schöttker (Hrsg.). 2019. *Philatelie als Kulturwissenschaft. Weltaneignung im Miniaturformat*. Berlin: Kulturverlag Kadmos.

Onken, Björn. 2013. Geschichtspolitik mit Bildern in Millionenauflage. Anmerkungen zu den Briefmarken der frühen Bundesrepublik mit einem Ausblick auf aktuelle Tendenzen. In *Zeitschrift für Geschichtsdidaktik*, 12: 61–77.

Paul, Gerhard. 2017. Vom Bild her denken. Visual History 2.0.1.6. In *Arbeit am Bild. Visual History als Praxis*, Hrsg. Jürgen Danyel, Gerhard Paul und Annette Vowinckel, 15–72. Göttingen: Wallstein.

Plate, Silke. 2021. *Widerstand mit Briefmarken. Die polnische Oppositionsbewegung und ihre Unabhängige Post in den 1980er Jahren*. Paderborn: Ferdinand Schöningh.

Reifferscheid, Wolfgang. 2018. *Rohrpost / Stadtrohrpost Berlin: die Rohrpost in Berlin bis zum Ende des Dritten Reichs*. Berlin: Morgana Edition.

Reid, Donald. M. 1984. The Symbolism of Postage Stamps: A Source for the Historian. In *Journal of Contemporary History*, 19(2): 223–249.

Ruszkowski, Jürgen. 2019. *Post & Seefahrt: Die Rolle der Seefahrt in der Postgeschichte*. Berlin: epubli.

Sauer, Michael. 2002. Originalbilder im Geschichtsunterricht. Briefmarken als historische Quellen. In *Die visuelle Dimension des Historischen. Festschrift für Hans-Jürgen Pandel*, Hrsg. Gerhard Schneider, 158–169. Schwalbach am Taunus: Wochenschau-Verlag.

Schneider, Ute. 2000. Geschichte der Erinnerungskulturen. In *Geschichtswissenschaften. Eine Einführung*, Hrsg. Christoph Cornelißen, 259–270. Frankfurt am Main: Fischer.

Smolarski, Pierre. 2019. 100 Jahre Arbeit. Ein Essay zur Alltagsästhetik der Arbeit auf deutschen Briefmarken. In *Gezähnte Geschichte. Die Briefmarke als historische Quelle*, Hrsg. Pierre Smolarski, René Smolarski und Silke Vetter-Schultheiß, 341–368. Göttingen: V&R unipress.

Smolarski, Pierre, René Smolarski und Silke Vetter-Schultheiß. 2019. *Gezähnte Geschichte. Die Briefmarke als historische Quelle*. Göttingen: V&R unipress.

Smolarski, Pierre und René Smolarski. 2020. Wissenschaftliches Stiefkind und amateurhafte Liebhaberei: Die Philatelie als historische Grundwissenschaft. In *Die Historischen Grundwissenschaften heute. Tradition – Methodische Vielfalt – Neuorientierung*, Hrsg. Étienne Doublier, Daniela Schulz und Dominik Trump, 95–119. Köln u. a.: Böhlau.

Smolarski, René, Hendrikje Carius und Martin Prell (Hrsg.). 2023. *Citizen Science in den Geschichtswissenschaften. Methodische Perspektive oder perspektivlose Methode?* Göttingen: V&R unipress.
Smolarski, René. 2023. Mehr als Zacken zählen? Die Philatelie als Paradebeispiel außeruniversitärer Forschungsarbeit. In *Citizen Science in den Geschichtswissenschaften. Methodische Perspektive oder perspektivlose Methode?,* Hrsg. René Smolarski, Hendrikje Carius und Martin Prell, 101–114. Göttingen: V&R unipress.
Smolarski, René und Kathleen Kröger. 2023. Das digitale Frontend. Katalysator oder Flaschenhals für Citizen Science-Projekte in der Geschichtswissenschaft? In *Das Frontend als ‚Flaschenhals'? Mediävistische Ressourcen im World Wide Web und ihre digitalen Nutzungspotentiale für Historiker,* Hrsg. Robert Gramsch-Stehfest, Christian Knüpfer, Christian Oertel und Clemens Beck. In *Zeitschrift für digitale Geisteswissenschaften*, Sonderband 6, 2023 (im Erscheinen).
Smolarski, René (Hrsg.). 2021. *Verbindung halten. (Post-)Kommunikation unter schwierigen Verhältnissen.* Göttingen: V&R unipress.
Smolarski, René. 2020. Kalter Krieg auf zweieinhalb Quadratzentimetern. Die Vertriebenenmarke der Bundesrepublik Deutschland als Medium politischer Propaganda. In *Geschichte zum Aufkleben. Historische Ereignisse im Spiegel deutscher Briefmarken,* Hrsg. Achim Thomas Hack und Klaus Ries, 101–121. Stuttgart: Franz Steiner.
Smolarski, René. 2019. „... zwei Welten im Leben eines Volkes". Nationalsozialistische Geschlechterrollen im Spiegel der Briefmarken des ‚Dritten Reiches' (1933–1945). In *Gezähnte Geschichte. Die Briefmarke als historische Quelle,* Hrsg. Pierre Smolarski, René Smolarski und Silke Vetter-Schultheiß, 369–397. Göttingen: V&R unipress.
Sommer, Manfred. 2002. *Sammeln. Ein philosophischer Versuch*. Frankfurt am Main: Suhrkamp.
Weichlein, Siegfried. 2006. *Nation und Region. Integrationsprozesse im Bismarckreich*. Düsseldorf: Droste.
Weissbach, Katharina. 2017. Plakate als Quellen für die Visual History. In *Arbeit am Bild. Visual History als Praxis,* Hrsg. Jürgen Danyel, Gerhard Paul und Annette Vowinckel, 200–216. Göttingen: Wallstein.
Wilde, Denise. 2015. *Dinge Sammeln. Annäherungen an eine Kulturtechnik*. Bielefeld: transcript.
Zöllner, Frank. 2016. „Im Geistesverkehr der Welt". Aby Warburg und die Philatelie. In *Das Archiv*, 2: 14–21.

Ramón Reichert

# Partizipation in der plattformbasierten Stadt: Die offene Stadt im Zeitalter des digitalen Kapitalismus

**Zusammenfassung:** Die Konvergenz von mobilen Medien, Sensornetzwerken, die Kapitalisierung plattformbasierter Anwendungen und die Kommerzialisierung von Sozialbeziehungen in Verbindungen mit digitalen Kontroll- und Bewertungstechniken hat dazu geführt, dass sich die Raumproduktion des Sozialen im Urbanen in einem radikalen Wandel befindet. Die Stadt der Zukunft entwickelt sich heute mehr denn je an der Schnittstelle von mobilen Medienpraktiken, digitalen Infrastrukturen und webbasierten Netzwerken. Die digitalen Informations- und Kommunikationsnetzwerke, die geolokalisierenden Navigationssysteme sowie die Konnektivität und Navigation in Echtzeit verändern die Stadt und schaffen einen medieninduzierten Raum sozialer Erfahrungen und Transaktionen.

**Schlüsselwörter:** Citizen Science, Digitalität, Infrastruktur, Medien, Netzwerke, Partizipation, Plattform, Raumproduktion, Urbanität, Vernetzung

## 1 Einleitung

> Gerade in der Stadt sind Strukturen des Plattformkapitalismus augenfällig: Auf Rad- und Fußwegen bringen Lieferdienste Einkäufe kurzfristig zur Kundschaft, für die verpasste letzte U-Bahn lässt sich per App ein*e Uber-Fahrer*in buchen, samstags fährt die Reinigungskraft von einem Haushalt zum nächsten und richtet die Wohnung für das Wochenende her. Auch das Babysitten und Pflegeeinsätze können als ‚Gigs' per App gebucht werden. (Altenried, Dück und Wallis 2021, S. 7)

Vor diesem Hintergrund verstehen zahlreiche Gesellschaftsdiagnosen mobile und plattformbasierte Vernetzungsmedien als einen richtungsweisenden Indikator zur Bestimmung des urbanen Wandels. In diesem Zusammenhang beschreibt der „Networked Readiness Index" (NRI) einen etablierten Indikator zur statistischen Evaluation der informationellen Stadt. Mit diesem Index kann die digitale Vernetzung einer Stadt mit Hilfe der Indikatoren „Anzahl der Internetnutzer", „Anzahl der Breitbandanschlüsse" und „Anzahl der mobilen Breitbandanschlüsse" empirisch vermessen werden (vgl. Baller, Dutta und Lanvin 2019).

Städte, die in den Aufbau digitaler Infrastrukturen und Dienstleistungen investieren, erwarten sich eine umfassende Neugestaltung ihres Politik- und Verwal-


https://doi.org/10.1515/9783110982114-011

tungshandelns im Sinne des *Open Government* und eine bessere Regulierung der Zusammenarbeit und Mitbestimmung von gesellschaftlichen Institutionen, Unternehmen und Bürger*innen (vgl. Lucke und Golasch 2022). Diese stadtplanerische Erwartungshaltung an die informationelle Stadt kann als Indikator für eine weitreichende Neuorientierung urbaner Lebensformen verstanden werden. Vor diesem Hintergrund stehen folgende Fragen im Zentrum der nachfolgenden Studie: Welchen Stellenwert hat der Aufbau der informationellen Stadt bei der Herausbildung neuer Formen der sozialen und kulturellen Interaktion in einer digitalen Gesellschaft? Inwiefern kann die Digitalisierung des Urbanen als gesellschaftlicher Gradmesser verstanden werden? Zur Beantwortung dieser Problemstellungen möchte ich mich eingehend mit den technisch-medialen Infrastrukturen und ihren möglichen Anwendungen auseinandersetzen, um schließlich ihre Wirkungsweisen für alle beteiligten Akteur*innen herauszuarbeiten.

## 2 Modelle der informationellen Stadt

In den Diskursen der informationellen Stadt ist häufig die Rede von einer mobilen und plattformbasierten Stadtkultur, mit welcher die Zukunftsvision des urbanen Menschen beschrieben wird. Diese Vorstellung bricht mit dem vertikal-hierarchischen Modell städtischer Maschinenbürokratie; an seine Stelle tritt das netzförmige Machtmodell des Organisationstypus ‚Markt' und seiner neuartigen Beteiligungsformen (vgl. Lessig 2004). Netzwerkstrukturen, Kommunikationspraktiken und Projektmanagement stehen für die beweglichen Relationierungen heterogener Wissens-, Macht- und Subjektivitätsgefüge (vgl. Andrejevic 2011, S. 278–287). Der Raum der mobil-dynamischen Vernetzung hat nichts mit einem ‚natürlichen', immer schon vorhandenen geografischen oder physischen ‚Behälter' zu tun, sondern reguliert situative Kontexte, wahrscheinliche Handlungen und Gelegenheitsstrukturen und zeichnet sich durch eine spezifische Verschränkung von Wissens-, Macht- und Subjektverhältnissen aus. Diese Metapher der neuen digitalen Urbanität zählt zu den hegemonialen Metaphern der Gegenwartsgesellschaft (vgl. Vattimo 1997, S. 3–5) und steht für eine soziale Entgrenzungsdynamik gesellschaftlicher Zugehörigkeit, indem sie die Verflüssigung von Institutionen und die Entstehung von hybriden Strukturen beschreibt. Dynamische Netzwerke mit flexiblen Strukturen bilden die neue soziale Morphologie der Stadtentwicklung: „Hypertext ist die Technologie zur Theorie, die Umsetzung der Dekonstruktion und postmodernen Multiplizität mit technischen Mitteln." (Simanowski 2002, S. 137)

Im Kontext der Second-Screen-Nutzung verwandelt sich die Stadt in einen Hypertext-Raum und wird informatisch aufgeladen. Die somit ermöglichten Vernetzungsstrukturen erweitern zwar die Erfahrungs-, Handlungs- und Interaktionschancen urbaner Nutzung, bleiben aber auch anfällig für eine Verfestigung von technisch-medialen Dispositiven. Die zentrale Fragestellung lautet daher: Inwiefern werden Bürger*innen in die digital vernetzte Umgestaltung der Stadt integriert? Werden sie nur als Akteur*innen der Anwendung adressiert, oder haben sie die Möglichkeit, die Stadt nicht nur als Nutzende mitzugestalten? Wird sich die Stadt der Zukunft in ein Interface verwandeln, das bestimmte Anwendungen steuert und reguliert, oder wird ihren Bewohner*innen und Besucher*innen die Möglichkeit eingeräumt, mittels digitaler Anwendungen urbane Praktiken zu initiieren und weiterzuentwickeln? Welche Chancen und Herausforderungen ergeben sich aus der digitalen Transformation der Stadt und des städtischen Zusammenlebens?

Verteilte Netzwerkgesellschaften sind weder herrschafts- noch machtfrei, da sich mit ihnen die Art und Weise der Machtverhältnisse und der Machtausübung nicht aufgehoben, sondern bloß verschoben haben. In ihnen haben sich spezifische Steuerungs- oder Machtstrategien herausgebildet, die einen flexibilisierten Machttypus und folglich eine dezentralisierte soziale Kontrolle herausgebildet haben. Diese in den distribuierten Peer-to-Peer-Netzwerken ermöglichte Freiheit und Beweglichkeit der Kommunikation suggeriert eine sich gleichsam ohne Zeitverluste in alle möglichen Richtungen ausweitende Lebenswirklichkeit der Individuen, stellt aber gleichermaßen eine sich transformierende Regierungstechnik dar, die auf ein produktives Machtverhältnis abzielt und ein hohes Maß an Kontingenz toleriert (vgl. Galloway 2004). In Anlehnung an Michel Foucaults Konzept der „Gouvernementalität“ (vgl. Hardt und Negri 2000, S. 41–67) nennen Hardt und Negri den verflüssigten Machttypus auch „governance without government“ (Hardt und Negri 2000, S. 78) und machen damit auf den strategischen Zusammenhang von Beschleunigungsbefähigung, Flexibilisierung und Selbsttechnologien aufmerksam, der die personalisierte Form der personalen Herrschaft ablöst. Die These von der Produktivität der Macht behauptet, dass Macht erst im Hervorbringen wirksam wird und genuin als ein Akt der Ermöglichung zu verstehen ist. Wenn man unter Macht die Gesamtheit aller Beziehungen in einem dynamischen Kraftfeld versteht, dann wird Macht mehrdeutig und kann als ein Modus angesehen werden, der für das Zustandekommen, die Potenzialität der Macht einsteht – für das Zustandekommen von Veränderungen in der sozialen Welt, die möglich, aber nicht notwendig sind.

Im Zusammenhang mit den rezenten Debatten, die um die Möglichkeiten des Open Government geführt wurden, wird die partizipative Reallaborforschung als Motor gesellschaftlicher Transformations- und Bildungsprozesse angesehen und stellt in diesem Sinne den Ausgangspunkt eines – nachhaltig orientierten – gesamtgesellschaftlichen Lernprozesses dar. Reallabore[1] (oder auch: Experimentierräume) involvieren einen gesellschaftlichen Kontext, in dem Forschende gemeinsam mit Bürger*innen Interventionen im Sinne von Realexperimenten entwickeln, um mehr über soziale Dynamiken und Prozesse zu erfahren. Für Jäger-Erben (2021) ist Aktionsforschung in Reallabor-Environments eine ‚plurale Struktur', die aus heterogenen Perspektivierungen besteht und nicht mit überzeugenden Schlussfolgerungen endet. Im Vordergrund steht hier ein Forschungsdesign, das symbiotisch in gegenseitig beabsichtigter Weise arbeitet und die Bedeutung des Ethisch-Relationalen innerhalb von Praxisgemeinschaften anerkennt. Auf diese Weise zu arbeiten, bietet Gelegenheiten, nicht nur zusammenzuarbeiten, um ein gemeinsames Verständnis zu schaffen, sondern insbesondere, um energische Kritik und das Hinterfragen aufkommender Ideen und Perspektiven zu bieten.

Die in der teilnehmenden Beobachtung eingeschulten Citizen Scientists betreten Felder der Herstellung von wissenschaftlichem Wissen und kooperieren mit Akteur*innen des wissenschaftlichen Wissens in Reallaboren. Das Format der Reallabore unterstützt die Anforderungen an echte Partizipation und kann auf langjährige Erfahrungen mit partizipativen Prozessen und fachübergreifender Forschung aufbauen. Dieses Format fokussiert vor allem das „Selbermachen" und weist ein hohes Innovationspotenzial auf. Für das Reallabor erstellten die Autor*innen der Studie einen Themen- und Fragenkatalog, damit den beteiligten Akteur*innen des Science-Hubs effektiver das Experimentieren mit Citizen Science in der Forschung ermöglicht wird. In diesem Sinne kann die Reallaborforschung, d. h. die partizipative Einbindung von forschungsexternen Akteur*innen als ein gesellschaftlicher Lernprozess beschrieben werden. Das Reallabor als Feld zur Produktion wissenschaftlichen Wissens erweitert sich in der teilnehmenden Beobachtung als unterstützender Lernort und bietet die Gelegenheit, vermittels der Interventionsmethoden von Peer Learning und Mutual Learning im sozialen Austausch mit- und voneinander zu lernen. Damit haben sie das kontinuierliche dialogische Engagement innerhalb unseres Rahmens gewürdigt, das darauf abzielt, ein hohes Maß an gemeinschaftlichem Engagement und Engagement im Hinblick auf die Verfolgung eines kollektiven Ziels aufzubauen. Eine solche Ausrichtung des Fokus stellt sicher, dass der pädagogische Ansatz und die Ergebnisse kontextrelevant bleiben.

Die neuen Formen kollektiver Vernetzung in der Stadt können folglich als Transformation der Macht im Sinne der Restrukturierung und Umorganisation

---

1 Reallabore können als transdisziplinäre Forschungs- und Entwicklungsplattformen verstanden werden, in denen sich unmittelbar an der Forschung Beteiligte, Stakeholder, NGO's und Bildungseinrichtungen vernetzen, um unter dem Leitbild nachhaltiger Entwicklung Zukunftsmodelle für wissenschaftliche und gesellschaftliche Lernprozesse zu entwickeln (vgl. Defila und Di Giulio 2019, S. 1–30).

von Regierungstechniken geltend gemacht werden. Vor dem Hintergrund dieser Machtverschiebungen kann die mittels mobiler Medien vorangetriebene Vernetzungskultur als eine Versuchsanordnung neuer Ausverhandlungsdiskurse, selbstunternehmerischer Empowerment-Strategien und sozialer Organisation begriffen werden. Sie bezieht ihre Mächtigkeit nicht mehr aus der vermeintlich stabilen Entität, sondern aus ihrer permanenten Formveränderung ihrer Mitglieder, die sie in prozedurale Verfahren der Bedeutungsstiftung und Bewertungspraxis verwickelt.

Wenn davon ausgegangen wird, dass die durch die digitalen Kommunikationsmedien zur Verfügung gestellten Infrastrukturen Kollektivität im urbanen Raum neu anordnen, erfahrbar machen, formieren und vernetzen, dann kann die Frage nach den digitalen Techniken, Verfahren und Praktiken der Herstellung von Kollektivität aufgeworfen werden. Aber auch visuelle Navigationsräume sind nur vordergründig herrschaftsfrei und schaffen eine Struktur der performativen Wirkmächtigkeit und der indirekten Kontrolle, wenn sie Nutzer*innen „anrufen" und für eine kollektivierende ‚Interpellation' sorgen. Welcher Stellenwert hat das „Visual Regime of Navigation" (Verhoeff 2012) bei der Produktion, Stabilisierung und Verbreitung von kollektiven Praktiken im urbanen Raum? Die grafischen Navigationsräume der sozialen Netzwerke bilden Merkmale der Orientierung und der Zugehörigkeit aus, welche die Mitglieder der Communities im Stadtraum miteinander teilen. Die neuen Möglichkeiten der digitalen Navigation in Stadträumen verlangt reflexive Medienkompetenzen, wenn Passant*innen und Flaneur*innen in einem andauernden Kommunikationsverhältnis mit ihren geolokalisierenden und sozial vernetzten Informationssystemen stehen und nicht nur stadträumlich, sondern auch mit Hilfe digitaler Verfahren verortet und persönlich adressiert werden.

# 3 Die Stadt als Datenbank

Die „Neo-Geography" der kollektiven Mapping- und Monitoring-Praktiken erlebt im Social Net einen großen Aufschwung. An ihrer Ausdifferenzierung kann die kulturelle Transformation von sozialer Kontrolle abgelesen werden. Sie bezieht sich auf die neue Allgegenwart von Geodaten, die es den Nutzer*innen in niedrigschwelligen Anwendungen ermöglichen, mit räumlichen und raumbezogenen Informationen ihre Alltagswahrnehmungen in hypermedialen Repräsentations- und Wahrnehmungsräumen anschaulich darzustellen und analytisch zu nutzen. Die digitale Kartografie und die mit ihr verbundenen interaktiven Praktiken des „Geobrowsings" (vgl. Peuquet und Kraak 2002, S. 80–82) haben kollaborative Kartierungspraktiken und interaktive Kommunikationsräume sozialer Kontrolle und Regulation etabliert.

Mit Hilfe dieser technischen Infrastruktur konnten Netzkollektive Datensammlungen, -anreicherungen und -visualisierungen in ihren „Map Mashups“ (Crampton 2010) erstellen. Die auf Navigationsplattformen kollaborativ erstellten Geovisualisierungen sorgen dafür, dass die Bedeutungskonstruktionen des Sozialen dynamisch, unabgeschlossen und veränderlich werden und dass permanent ein neues Kartenhandeln in sozialen Ausverhandlungsprozessen entsteht, das nicht mehr so einfach differenziert werden kann.

Das kollektive Online-Mapping raumbezogener Daten verändert das traditionelle Bezugsverhältnis von ‚Ort‘ und ‚Raum‘. In seiner Theorie der „Kunst des Handelns“ definiert Michel de Certeau den Ort als eine momentane Konstellation von festen Punkten: „Ein Ort ist die Ordnung, nach der Elemente in Koexistenzbeziehungen aufgeteilt werden. Damit wird also die Möglichkeit ausgeschlossen, dass sich zwei Dinge an derselben Stelle befinden.“ (de Certeau 1988, S. 217) Seinen Raumbegriff entwickelt er in Opposition zum Ortsbegriff und beschreibt den Raum als einen Zustand, der weder eine Eindeutigkeit noch die Stabilität von etwas ‚Eigenem‘ gewährleiste:

> Der Raum ist ein Geflecht von beweglichen Elementen. Er ist gewissermaßen von der Gesamtheit der Bewegung erfüllt, die sich in ihm entfalten. Er ist also ein Resultat von Aktivitäten, die ihm eine Richtung geben, ihn verzeitlichen und ihn dahin bringen, als eine mehrdeutige Einheit von Konfliktprogrammen und vertraglichen Übereinkünfte zu funktionieren. (de Certeau 1988, S. 218)

Diese von de Certeau getroffene Differenzierung zwischen Ort und Raum beschreibt auf anschauliche Weise den Unterschied zwischen einer gezeichneten oder gedruckten Karte und der digitalen Karte, die elektronisch im Navigationsprogramm errechnet wird. Im Gegensatz zur Karte, die eine starre Konstellation abbildet, liegt die entscheidende Medienspezifik des digitalen Navigierens in der Fähigkeit, den Raum auf neue Weise zu organisieren und zugänglich zu machen. Aus der Beweglichkeit des Raumes können kontinuierlich neue Konstellationen gebildet werden. Die technische Infrastruktur dieser neuen Beweglichkeit beim Navigieren in Datenbanken bildet die Zoom-in-Technologie, die den Usern ermöglicht, permanent zwischen einer lokalen und globalen Perspektive hin- und her zu wechseln: Sie scheinen selbst zu bedeutungsproduzierenden Agent*innen zu werden, indem sie sich weltweite Netze erschließen, lokale Kommunikationsstrukturen aufdecken und ‚tiefer‘ in persönliche Profile und Messages ‚eindringen‘. Wenn wir uns heute in Stadträumen bewegen, dann orientieren wir uns durch Vermittlung von mobilen Medien in einem digitalen Wissensraum, der die gesammelten Daten in einen spezifischen Bezug zum städtischen Umraum setzen kann. Durch ihre permanente Veränderlichkeit verlieren die interaktiven Karten jedoch auch ihre Beständigkeit und verlangen von ihren Benutzer*innen die Bereitschaft einer ununterbrochenen Relektüre. So greifen kollektive Netzpraktiken in eine Vielzahl kultureller Prozesse ein und verändern auf diese Weise die statischen Wissensordnungen und Repräsentationskulturen.

Mit dieser Merkmalsbestimmung bezeichnet Heidenreich auch eine Multiplizierung einer kollektiven Mediennutzung von digitalen Speichern und Netzwerken, welche die Archive und Sammlungen des Wissens in dynamische Aggregatzustände verwandelt, die sich mit jeder neuen Benutzung verändern und anders anordnen: „Die Ordnung eines Speichers steht nicht mehr fest, wie in einem Lexikon oder einem Papierarchiv, sondern jeder Suchvorgang gibt die Daten vollkommen neu sortiert wieder. Suchfunktionen stellen damit eine ganz andere Form von Vergleichbarkeit her." (Heidenreich 2004, S. 132)

Eine anonyme und dynamische Kollaboration bei der Erstellung von Inhalten sorgt dafür, dass sich die Anzahl der Einträge kontinuierlich vervielfältigt und die Vergleichbarkeit der verschiedenen Einträge permanent erhöht. Diese kollektive Inhaltserschließung eines Dokumentinhalts nennt Vander Wal (2005) „Broad Folksonomy" und bezeichnet damit die Praxis vieler verschiedener Nutzer*innen, ein Dokument mit Tags zu versehen. In diesen offenen Datenbanksystemen, welche die Möglichkeiten der Annotation, des Kommentars und der Vernetzung anbieten, bilden stadtbezogene Daten und Informationen keinen stabilen und feststehenden Wissensbestand ab, sondern können als temporär und veränderlich charakterisiert werden. Im Unterschied zu kontrollierten Begriffsregistern und einheitlichen Taxonomien können Folksonomies auch als Performative der Vielsprachigkeit betrachtet werden, die sich mit jeder neuen Benutzung anders anordnen und damit populäres Wissen in dynamische Aggregatzustände verwandeln. Folksonomies konfrontieren uns exemplarisch mit der dynamischen Auflösung statischer Ordnungskonzepte. Die informationelle Stadtnutzung kann folglich als eine symbolische Umarbeitung und Umdeutung der Stadt verstanden werden. Sie basiert auf kollektiver und kollaborativer Zusammenarbeit und etabliert ein audiovisuelles Gedächtnis der Stadt, das traditionelle Repräsentationsmedien der Stadt überformt und in den Hintergrund drängt.

## 4 Städte im informationellen Aggregatzustand

Die Verwandlung der Stadt in einen informationellen Aggregatzustand kann mit Zygmunt Bauman treffend als Diskursfigur einer vorherrschenden „Liquid Modernity" beschrieben werden:

> Fluids, so to speak, neither fix space nor bind time. While solids have clear spatial dimensions but neutralize the impact, and thus downgrade the signifiance of time, fluids do not keep to any shape for long and are constantly ready to change it; and so for them it is the flow of time that counts, more than the space they happen to occupy: that space, after all, they fill but ‚for a moment'. (Bauman 2000, S. 2)

Diese Vorstellung einer ununterbrochenen Akzelerationsdynamik behauptet auch Manuel Castells in seiner Netzwerkanalyse, wenn er davon ausgeht, dass die webbasierten Netzwerke einen „space of flows" („Raum der Ströme", Castells 1996, S. 83) erzeugen, der diversifizierte Lokalitäten in einem interaktiven Netzwerk von Aktivitäten und Akteur*innen miteinander verbindet. Es sieht den „Raum der Ströme" durch ein nicht hierarchisch stabilisiertes Netzwerk gekennzeichnet, dass sich mittels temporärer Verdichtungen und dezentraler Verzweigungen organisiere:

> Our societies are constructed around flows: flows of capital, flows of information, flows of technology, flows of organizational interactions, flows of images, sounds and symbols. Flows are not just one element of social organization: they are the expression of the processes dominating our economic, political, and symbolic life. (Castells 1996, S. 412)

Castells unterteilt den „space of flows" in eine materielle Ebene der technischen Infrastruktur für globale Kommunikation in annähernder Echtzeit[2], in eine hierarchische Ebene von Knoten, die nach ihrem Gewicht im Netzwerk organisiert sind und schließlich in eine machttechnologische Ebene der räumlichen Organisation, in der bestimmte Eliten den Raum der Ströme steuern. Sicherlich fördert das durch die digitalen Kommunikationsmedien angeheizte Echtzeitregime die Vorstellung eines sozial und kulturell vollkommen durchlässigen Kommunikationsraums, der mit den Begriffen der „Adhocracy" und der „Liquid Democracy" umschrieben wird. Die technischen Möglichkeiten der Online-Kommunikation und der permanenten Konnektivität mittels mobiler Medien verwandeln vereinzelte Passant*innen in kollektive Mitglieder von Flash Mobs, mit denen in urbanen Räumen „Adhocracy" geübt werden kann (vgl. Cameron und Quinn 2011).[3]

Wer heute in einer Stadt lebt, muss zur Kenntnis nehmen, dass die digitalen Vernetzungstechnologien die Sichtbarkeit der Städte und ihrer Bewohner*innen erhöhen. Informationelle Städte stehen unter einer kollektiven Dauerbeobachtung, indem soziale Medien mit ihren Peer-to-Peer-Netzwerken sozial geteilte Möglichkei-

2 Allerdings ist der Begriff der ‚Echtzeit' nicht unproblematisch, da er die Zeitvorstellung eines Hier und Jetzt suggeriert und in Aussicht stellt, dass wir alle im gleichen Augenblick an der Kommunikation teilnehmen können und damit an einem einzigen unendlichen Bewusstsein im Internet angeschlossen sind.

3 „Adhocracy" bezeichnet dabei eine soziale Organisationsform, die im Gegensatz zur bürokratischen Gesellschaftsordnung steht und sich niedrigschwellig, anti-hierarchisch und sachbezogen entwickelt.

ten der Stadtwahrnehmung ermöglichen (vgl. Bingöl 2022, S. 967–987). Im Modell der radikal reziproken Kommunikation in Feedbackschleifen kann jede/r Beobachter*in alle anderen Beobachtenden beobachten, bewerten und kommentieren. Hier zeigt sich eine weitere Eigenart der kollektiven Vernetzungstechnologien informationeller Städte: Das Social Web bietet Versuchsanordnungen zur Multiplizierung kollektiver Blicke. Christian Fuchs interpretiert die Social Networking Sites als Kommunikationsplattformen einer künftigen „Surveillance Society" (Fuchs 2011). Die kontinuierliche kollektive Kontrollkultur ist das Resultat der Massenfeedbacktechnologien, der Bandbreitensteigerung der Übertragungskanäle und der Verkürzung der Schalt- und Rechenzeiten. Mit der technisch forcierten Echtzeitkommunikation kommt es auf der Ebene der sozialen Anwendungen zu einem massiven rezeptionsästhetischen Anpassungsdruck. Soziale Netzwerke schlafen nie und generieren ununterbrochenes Massenfeedback. Wer mittels der Feedback-Technologien vernetzt ist, kann permanent und an der Grenze zur Echtzeit bewertet und kommentiert werden.

Städte im informationellen Aggregatzustand verändern grundlegend ihre Machtkonstellation. Sie lösen sich von ihrer vertikalen Ordnung und definieren sich nicht mehr über top-down-Strukturen, wenn etwa Stadtplaner*innen die Nutzungsweisen einer Stadt programmieren. Informationelle Städte leben von den Datenpraktiken ihrer humanen und nicht-humanen Akteur*innen. So gesehen kann die informationelle Stadt als ein technik- und medieninduziertes Geflecht von Praktiken verstanden werden – Aneignungspraktiken, welche die Stadt immer wieder aufs Neue organisieren und umdeuten. Städte, die sich als informationelle Prozesse verstehen, bringen transitorische Räume hervor, die Sinnverschiebungen, Neuorientierungen und eine Hybridität von Nutzungsformen zulassen. Hybridität entsteht nicht durch eine Intervention von außen, die unterbricht, denaturalisiert und die ‚hegemoniale' kulturelle Formationen dekonstruiert, sondern ist ein alltäglicher, unvermeidbarer und gewöhnlicher Bestandteil aller kulturellen Formationen, die auftauchen, sich verändern und durch Zeit und Raum fortbewegen. Dieser Umstand soll jedoch nicht darüber hinwegtäuschen, dass die Politiken der Hybridität hart umkämpft sind.

# 5 Die Stadt als Netzwerkgesellschaft

Zahlreiche Theoretiker*innen der digitalen Gesellschaft gehen davon aus, dass die digitalen Vernetzungstechnologien und ihre kollektiven Praktiken neue Formen sozialer und kultureller Organisation hervorbringen werden. Digitale Kollektive gelten als Hoffnungsträger für die kommende „soziale Revolution" (vgl. Shirky 2008; 2010) oder werden als selbstorganisierte „kollektive Intelligenz" begrüßt, die von

James Surowiecki in *The Wisdom of the Crowds* (2004) als eine Organisationsform größerer Freiheitsgrade, als ein innovativeres Denken oder als ein effizienteres Wirtschaften geltend gemacht wurde. Er argumentiert in seinem vielbeachteten Buch, dass die Kumulation von Informationen in Gruppen zu gemeinsamen Gruppenentscheidungen führen, die oft besser sind als Lösungsansätze einzelner Teilnehmenden. Dieser Ansatz markiert nicht nur eine singuläre Positionierung für eine normative Aufladung kollektiver Intelligenz, die als „Weisheit der Vielen" verhandelt wird; nein, diese These steht vielmehr für ein hegemonial werdendes Diskursfeld, das von kollaborativen und kollektiven Praktiken einen entscheidenden Beitrag zur sozialen, politischen und ökonomischen Wertschöpfung erwartet: „Interaktion und Partizipation dienen längst als rhetorische Mittel zur Vermarktung kulturindustrieller Waren und werden zur Wertschöpfung im Rahmen partizipativer Technologieentwicklung und usergenerierter Inhalte genutzt." (Simanowski 2012, S. 20) Aber im Unterschied zu den Versuchsanordnungen der alternativen Gesellschaftsmodelle der 1960er Jahre und ihren strikt organisierten Kommunen, Kooperativen und Arbeitskollektiven, die gemeinsame Ziele verfolgten und in denen der kollektiven Entscheidungsfindung nach dem Prinzip des Konsens ein zentraler Stellenwert eingeräumt wurde, erwartet man sich von den digitalen Kollektiven die Bereitstellung eines wendigen Handlungsrezeptes für ein flexibles Strukturmodell. Für die digitalen Kollektivpraktiken stellt der fehlende organisatorische Zusammenhalt keinen Mangel an Übereinstimmung und Gemeinsamkeit dar, denn gemeinsame Willensentscheidungen und gemeinsame Handlungen kommen nur unter speziellen Voraussetzungen zustande. Die Struktur, der Aufbau und die jeweiligen Verfahren bei der Organisation von digitalen Kollektivitäten müssen also nicht mehr in komplexen Prozeduren der konsensuellen Meinungsfindung hergestellt werden, sondern sind mehr oder weniger in die strukturierten Anordnungen der Social Software eingelagert. Von Globalisierung und dezentraler Medientechnologie vorangetrieben, dringt die mittels der digitalen Vernetzung hergestellte Macht der Vielen in immer weitere Lebensbereiche ein. Social Media werden von kollektiven Protestaktionen als Informations-, Kommunikations- und Kooperationswerkzeuge für die Online-/Offline-Vernetzung von oppositionellen Praktiken genutzt (vgl. Dahlgren 2009).

Besondere Aktualität haben kollektive Mobilisierungsprozesse gegenwärtig vor allem als Modellierung eines neuen, unkonventionellen sozialen Verhaltens: etwa in den Smart Mobs oder Flash Mobs (vgl. Rheingold 2002), die sich ohne zentrale Mobilisierungsinstanz als situationsbezogene Protestgruppen zu digitalen Kollektivitäten zusammenfinden und als ein aggregatähnliches Kollektiv temporär und taktisch die öffentlichen Räume durchqueren. Ihre extreme Flexibilität und unhintergehbare Wandelbarkeit machen die digitalen Mobs zum Grenzfall der Modellierung in repräsentationalen Verfahren der Aufzeichnung und Speicherung. Denn ihre Bewegungsdynamik findet oft am Rande der kontingenten Strukturen statt und erschwert einen epistemologischen Zugang. So kreist etwa die Übertragung von Befragungs- und Nutzungsdaten in Kombination mit dem Surfverhalten der User auf die Gesamtheit aller Nutzer*innen statistischen Berechnungen durch das Social Media-Targeting und das Predictive Behavioral Targeting um mathematische Optimierungsprobleme und bringt kein in sich abgeschlossenes Wissen hervor, da die sozialen Beziehungsgefüge stets wandelbar, unvorhersehbar und unzyklisch in ihrem Verhalten erscheinen. Sie verweisen auf die Löschung stabiler Demarkationen und konfrontieren uns mit der dynamischen Auflösung statischer Ordnungskonzepte. Daher erscheinen sie als schlecht definierte Systeme, die sich durch schwach strukturierte Datenmengen und eine dementsprechend unscharfe Logik auszeichnen. So erweist sich die informationelle Stadt als ein extrem volatiles und aggregatähnliches Gebilde, das kein diskursives Zentrum erzeugt und einem empirischen Umherirren gleicht. Informationelle Städte lösen sich von der Idee geplanter und stabiler Architektur, indem sie zu verdichteten Orte sozialer Praktiken werden. Sie verweisen darauf, wie unsicher, notorisch schwankend und unzuverlässig das Terrain der Berechenbarkeit geworden ist und dass diese Unschärfe mit der ständigen Bewegung zu tun hat, mit welcher sich die Kollektivströme ihrer medialen Identifizierungs- und Registrierungstechnologien zu entziehen im Stande sind. Die Volatilität der sich viral verbreitenden Inhalte und der sich viral verhaltenden Kollektive erzeugt gleichermaßen eine Volatilität des Wissens, dem es nicht mehr gelingt, einen analytischen Referenzraum zu konstruieren, der die globalen Kollektivströme in einem System stabiler und diskreter Unterscheidungen zu repräsentieren vermag.

Die prekäre Objekthaftigkeit der vernetzten Kollektive gewinnt eine besondere, symptomatische Bedeutung nicht zuletzt dort, wo sich die Kultur der Gegenwart als eine Kultur der Unschärfe und als eine Ästhetik des Verschwommenen und Unscharfen bestimmen lässt. Sei es die neue Neigung zu schlecht definierten Systemen in der Organisations- und Managementtheorie, sei es eine Kritik von Logik und Mengenlehre durch eine unscharfe (‚fuzzy') Logik, seien es schwach strukturierte Datenmengen von der Astronomie bis zu Klimaforschung und Computergraphik, seien es theoretische Entwürfe, die sich mit Begriffen wie ‚lose Kopplung', ‚Verstreuung', ‚Mannigfaltigkeit' oder ‚molekulares Werden' auf konstitutiv unscharfe Objekte beziehen: in all diesen Fällen lässt sich die Figur der viralen Kollektive als Emblem für die Selbstinterpretation zeitgenössischer Kultur begreifen, die sich auf verschiedenen Gebieten mit der Löschung stabiler Demarkationen und der dynamischen Auflösung statischer Ordnungskonzepte konfrontiert.

Diese mangelnde Sättigung an wissenschaftlichem Wissen über das kollektive Verhalten im Netz macht dieses wiederum interessant für das politische Denken des Widerspenstigen und Unzähmbaren. Anders als Netze, deren Konnektivität sie definiert, müssen kollektive Bewegungsströme im Social Net die Konnektivität ihrer Einzelindividuen durch Medien der Kommunikation ständig herstellen (vgl. van Dijck 2012; 2013).

Die hiermit avisierte Bandbreite der digitalen Protestformen umfasst auch Praktiken der Adhocacy. Die in Aussicht gestellte emanzipatorische Macht der Vielen wird aber durch Software-Features wie den erzwungenen Protected Mode[4], der den Usern den Software-Quellcode und die Möglichkeit zur individuellen Modifikation vorenthält, standardisiert und normalisiert. Die demokratischen Defizite der neuen Netzöffentlichkeiten bestehen aus einem geringen Involvement durch den sogenannten One-Click-Protest, der an die Stelle der Mobilisierung der Massen die Gewissensberuhigung des Einzelnen freisetzt und aus einer Folklorisierung von politischen Öffentlichkeiten, die einer transnationalen Demokratisierung der Gesellschaft entgegenwirken.

Gleichzeitig wird im Back Office der Anbieter von Sozialen Netzwerken die digitale Masse als Datenaggregate manövrierbar. In diesem Spannungsverhältnis zwischen Macht und Ohnmacht entfalten sich die (wieder aufgewärmten) Mediendiskurse zwischen Technologie und Kultur, zwischen dem Ästhetischen und dem Politischen, zwischen den Usern als kulturellen ‚Idioten' und den ‚Technologen' als den Verwaltern des digitalen Herrschaftswissens. Im Unterschied zur politischen Macht im System, die zentral organisiert ist und zur Usurpation einlädt, haben die Netzwerke neue Kollektivitäten hervorgebracht, die sich weder auf eine Autorität noch auf Recht zurückführen lassen. Aus diesem Mangel einer positiven Prädikatisierung crowdbasierter Stadt(um)nutzung leiten die affirmativen Diskurse der informationellen Stadt das neue Potenzial von digitalen Zivilgesellschaften ab. Der Hype um die digitalen Beteiligungsdiskurse darf jedoch die Frage, wer an der Gestaltung der digitalen Infrastrukturen der informationellen Stadt mitwirken darf und kann, nicht in den Hintergrund drängen. Die digitale Medialisierung der Stadt führt nicht zu einer lückenlosen Demokratisierung der Gesellschaft, sondern schafft neue Macht- und Herrschaftsverhältnisse, neue Verteilungs- und Aufmerksamkeitskämpfe, die weiterhin einer aufmerksamen Medienreflexion bedürfen.

---

4 Im Unterschied zum offenen Quellcode der Open Source-Technologie, welche die freie Zugänglichkeit und die gemeinnützige kollektive Nutzung der Software ermöglicht.

# Medienverzeichnis

## Literatur

Altenried, Moritz, Julia Dück und Mira Wallis. 2021. Zum Zusammenhang digitaler Plattformen und der Krise der sozialen Reproduktion: Einleitung. In *Plattformkapitalismus und die Krise der sozialen Reproduktion*, Hrsg. Moritz Altenried, Julia Dück und Mira Wallis, 7–26. Münster: Westfälisches Dampfboot.

Andrejevic, Mark. 2011. Surveillance and Alienation in the Online Economy. In *Surveillance & Society*, 8(3): 278–287.

Baller, Silja, Soumitra Dutta und Bruno Lanvin (Hrsg.). 2019. *The Global Information Technology Report 2019. Innovating in the Digital Economy*. Washington DC: Portulans Institute.

Bauman, Zygmunt. 2000. *Liquid Modernity*. Cambridge: Polity Press.

Benkler, Yochai. 2006. *The Wealth of Networks. How Social Production Transforms Markets and Freedom*. New Haven/CT u. a.: Yale University Press.

Best, Michael L. und Keegan W. Wade. 2009. The Internet and Democracy. Global Catalyst or Democratic Dud? In *Bulletin of Science, Technology & Society*, 29(4): 255–271.

Bingöl, Ezgi Seçkiner. 2022. Citizen Participation in Smart Sustainable Cities. In *Research Anthology on Citizen Engagement and Activism for Social Change*, 967–987. Hershey: IGI Global.

Cameron, Kim S. und Robert E. Quinn. 2011. *Diagnosing and Changing Organizational Culture*. New York: Wiley.

Castells, Manuel. 1996. *The Rise of the Network Society*. Cambridge: Blackwell.

Crampton, Jeremy W. 2010. *Mapping: A Critical Introduction to Cartography and GIS*. Chichester: Wiley.

Dahlgren, Peter. 2009. *Media and Political Engagement: Citizens, Communication and Democracy*. Cambridge: Cambridge University Press.

de Certeau, Michel. 1988. *Kunst des Handelns*. Berlin: Merve.

Defila, Rico und Antonietta Di Giulio. 2019. Wie Reallabore für Herausforderungen und Expertise in der Gestaltung transdisziplinären und transformativen Forschens sensibilisieren – eine Einführung. In *Transdisziplinär und transformativ forschen, Band 2*, Hrsg. Rico Defila und Antonietta Di Giulio, 1–30. Wiesbaden: Springer VS.

Ellison, Nicole B., Charles W. Steinfield und Cliff Lampe. 2007. The Benefits of Facebook ‚Friends': Social Capital and College Students' Use of Online Social Network Sites. In *Journal of Computer-Mediated Communication*, 12(4): 435–444.

Fuchs, Christian. 2011. Critique of the Political Economy of Web 2.0 Surveillance. In *Internet and Surveillance: The Challenge of Web 2.0 and Social Media*, Hrsg. Christian Fuchs, Kees Boersma, Anders Albrechtslund und Marisol Sandoval, 31–70. New York: Routledge.

Galloway, Alexander. 2004. *Protocol. How Control Exists after Decentralization*. Cambridge: MIT Press.

Galloway, Alexander. 2006. *Gaming. Essays on Algorithmic Culture*. Minneapolis: University of Minnesota Press.

Hardt, Michael und Antonio Negri. 2000. *Empire*. Cambridge: Harvard University Press.

Heidenreich, Stefan. 2004. *FlipFlop. Digitale Datenströme und die Kultur des 21. Jahrhunderts*. München und Wien: Carl Hanser.

Jaeger-Erben, Melanie. 2021. Citizen Science. In *Handbuch Transdisziplinäre Didaktik, Band 1*, Hrsg. Tobias Schmohl und Thorsten Philipp, 45–56. Bielefeld: transcript.

Lessig, Lawrence. 2004. *Free Culture: How Big Media Uses Technology and the Law to Lock Down Culture and Control Creativity*. New York: Penguin.

Lucke, Jörn und Katja Gollasch. 2022. *Open Government: Offenes Regierungs- und Verwaltungshandeln – Leitbilder, Ziele und Methoden*. Wiesbaden: Springer Gabler.
Peuquet, Donna und Menno-Jan Kraak. 2002. Geobrowsing: Creative Thinking and Knowledge Discovery Using Geographic Visualization. In *Information Visualization*, 1(1): 80–91.
Rheingold, Howard. 2002. *Smart Mobs: The Next Social Revolution*. Cambridge: Perseus.
Shirky, Clay. 2008. *The Power of Organizing Without Organizations*. New York: Penguin.
Shirky, Clay. 2010. *Cognitive Surplus: Creativity and Generosity in a Connected Age*. London: Allen Lane.
Simanowski, Roberto. 2008. *Digitale Medien in der Erlebnisgesellschaft. Kultur – Kunst – Utopien*. Reinbek bei Hamburg: Rororo.
Simanowski, Roberto. 2002. *Interfictions: Vom Schreiben im Netz*. Frankfurt am Main: Suhrkamp.
Simanowski, Roberto. 2012. *Textmaschinen – Kinetische Poesie – Interaktive Installation. Zum Verstehen von Kunst in digitalen Medien*. Bielefeld: transcript Verlag.
Surowiecki, James. 2004. *The Wisdom of Crowds: Why the Many Are Smarter Than the Few and How Collective Wisdom Shapes Business, Economies, Societies and Nations*. New York: Doubleday.
van Dijck, José. 2012. *Network Society: Social Aspects of New Media*. London: Sage Publications.
van Dijck, José. 2013. *The Culture of Connectivity: A Critical History of Social Media*. Oxford: Oxford University Press.
Vander Wal, Thomas. 2007. Folksonomy Coinage and Definition. In *Vanderwal.net* www.vanderwal.net/folksonomy.html. Zugegriffen am 20. Februar 2017.
Vattimo, Gianni. 1990. *Das Ende der Moderne*. Stuttgart: Reclam.
Vattimo, Gianni, 1997. *Die Bedeutung der Hermeneutik für die Philosophie*. Frankfurt am Main: Campus-Verlag.
Verhoeff, Nanna. 2012. *Mobile Screens: The Visual Regime of Navigation*. Chicago: University Press.

# Autor*innenverzeichnis

**Lena Becker, M.A.**, studierte Intermedia und Medienkulturanalyse in Köln, Groningen und Düsseldorf. Am Institut für Medien- und Kulturwissenschaft der Heinrich-Heine-Universität Düsseldorf forschte sie zu Citizen Science in den (Medien-)Kulturwissenschaften. Nach Stationen u. a. in der qualitativen Markt-, Medien- und Kulturforschung arbeitet sie am Creative Europe Desk KULTUR, wo sie seit 2022 zum europäischen Kulturförderprogramm Creative Europe berät. Darüber hinaus ist sie als Kulturmanagerin am Kölner Institut für Kulturarbeit und Weiterbildung tätig.

**Dr. Sophie G. Einwächter** leitet aktuell ein DFG-Forschungsprojekt mit dem Schwerpunkt Wissenschaftsforschung („Medienwissenschaftliche Formate und Praktiken im Kontext sozialer und digitaler Vernetzung") an der Philipps-Universität Marburg. Sie ist Ko-Sprecherin der AG „Partizipations- und Fanforschung" der Gesellschaft für Medienwissenschaft und hat zu unterschiedlichen fankulturellen Themen (unternehmerisches Fandom, Lego-Fandom, Trump-Fandom, Serien-Fandom etc.) sowie filmwissenschaftlich publiziert. Ihre Doktorarbeit befasste sich mit der Rolle von Fans innerhalb der Kulturwirtschaft (*Transformationen von Fankultur: Organisatorische und ökonomische Konsequenzen digitaler Vernetzung*, 2014 Open Access). Sie ist zudem Sprecherin des Arbeitskreises „Gewaltprävention online" innerhalb des Forums Antirassismus in der Medienwissenschaft (FAM) und Ko-Herausgeberin von „Demokratie gegen Menschenfeindlichkeit" (Wochenschau Verlag), wo sie sich schwerpunktmäßig mit dem Thema der Wissenschaftsfeindlichkeit und Diskriminierungsfragen im wissenschaftlichen Kontext auseinandersetzt.

**Dr. Anna Luise Kiss** ist Medienwissenschaftlerin und seit 2021 Rektorin der Hochschule für Schauspielkunst Ernst Busch Berlin. Zuvor leitete sie an der Filmuniversität Babelsberg Konrad Wolf das vom BMBF geförderte Forschungsprojekt „Das filmische Gesicht der Städte" und war als Vizepräsidentin für Forschung & Transfer für die Filmuniversität tätig. Sie arbeitete bereits mehrere Jahre als Schauspielerin, als sie ein Studium der Kulturwissenschaften aufnahm. Es folgten ein Studium der Medienwissenschaft, Lehrtätigkeit als akademische Mitarbeiterin und die Promotion. In ihrer Forschung befasst sie sich mit Schauspieltheorien, Künstler*innen-Biografien, Filmgeschichte und kulturellen Artefaktstrukturen im urbanen Raum. Besonderes Interesse hat sie an der Gestaltung heterogenitätsorientierter akademischer Strukturen, dem Abbau von Klassismus in künstlerischen Ausbildungskontexten und neuen Formen des Managements von Kunsthochschulen.

**Dr. Annekathrin Kohout** studierte Germanistik, Kunstwissenschaft, Medientheorie und Fotografie in Dresden, Karlsruhe und Leipzig. Von 2016 bis 2022 war sie wissenschaftliche Mitarbeiterin am Germanistischen Seminar der Universität Siegen, wo sie im Mai 2021 promovierte. Neben ihrer Tätigkeit als freie Autorin ist sie Mitherausgeberin der Buchreihe *Digitale Bildkulturen* im Verlag Klaus Wagenbach sowie der Zeitschrift *POP. Kultur und Kritik*. Seit 2022 ist sie Mitglied des Editorial Bords des internationalen „Journal of Popular Cultures". Ihr jüngstes Buch *Nerds. Eine Popkulturgeschichte* erschien im Januar 2022 bei C.H.Beck. Als Gastdozentin unterrichtet sie u. a. in der Abteilung „Populäre Kultur" am Institut für Medien, Theater und Populäre Kultur an der Universität Hildesheim.

**Emily Paatz, B.A.**, hat Kommunikationswissenschaft im Bachelor-Programm der Universität Erfurt studiert, bevor sie dort in den Master-Studiengang „Gesundheitskommunikation" gewechselt ist.


https://doi.org/10.1515/9783110982114-012

Ihre Abschlussarbeit verfasste sie auf Grundlage einer Experimentalstudie zur Kommunikation über Corona-Impfschutz. 2021 und 2022 war sie zudem als studentische Assistentin im Projekt „Kino in der DDR – Rezeptionsgeschichte von ‚unten'" tätig.

**Marcus Plaul, M.A.**, ist zurzeit Doktorand am Seminar für Medien- und Kommunikationswissenschaft der Universität Erfurt. Im Rahmen seiner Dissertation forscht er zum Thema Wissenschaftskommunikation im Kontext von Citizen Science. Von 2019 bis 2022 war er zudem als wissenschaftlicher Mitarbeiter im Projekt „Kino in der DDR – Rezeptionsgeschichte von ‚unten'" tätig.

**Dr. Ramón Reichert** lehrt und forscht als Senior Researcher am Department für Kulturwissenschaften an der Universität für angewandte Kunst in Wien. Zuvor ging er Lehr- und Forschungstätigkeiten in Basel, Berlin, Canberra, Fribourg, Helsinki, Sankt Gallen, Stockholm und Zürich nach und war langjähriger EU-Projektkoordinator. Aktuelles Forschungsprojekt: „Visual Politics and Protest. Artistic Research Project on the visual framing of the Russia-Ukraine War on internet portals and social media" (2022–2023). Publikationen (Auswahl): *Selfies. Selbstthematisierung in der digitalen Bildkultur* (2023); *Networked Images in Surveillance Capitalism* (2022, gem. mit Olga Moskatova, Anna Polze); *Theo Politics of Metadata* (2021, gem. mit Anna Dahlgren und Karin Hanson); *Sozialmaschine Facebook: Dialog über das Politisch Unverbindliche* (2019, gem. mit Roberto Simanowski).

**Dr. Patrick Rössler** ist Inhaber der Professur für Kommunikationswissenschaft mit Schwerpunkt Empirische Kommunikationsforschung/Methoden an der Universität Erfurt. Seine Arbeitsschwerpunkte sind die Medienwirkungsforschung, politische Kommunikation, visuelle Kommunikation in historischer Perspektive sowie die Digital Humanities. Er hat mehrere VR-Anwendungen für kunsthistorische Umgebungen mitentwickelt und leitete das Projekt „Kino in der DDR – Rezeptionsgeschichte von ‚unten'" mit. Daneben ist er als Kurator für Museen tätig und hat Ausstellungen u. a. in Deutschland, der Schweiz, Frankreich, den U.S. A. und Japan realisiert; darunter „Filmfieber" zum Stummfilm der Zwischenkriegszeit und „DEFA in Thüringen".

**Dr. René Smolarski** hat Informatik, Geschichte, Religionswissenschaft und Kulturwissenschaft an der Technischen Universität Ilmenau, der Fernuniversität Hagen sowie den Universitäten Jena und Erfurt studiert. Promotion in der Zeitgeschichte an der Universität Erfurt. Er arbeitet zu Themen der Citizen Science, der Philatelie, der Digital Humanities sowie zur Neueren und Neuesten Geschichte.

**Dr. Wolfgang Ullrich** war von 2006 bis 2015 Professor für Kunstwissenschaft und Medientheorie an der Staatlichen Hochschule für Gestaltung in Karlsruhe. Seither lebt und arbeitet er als freier Autor in Leipzig. Er forscht und publiziert zur Geschichte und Kritik des Kunstbegriffs, zu bildsoziologischen Themen sowie zu Konsumtheorie. Seit 2019 gibt er zusammen mit Annekathrin Kohout die Buchreihe *Digitale Bildkulturen* im Verlag Klaus Wagenbach heraus. Jüngste Buchveröffentlichungen: *Selfies. Die Rückkehr des öffentlichen Lebens*, Berlin 2019; *Feindbild werden. Ein Bericht*, Berlin 2020; *Die Kunst nach dem Ende ihrer Autonomie*, Berlin 2022.

**Larissa Valsamidis, B.A.**, studierte Medien- und Kulturwissenschaft und Medienkulturanalyse an der Heinrich-Heine-Universität Düsseldorf. Im Rahmen ihres Masterstudiums forschte sie in der finalen Phase des Citizen Science-Forschungsprojektes „#KultOrtDUS" mit. Nach mehrjähriger Tätigkeit im Bereich Kulturmanagement und Öffentlichkeitsarbeit in einem soziokulturellen Projekt sowie freiberuflicher Tätigkeit als Texterin ist sie seit 2021 als Konzepterin und Content Writerin in einer Digitalagentur beschäftigt.

**Dr. Elfi Vomberg** ist zurzeit Vertretungsprofessorin für historische Musikwissenschaft an der Hochschule für Musik und Theater Rostock. Ansonsten lehrt und forscht sie am Institut für Medien- und Kulturwissenschaft der Heinrich-Heine-Universität Düsseldorf in den Bereichen Sound Studies, Fanforschung und Erinnerungskultur. Außerdem leitet sie dort seit 2020 das Citizen Science-Projekt *#KultOrtDUS – die Medienkulturgeschichte Düsseldorf als urbanes Forschungsfeld*.

Nach dem Studium der Musikwissenschaft, Literaturwissenschaft und Soziologie an der Universität zu Köln promovierte sie am Forschungsinstitut für Musiktheater der Universität Bayreuth mit der Arbeit „Wagner-Vereine und Wagnerianer heute". Aktuell beschäftigt sie sich mit ‚Cancel Culture' sowie Kanonisierungsprozessen von Neuer Musik. Ihre jüngsten Publikationen sind bei Bloomsbury (*More Than Illustrated Music. Aesthetics of Hybrid Media between Pop, Art, and Video*), Hatje Cantz (*Fringe of the Fringe. Queering Punk Media History*) und edition text+kritik (*Krise – Boykott – Skandal. Konzertierte Ausnahmezustände*) erschienen.

# Register




https://doi.org/10.1515/9783110982114-013